艰险山区高速铁路服役期
路基结构健康诊断技术

陈善雄　李　剑　余　飞　宋晓东等　著

科　学　出　版　社

北　京

内 容 简 介

高速铁路服役期路基健康监测与诊断技术对确保高铁线下工程运营安全具有重要的理论意义和工程应用价值。本书结合模型试验、现场试验、数值模拟与理论分析开展系统研究。首先总结归纳山区高速铁路服役期路基病害的类型和成因，其次介绍服役期路基健康监测技术与诊断系统构建原则与方法，然后详细研究服役期路基动力响应演变规律及灾变机理，并在此基础上提出服役期路基结构性状评价指标、标准和预警模型，最后结合现场试验验证所提出的评价指标、标准和预警模型的可行性。本书为高速铁路服役期路基结构健康诊断提供一种新的思路，为保障高速铁路的安全运营提供技术参考，也可为其他交通工程提供借鉴。

本书适合道路与桥梁工程、隧道工程、岩土工程及相关专业的科研工作者及技术工作者阅读。

图书在版编目（CIP）数据

艰险山区高速铁路服役期路基结构健康诊断技术/陈善雄等著. —北京：科学出版社，2023.2
ISBN 978-7-03-074649-8

Ⅰ.① 艰… Ⅱ.① 陈… Ⅲ.① 山区铁路-高速铁路-铁路路基-研究
Ⅳ.① U213.1

中国国家版本馆 CIP 数据核字（2023）第 016398 号

责任编辑：孙寓明/责任校对：胡小洁
责任印制：彭 超/封面设计：苏 波

科学出版社 出版
北京东黄城根北街 16 号
邮政编码：100717
http://www.sciencep.com
武汉市首壹印务有限公司印刷
科学出版社发行　各地新华书店经销
*
开本：787×1092 1/16
2023 年 2 月第 一 版　印张：19 1/4
2023 年 2 月第一次印刷　字数：490 000
定价：139.00 元
（如有印装质量问题，我社负责调换）

P 前 言
Preface

　　我国高速铁路建设目前尚处于发展阶段，积累的建设经验有限。从目前已建成通车的客运专线运营情况来看，运营初期个别线路个别特殊区段的路基即出现了一定程度的变形，影响高速铁路行车安全。艰险山区建设的高速铁路，地质条件复杂，受降雨、地下水等环境因素影响更明显，直接影响铁路的稳定性和安全性。因此，开展高速移动荷载作用下高铁路基健康诊断技术研究，对提升我国高速铁路风险控制和安全运营水平具有重要的现实意义。

　　本书首先对国内外高速铁路运营期路基病害类型和成因展开调研，揭示引起路基病害的主控因素；其次详细介绍高速铁路路基健康状态远程监测技术，给出监测系统设计与实施方法，并以沪昆客运专线为依托工程，分析高速移动荷载下山区高铁路基变形和动力响应规律；然后针对浸水软化这一引起路基灾变的主控因素，开展路基灾变过程和机理的数值模拟、室内模型试验、原位激振试验和现场激振试验研究，阐释浸水软化路基的灾变过程和机理；最后总结并构建路基结构健康状态评价指标、标准和预警模型，并对其合理性和有效性进行验证。

　　本书提出的艰险山区高速铁路服役期路基健康诊断技术，可以有效提升我国高速铁路的风险控制水平，对保证我国高速铁路安全运营具有重要的示范作用和现实指导意义，同时还可以为其他交通工程的健康诊断提供借鉴。

　　本书由陈善雄组织撰写，李剑统稿。具体写作分工如下：第1章由宋晓东撰写，第2章由李永清撰写，第3～5章由李剑撰写，第6章由姜领发撰写，第7～8章由余飞撰写。

　　由于水平所限，书中难免有所疏漏，敬请读者批评指正。

作　者

2022 年 6 月于武汉小洪山

C目录
ontents

第1章 绪 论

1.1 高速铁路路基结构健康诊断的意义

高速铁路路基（以下简称高铁路基）是承受轨道结构重量和高速列车动荷载的基础和保障。为保证高铁运行的安全性和舒适性，我国对高铁路基工后沉降做了严格要求。虽然我国高铁建设已经过多年发展，取得了令世界瞩目的成就，但是对高铁这样复杂的工程而言，我国高铁建设仍然处于起步阶段，积累的建设经验有限，这也直接影响高铁的安全性和稳定性。

对高速列车动荷载及环境因素影响下路基的力学响应与灾变机理认识严重不足，可能造成已建成通车的客运专线在运营初期路基就出现不同程度的病害，甚至导致高速铁路行车安全事故发生。高速铁路综合技术水平已较为发达的日本和法国，也因为对高铁路基力学响应及灾变机理认识不足，而发生过多起较为严重的事故。这些案例都说明，清楚地认识高速列车移动荷载及环境因素影响下路基的力学响应与灾变机理是保证高速铁路安全运营的关键。

由于高速铁路工程建设时间较短，当前多关注建设阶段的路基变形与病害，运营期间路基健康状态的实测资料很少，相关研究还局限于模型试验和理论分析[1-4]。运营期间高速移动荷载反复作用下的实测数据能更好地反映路基实际性状，但目前高速铁路路基运营状态信息的获取缺乏有效手段，对路基运营性状缺乏评判标准，相关研究较少。因此，开展高速移动荷载作用下路基健康状态的远程监测和分析技术研究，对提升我国高速铁路运营期路基性状监测、健康诊断与风险控制水平具有重要的现实意义。

本书在分析目前高铁路基病害类型及成因和高速铁路工程特点的基础上，以智能传感技术、无线通信技术、信号处理技术为理论支撑，以沪昆客运专线为例，详细研究可反映高速铁路结构安全状态的监测参量。首先，根据"适应性强、可靠性高、经济性优"的原则，优选监测元件和数据采集与无线传输系统，制订一套完整的适用于运营期高速铁路服役期路基结构监测与诊断的技术方案，得到联调联试和运营期高铁路基的动力响应规律；其次，通过研制大比例尺模型试验箱和高铁列车荷载激振装备，开展一系列大型室内及原位高铁路基动力响应及灾变过程模型试验，得到不同轴重、不同激振频率及不同灾变条件下的高铁路基动力响应及灾变过程，掌握不同工况条件对高铁路基动力影响和灾变的影响，并在此基础上，借助数值仿真分析，获得更广泛工况条件下高铁路基的动力响应和灾变规律；最后，通过总结高铁路基动力响应规律和灾变过程，提出一套以监测数据为依据的高铁路基结构健康诊断指标和标准，并以高铁路基原位试验数据为例，验证该评价指标和标准的适用性和合理性。

1.2 高速铁路路基结构健康诊断的研究进展

实时掌握高速铁路的结构健康状态是保证高速铁路安全运营的关键环节之一。以往发现高速铁路运营期内的安全隐患主要通过分析动检数据和人工巡查线路等手段。这种方式显然具有诸多缺陷，主要表现在：①过度依靠人力来发现问题，对高铁安全隐患的发现不具有实时性；②巡查方式单一，某些安全隐患可能会被忽略或不易被发现；③需要投入较多的人力、物力来发现问题，造成经济成本增加。特别是对艰险山区高速铁路来说，这些问题尤为突出。

随着物联网技术的广泛推广，自动化、远程监测技术开始广泛应用于岩土工程的各个领域。邬凯等[5]利用通用分组无线服务（general packet radio service，GPRS）技术，通过集成监测传感器、数据采集模块和太阳能供电装置，开发了一套单体边坡远程监测系统；许利凯等[6]利用 KLA-1 型地表遥测技术对三峡库区奉节天池滑坡进行了实时监测；何满潮[7]从边坡岩体与监控锚索的相互作用力学原理出发，通过监控锚索内力，开发了一套滑坡地质灾害远程监测预报系统；张成平等[8]、叶英等[9]将多元信息自动采集、无线传输技术应用于隧道施工过程中，实现了隧道施工的远程监测。尽管对铁路工程无人监测技术的研究较少，但也有学者进行了尝试。杨婧等[10-11]利用局域通信无线模块与 GPRS 数传单元模块搭建了无线数据采集与传输网络，实现了对铁路路基静态变量的监测；冯绍敏等[12]研制了高铁长大桥梁无砟轨道无缝线路的伸缩附加力监测系统，实现了远程监测和实时监测。

通过对以上远程监测系统的分析可知：一方面，目前远程监测系统和技术主要针对边坡、隧道等工程开展，这些技术在高铁工程的适用性较差，不能直接应用于高铁工程；另一方面，高铁工程具有动态和静态参数的特点，而目前的远程监测技术仅针对静态参数，不适用于变化快、数据量大的动态参数的监测。因此，研究适用于高速铁路工程的远程无人监测系统，使其同时满足对动态和静态参数的监测，具有重要意义。

1.3 高速铁路路基结构健康诊断的关键技术问题

运营期高速铁路路基工程具有封闭性强、环境条件差、工程线路长、监测参量多、监测频率高等特点，常规的岩土工程监测技术并不能全部适应高速铁路路基工程的特点；同时，以往对高铁路基动力稳定性的研究集中在理论研究、模型试验及数值仿真方面，而由于缺少运营期高铁路基动力响应监测数据，对运营期高速铁路路基结构健康状态的研究较少，更谈不上分析高铁路基动力响应的变化和灾变机理。因此，有必要针对运营期高速铁路路基工程建立一套远程自动化监测系统，以适应高速铁路路基工程恶劣的工程条件，并建立一套路基结构健康评价指标和标准，以便及时识别高速铁路路基病害，保障高速铁路工程的安全运营。具体的关键技术问题体现在以下三方面。

（1）高速铁路路基结构健康诊断技术须实现形式简单、成本低、适应性强等目标。一方面，高速铁路路基工程线路范围广、含动静态监测参量，因此监测系统必须要做到兼容各类动静态监测传感器，且要成本低廉，以便广泛推广；另一方面，高速铁路路基封闭性强、电磁干扰强，监测系统必须要适应性强，并要做到稳定而不易出问题。

（2）针对高铁路基病害的类型和特点，开展高速铁路路基动力响应的变化规律和灾变过程及机理研究，提出反映高速铁路路基结构健康状态的关键评价指标和标准。

（3）在结合高速铁路路基监测参量及结构健康评价指标和参量的基础上，建立一套形式简单、工程技术人员易于操作的高速铁路路基结构健康诊断评价与预警系统，以便对路基病害进行及时预警，保证高速铁路路基的安全。

第2章 高速铁路服役期路基病害类型及成因

2.1 路基病害类型

在对国内外开通运营的高速铁路路基病害进行充分的文献调研和分析的基础上，对武广、沪杭、郑西、广珠城际、沪宁城际、甬台温、海南东环等高铁线路运营期存在的病害进行调研。对不同线路出现的病害特征进行归类，我国高速铁路路基存在的病害类型主要为路基下沉、路基隆起、轨道结构层间离缝或开裂、翻浆冒泥、边坡失稳、封闭层上拱开裂。本章结合实际调研的典型工点分析其各自的病害特征，为运营期安全监测参量和病害防护提供现实参考。

2.1.1 路基下沉

路基下沉是高速铁路路基中存在最多的一种病害形式。路基下沉是指高铁运营过程中由工程地质条件、列车动荷载、工程质量等造成的路基沉降量超过规范的要求，甚至下沉量超过轨道精调的极限。路基下沉会使高铁线路产生高低不平顺、水平不平顺、路基开裂等问题，在列车运行过程中可能出现晃动、脱轨等不良现象。当沉降量超过轨道精调极限时，如不采取有效措施防止继续下沉，将会严重影响列车的行车安全。

实际调研中发现，路基下沉病害在我国已运营的高铁线路中普遍存在，下面列举调研中部分具有代表性的案例，以便后续分析造成病害的原因。

1. 案例一：杭深客运专线宁波段

杭深客运专线宁波段广布淤泥和淤泥质黏土，工程地质条件差，其中 DK146+503.8～DK146+603.67、DK146+663.67～DK146+723.67 两区段最具代表性。两区段原设计采用浆喷桩加固，自通车运营以来工后沉降已超过路基沉降变形控制标准，为保证软土路基的稳定和控制路基的后期沉降，确保高速列车的安全运行，对原路基进行了强旋喷桩加固处理。图 2-1～图 2-4 所示为两区段内 4 个典型沉降监测断面加固前和加固后的实测沉降曲线。

从图中可以看出，加固前由于线路内工程地质条件较差，路基在列车动荷载作用下沉降不断发展，最大沉降量达 68 mm，且未有稳定的趋势。而采取加固措施后，路基沉降趋势才得以控制，最后达到基本稳定。

2. 案例二：广珠城际 K74+050～K74+150 区段

广珠城际 K74+050～K74+150 区段位于南宫村隧道（K73+678～K73+967）与工业园桥（K74+225～K74+400）间路基区段，其中 K74+032 断面及 K74+068 断面处分别有一座框构涵，缓和曲线至圆曲线地段，曲线半径为 3 000 m，超高为 90 mm，坡度为 3.0‰。2011 年下半年发现该地段存在下沉现象，并于 2011 年 11 月对该地段进行了精调整治，其中下行线高程调整了 47 mm，上行线高程调整了 32 mm，且调整量均已达到极限值不能再继续调整。

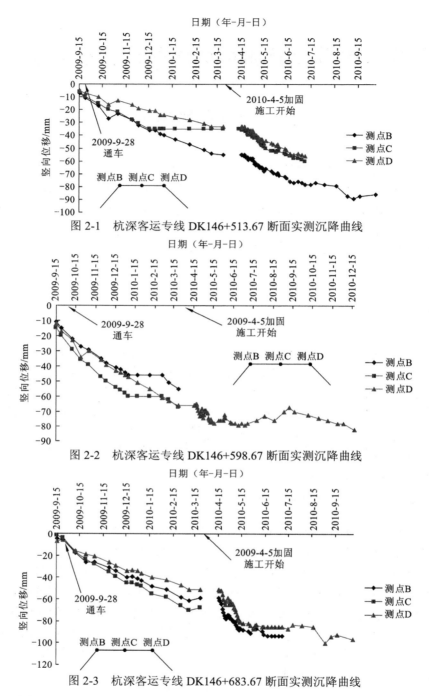

图 2-1　杭深客运专线 DK146+513.67 断面实测沉降曲线

图 2-2　杭深客运专线 DK146+598.67 断面实测沉降曲线

图 2-3　杭深客运专线 DK146+683.67 断面实测沉降曲线

图 2-5 和图 2-6 分别为该区段内两个典型沉降病害断面的沉降观测数据和沉降趋势曲线。

从图 2-6 中可以看出，沉降变形曲线基本相同，说明可能是观测误差的原因造成沉降量数据上下浮动，但数据绝对值整体变化趋势是增大的，反映 K74+050～K74+150 区段路基一直处于沉降期，且没有呈现沉降趋向稳定，建设单位及施工单位对该路段进行了联合调查和整治。

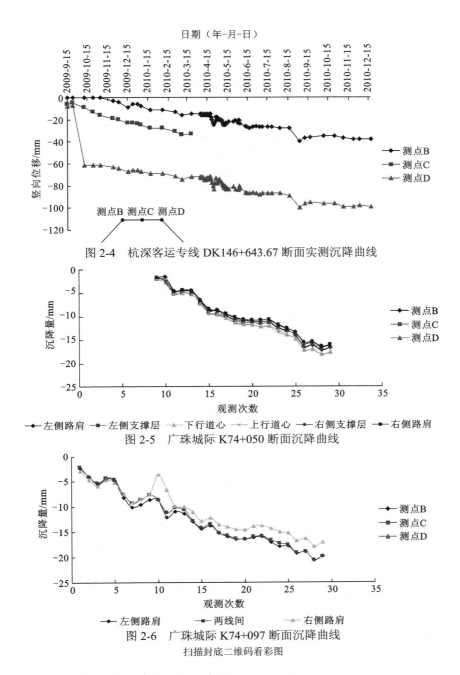

图 2-4　杭深客运专线 DK146+643.67 断面实测沉降曲线

图 2-5　广珠城际 K74+050 断面沉降曲线

图 2-6　广珠城际 K74+097 断面沉降曲线

扫描封底二维码看彩图

3. 案例三：武广高铁耒阳站内线路

武广高铁耒阳站内线路 2009 年 7 月 13 日精调复测时发现，站内 DK1777+500～DK1777+753 区段内 4 股道的轨面有不同程度的沉降和水平位移，沉降主要发生在 I、II 道，最大沉降量为 44.6 mm，III、IV 道沉降较小，最大沉降量为 17.7 mm；沉降中心大致在 I、II 道的 DK1777+630～DK1777+650 区段；水平位移主要发生在 I、II 道，最大位移在 DK1777+577 断面附近。发现轨面变形后，建设单位高度重视，多次召开路内外专家研讨会，对变形原因与整治方案进行分析研究，初步确定为岩溶坍塌和路基松动下陷，致使路基加固桩承载力降低。随后对该区段采取加固措施，沉降得以控制。

图 2-7 和图 2-8 分别为精调复测时的长轨沉降曲线和长轨水平位移曲线。图 2-9 和图 2-10 分别为 I、II 道典型观测点加固后的沉降-时间曲线。

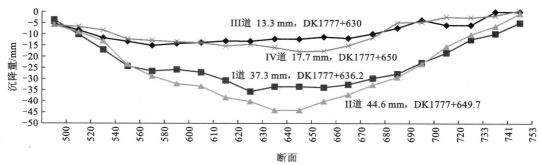

图 2-7　武广高铁耒阳站 DK1777+500～DK1777+753 区段长轨沉降曲线

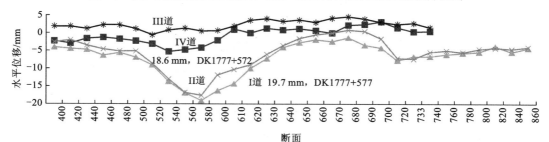

图 2-8　武广高铁耒阳站 DK1777+500～DK1777+753 区段长轨水平位移曲线

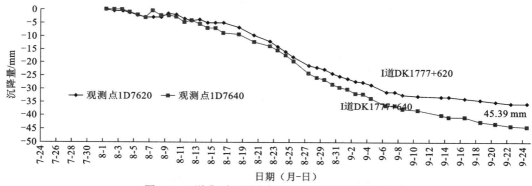

图 2-9　I 道典型观测点加固后的沉降-时间曲线

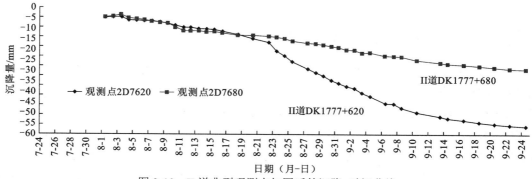

图 2-10　II 道典型观测点加固后的沉降-时间曲线

由于岩溶塌陷，I、II 道线路沉降量较大。从图 2-8 中可以看出，I、II 道线路水平位移较大，经加固处理后，随着路基强度的增加，各观测点沉降量均开始趋于收敛，沉降基本稳定。

4. 案例四：沪杭客运专线上海虹桥枢纽—松江区间

沪杭客运专线工程自 2009 年 2 月 26 日动工，2010 年 10 月 26 日正式通车运营。从正式通车运营到 2011 年 2 月，在沪杭客运专线上海虹桥枢纽—松江区间 DK2+500～DK2+800 区段内有两处线路发生沉降，沉降范围主要集中在公路下穿立交沪青平地道两侧，线路沉降区域如图 2-11 所示。沪杭客运专线自开通以来，通过监测该区段轨道板上的沉降观测点，区段线路沉降情况见表 2-1。

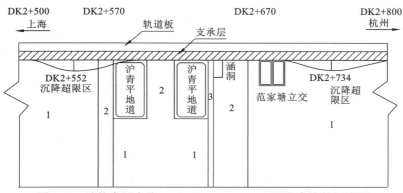

图 2-11 沪杭客运专线 DK2+500～DK2+800 区段内路基沉降图

1—管桩+筏板加固区；2—钻孔桩+筏板加固区；3—维护桩加固

表 2-1 区段线路沉降情况

日期	区段	上行/下行	最大沉降断面	沉降量/mm
2010 年 12 月 20 日	DK2+517～DK2+607	上行	DK2+558	34
	DK2+517～DK2+608	下行	DK2+558	34
	DK2+717～DK2+763	上行	DK2+734	29
	DK2+716～DK2+763	下行	DK2+737	29
2011 年 1 月 25 日	DK2+517～DK2+607	上行	DK2+552	42
	DK2+517～DK2+608	下行	DK2+552	41
	DK2+717～DK2+763	上行	DK2+734	34
	DK2+716～DK2+763	下行	DK2+734	35

从表 2-1 中数据可以看出，沉降主要分布在 DK2+517～DK2+607 区段和 DK2+717～DK2+763 区段，沉降量较大。初步分析认为沉降较大的原因与该区域内存在较厚的淤泥质土、沉降段靠近下穿工程有关。

5. 案例五：杭深客运专线 K1362+400～K1369+800 区段

杭深客运专线 K1362+400～K1369+800 区段线路为两桥一路，即练江特大桥、4#路基段及白马河特大桥。此区域属练江冲洪积平原，地势平坦，河渠纵横交错，沿线工厂、房屋较多，有明显区域性沉降。2012 年 2 月～2013 年 10 月观测期内，练江特大桥最大沉降量为 86.9 mm（93#墩），白马河特大桥最大沉降量为 99.2 mm（70#墩），4#路基段最大沉降量为 82.3 mm。中铁八局在该区域进行了沉降整治试验，试验墩设在练江特大桥58#墩、59#墩，白马河特大桥 70#墩、71#墩、72#墩、73#墩（每墩注浆孔 44 个）。练江特大桥进行补桩加固，桩径为 1.25 m，桩长为 55 m，在原有承台下增设 2 m 承台；白马河特大桥进行注浆加固，孔深为 52 m，扩散半径为 0.6 m。根据静态验收、联调联试情况及中铁八局的沉降观测报告，该区域沉降仍未稳定。建设单位多次召开专家讨论会议，目前没有更有效的加固措施，也无法预计沉降稳定期。

2.1.2　路基隆起

路基隆起是指由地质等因素引起的路基上抬病害，包括路基在自然条件变化（如降雨等）时表现出的隆起-沉降交替现象。

1. 案例一：横店东站

横店东站是合武客运专线（有砟轨道结构）与石武客运专线（无砟轨道结构）的交会站，位于武汉黄陂。2011 年 3 月开始轨道精调。在轨道精调和沉降观测过程中，建设单位发现部分路段沉降偏大，为准确掌握该区段的沉降特征及其发展趋势，立即组织对 DK1159+467.80～DK1167+463.20 区段进行沉降观测。

经过 3 个月的沉降观测发现，发生沉降较大的路段经堆载预压处理后，沉降基本稳定，但站内其他路段存在路基隆起或隆起-下沉交替的病害。图 2-12～图 2-14 为不同断面典型隆起、隆起-沉降交替病害的典型断面沉降时程曲线。

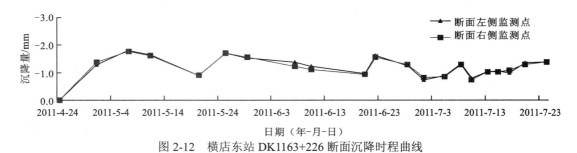

图 2-12　横店东站 DK1163+226 断面沉降时程曲线

2. 案例二：武石城际铁路

武石城际铁路是武汉城市圈内一条连接武汉与黄石、鄂州的快速城际铁路，全长 97 km，其中桥梁和隧道所占比例为 71%。由于存在较多涵洞、路桥过渡段，2014 年 3 月线路精调时发现 DK37+217～DK37+400 区段、DK37+600～DK37+740 区段出现路基隆起病害，最大隆起量达 19 mm 左右。

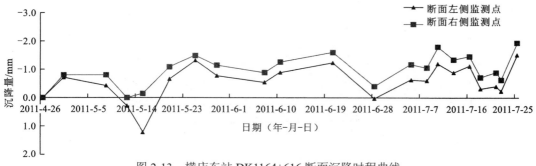

图 2-13　横店东站 DK1164+616 断面沉降时程曲线

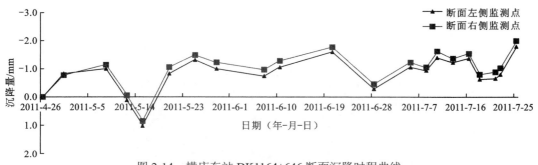

图 2-14　横店东站 DK1164+646 断面沉降时程曲线

3. 案例三：武冈城际铁路

武冈城际铁路是武汉城市圈内一条连接武汉与黄冈的快速城际铁路，全长 35.99 km。2014 年 3 月线路精调时发现，与武石城际铁路相似，该线路 DK31+278 涵洞过渡段、DYK31+587 赵咀中桥黄冈台、DYK32+800 涵洞过渡段等位置也出现了不同程度轨道隆起病害。

2.1.3　轨道结构层间离缝或开裂

轨道结构层间离缝或开裂主要指轨道板、承重层层内或层间，以及混凝土结构层内部发育的病害，一般表现为层间脱空、结构裂缝、层内混凝土不密实等。此类病害一般出现在先后浇筑的两段轨道板结合部、过渡段或施工质量未达要求的位置。此类病害也是高铁运营期内的常见病害。

1. 案例一：武广高铁上行 K1468+735～K1468+745 区段

武广高铁上行 K1468+735～K1468+745 区段为过渡段，2010 年 8 月 23 日检查时发现在上行该区段道床板有离缝现象，最大离缝宽度达 9 mm，如图 2-15 所示。

此外，水平测量发现 K1468+735 断面上拱 1.54 mm，K1468+740 轨面上拱 7.19 mm，K1468+745 断面上拱 1.59 mm。K1468+740（1468324021-023#轨枕处）支承层混凝土已破损开裂，如图 2-16 所示。

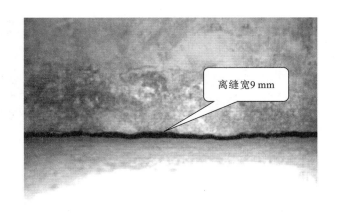

图 2-15　K1468+735～K1468+745 区段最大离缝照片

图 2-16　1468324021-023#轨枕处支承层混凝土破损情况照片

2. 案例二：郑西高铁洛阳龙门区间

2010 年 6 月 22 日晚，在对郑西高铁洛阳龙门区间线路进行检查时发现，上行 K744+065～K744+070 区段处出现道床板与支撑层离缝病害，检查结果见表 2-2。

表 2-2　K744+065～K744+070 区段离缝病害检查结果表

轨枕编号	道床板与支撑层之间离缝值/mm	道床板下横向透空长度/mm	10 m 弦对应垂向矢度/mm	10 m 弦高/mm	轨距/mm	水平/mm
175302065	0	0	1	—	0.06	-0.7
175302066	0	0	3	—	-0.82	-0.6
175304001	0	0	4	3.5	-0.80	-0.8
175304002	0	0	6	5.0	-0.28	-0.5
175304003	1.75	0	8	7.0	-0.30	-0.7
175304004	3.60	0.58	10	9.0	-0.60	-0.3

轨枕编号	道床板与支撑层之间离缝值/mm	道床板下横向透空长度/mm	10 m 弦对应垂向矢度/mm	10 m 弦高/mm	轨距/mm	水平/mm
175304005	8.00	2.10	12	10.0	0.10	-0.4
175304006	12.00	2.80	13	13.0	0.57	0.1
175304007	8.50	2.64	7	11.0	0.40	0.6
175304008	5.00	0.70	9	8.0	0.13	0.2
175304009	1.75	0	7	5.0	-0.30	-0.2
175304010	0.50	0	5	3.0	-0.40	-0.2
175304011	0	0	3	—	-0.56	-0.5
175304012	0	0	2	—	-0.43	-0.5
175304013	0	0	0.5	—	-0.23	-0.4

从表 2-2 可以看出，K744+065～K744+070 区段道床板与支撑层之间最大离缝值达 12 mm，10 m 弦对应的垂向矢度最大值达 13 mm，尽管没有超出精调极限，也会严重影响列车行车安全和舒适度。

3. 案例三：遂渝线

对已建成通车的遂渝线调查发现，以聚酯无纺布为材质的水泥沥青砂浆袋在使用过程中破裂，在列车动荷载的长期作用下，水泥沥青砂浆材料从砂浆袋破损处被挤出，使得框架式轨道板与水泥沥青砂浆接触面出现了较多离缝。离缝现象多出现在框架轨道板端部及中部，离缝沿线路方向长 80～120 mm，离缝高度一般为 1～3 mm，局部地区离缝贯穿轨道板宽度，图 2-17 为板中离缝示意图。离缝现象会随着线路运营时间的延长而进一步加剧，对框架式无砟轨道结构的整体性、耐久性及列车运行的平稳性均会造成一定的影响，严重时甚至会危及行车安全。

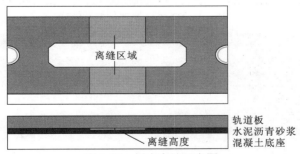

图 2-17　板中离缝示意图

4. 案例四：京广高铁某路段

在京广高铁某路段的中国铁路跟踪系统（China railway track system，CRTS）I 型与 CRTS II 型板式无砟轨道交界处，因 CRTS II 型板式无砟轨道支撑层施工未采用钢筋混凝土结构，联调联试过程中发现受温度变化、列车制动、起动等纵向作用力和列车振动的综合影响，纵连的 CRTS II 型板式无砟轨道水泥沥青砂浆充填层及 C15 素混凝土支撑层出现了开裂病害。将 C15 素混凝土支撑层变更为 C40 钢筋混凝土底座板才将这一病害解决。

2.1.4 翻浆冒泥

翻浆冒泥是指基床土受地面水或地下水的浸湿软化或液化后形成的泥浆，在列车动荷载作用下形成沿道床砟（有砟轨道）的孔隙或支撑层底部（无砟轨道）向表面涌出的一种路基病害现象。此类病害主要发生在支撑层以下，一般表现为支撑层下方填土（料）在水流冲刷或列车动荷载作用下造成的空隙或吊空，往往"抽吸作用"会造成翻浆冒泥病害。翻浆冒泥病害是高铁路基的一种常见病害。

1. 案例一：武广高铁 K1518+600～K1518+900 区段

2010 年 9 月 7 日在对武广高铁 K1518+600～K1518+900 区段进行检查时发现，该区段内出现翻浆冒泥病害。病害主要发生在 K1518+613～K1518+740 区段和上行 K1518+834～K1518+883 区段右侧，如图 2-18 和图 2-19 所示。

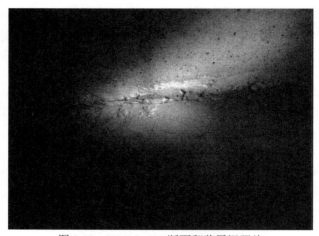

图 2-18　K1518+620 断面翻浆冒泥照片

图 2-19　K1518+850 断面翻浆冒泥照片

由图可以看出，K1518+613～K1518+740 区段和 K1518+834～K1518+883 区段内的道床板和支撑层间有黄色泥浆冒出，支撑层与道床板间存在约 0.1 mm 的离缝，且该离缝是以前修补后产生的新离缝。此外，还发现该区段内翻浆冒泥严重的地段，上行线路上隆 4～5 mm。

2. 案例二：沪宁城际铁路

2011 年 12 月，上海铁路局工务段发现沪宁城际 K225+190～K270+820 区段内出现路基翻浆冒泥病害，随后对全线进行了普查，共查出此类病害 1400 多处，病害长度累计 10.4 km，分散在 K111+910～K283+900 区段内。翻浆冒泥病害大多发生在底座伸缩缝处两段各 5 m 的范围内，在铺设框架轨道板地段较为严重。所冒泥浆是由水与碎石垫层细颗粒混合而成的泥浆，严重的地段渗出的泥浆厚度达 10～50 mm，个别地段的泥浆被抽吸至轨道板表面道心内。部分路段路基翻浆导致轨道板下混凝土底座吊空，混凝土底座在列车动荷载作用下产生上下振动。

3. 案例三：武广高铁

武广高铁上行 K1515+494 和 K1539+576 两处断面均出现倒虹吸渗漏病害（严重的翻浆冒泥病害）。路基表面大量泥浆被抽吸，造成混凝土底座吊空，影响列车行车安全，图 2-20～图 2-22 为两处断面的倒虹吸渗漏照片。

图 2-20　K1515+494 断面倒虹吸渗漏现场照片 1

图 2-21　K1515+494 断面倒虹吸渗漏现场照片 2

图 2-22　K1539+576 断面倒虹吸渗漏下沉照片

2.1.5　边坡失稳

　　边坡失稳是指高铁线路内岩/土质边坡（包括路堤边坡、堑坡、隧道边坡等）发生局部溜坍、开裂滑移等影响高铁路基稳定的滑动。边坡失稳往往与边坡自身岩土体力学性质相关，受自然环境变化，特别是水的影响较大。边坡的形式种类较多，包括岩质边坡的崩塌、圆弧滑移、顺层滑移，土质边坡的崩塌、滑移、坍塌、坡面侵蚀、剥落等，如图 2-23～图 2-28 所示。

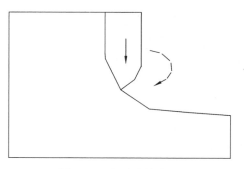

图 2-23　岩质边坡崩塌

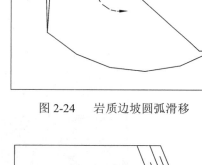

图 2-24　岩质边坡圆弧滑移

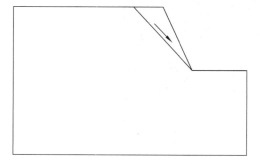

图 2-25　岩质边坡顺层滑移

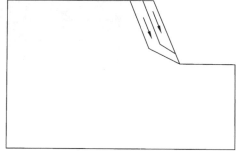

图 2-26　土质边坡坍塌

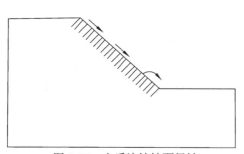
图 2-27 土质边坡坡面侵蚀

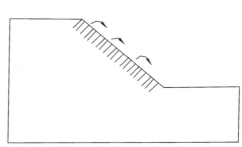
图 2-28 土质边坡剥落

1. 案例一：武广高铁 K1497+530～K1497+560 区段

武广高铁下行 K1497+530～K1497+560 区段内堑坡高 10.0 m 左右，病害发生地段内未设片石混凝土挡墙等支挡工程，但水害地段往北同高度路堑坡脚设有高 2.5 m 片石混凝土挡墙，边坡防护为全浆砌片石加植草窗植草防护。2010 年 6 月 22 日高铁防洪巡查小组雨后巡查发现武广高铁下行 K1497+530～K1497+560 区段发生堑坡溜坍。严重地段从距堑顶 2.0 m 处开裂、错台，最大错台宽 0.8 m，侧沟平台宽 2.0 m，坍体坡脚向侧沟方向有少量位移。图 2-29 和图 2-30 为堑坡溜坍现场照片。

图 2-29 K1497+530～K1497+560 区段堑坡溜坍正面照片

图 2-30 K1497+530～K1497+560 区段堑坡溜坍俯视照片

2．案例二：武广高铁 K1634+985～K1635+041 区段

武广高铁上行 K1634+985～K1635+041 区段属于堑坡路段，该路段栅栏内堑坡高度为 13.0～14.0 m，为二级边坡，其中：一级边坡高度为 8.0 m，二级边坡高度为 5.0～6.0 m，边坡坡度为 1∶1.75，边坡采用骨架护坡防护；栅栏外边坡坡度为 1∶6 左右，总高度约为 6.0 m。2010 年 7 月 8 日雨后巡查发现武广高铁上行右侧 K1634+985～K1635+041 区段挡墙位移 0.1 m，一级平台多处裂缝宽 0.05 m、二级平台上多处裂缝宽 0.07 m，堑坡坡脚侧沟平台上电缆沟盖板挤出，隆起高度为 0.3 m；栅栏外 6.0～7.0 m 处山坡裂缝深 1.6 m。图 2-31 为栅栏外边坡裂缝照片，图 2-32 为线路内堑坡坡脚侧沟挤出照片。

图 2-31　栅栏外边坡裂缝照片

图 2-32　堑坡坡脚侧沟挤出照片

3．案例三：海南东环 K151+900～K152+200 区段

海南东环 K151+900～K152+200 区段为路堤，坡率为 1∶1.5，设有骨架护坡，坡脚处为鱼塘和水田。2011 年 9 月巡查发现路基下沉，下行左侧路肩与道床坡脚间有长 15 m、宽 2～5 cm、深 60 cm 的裂缝，路堤边坡自道床坡脚起开裂向外发生溜坍滑移，所以上下行限速 120 km/h。

2.1.6 封闭层上拱开裂

封闭层上拱开裂是指高铁轨道中间及两侧封闭层混凝土因温度变化而变形等造成的上拱开裂现象。此类病害如不加以控制，会造成地表水经过裂缝渗入路基基床，进而产生其他病害，如水会软化路基，加剧路基沉降，或者使路基产生翻浆冒泥、轨道结构层间开裂等。据不完全统计，仅武广高铁 2010 年 7 月~2011 年 8 月就发现两线间混凝土上拱开裂共计 118 处，此数量还不包括线路两侧的混凝土封闭层开裂工点。可见，封闭层上拱开裂也是高铁运营期内存在的一种主要病害。

1. 案例一：武广高铁 K1542+685 断面

2011 年 7 月 25 日巡查发现武广高铁 K1542+685 断面混凝土上拱开裂长 4.5 m、宽 2.2 m，上拱高度最高处达 0.12 m，图 2-33 为路基隆起照片。

图 2-33　武广高铁 K1542+685 断面路基隆起照片

2. 案例二：武广高铁 K1407+978 断面

2011 年 7 月 6 日巡查发现武广高铁下行 K1407+978 断面左侧路肩混凝土开裂，上拱长 4.0 m、宽 1.9 m，上拱高度最高处达 0.12 m。图 2-34 为路肩混凝土上拱开裂照片。

图 2-34　武广高铁 K1407+978 断面路肩混凝土上拱开裂照片

3. 案例三：石武高铁横店东站

2010 年 7 月在对石武高铁横店东站路基沉降观测时发现，高温造成轨道两侧的混凝土封闭层上拱开裂，严重的路段混凝土上拱 10.0 cm，见图 2-35 和图 2-36。

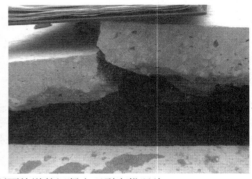

图 2-35　石武高铁 K1163+580 断面轨道外混凝土开裂上拱照片

图 2-36　石武高铁 K1164+346 断面轨道外混凝土开裂照片

2.2　路基病害成因

高铁路基病害的产生和发展与路基填料的工程性质、地下水与地表水、土的动力强度、列车动荷载和温度及其变化有关，主要是水、路基填料、温度变化和列车动荷载等各项因素综合作用的结果，各种因素之间相互关联。高铁路基病害发生的原因较为复杂，但归纳起来主要是外因和内因变化的综合结果。外因是指诱发病害发生的因素，如列车动荷载作用、地表水浸入、温度变化、相邻工程施工影响等。内因是指由外因诱发的岩土材料自身工程力学性质变化（弱化），例如：列车长期动荷载作用下路基发生塑性变形累积，形成沉降病害；地表水浸入后路基土体发生软化，造成抗剪强度降低；温度变化造成混凝土内产生大量温度应力，造成混凝土上拱开裂等。

对于不同类型的病害，由于其在工程上发生的位置不同，诱发的外因和内因也一定各不相同，每一种病害的发生都有自身特殊的原因。可见，对于种类繁多的病害，需要做到具体问题具体分析，将其成因分析清楚，这样才能指导工程实践、防治病害。

2.2.1　路基下沉病害成因

路基下沉作为高铁路基最常见的一种病害形式，其诱发原因也较多，归纳起来主要有以下几个原因。

1. 特殊地基影响

地基是高铁路基的基础，特殊的地基往往工程力学性质特殊，如处理不当，容易造成路基沉降病害。目前我国高铁工程穿过的特殊地基包括软土地基、岩溶地基、斜坡地基等。

1）软土地基

在软土地基上修建高速铁路是造成路基沉降的最主要原因之一。软土地基通常是指含水量高的黏土地基，这种地基自身强度低，不能承载过大的荷载，且由于渗透系数小、排水沉降速度慢、不能在短时间内固结，所以在这种地基上修建的高铁路基会在相当长一段时间内继续沉降。

软土地基一般抗剪强度低、压缩性高、渗透性小、结构性强，其变形具有三个特点。①沉降量大，由于软土主要组成为黏土，且软土天然含水量大，孔隙比 $e>1.0$，所以受荷载作用后压缩量大，其沉降量也远超一般地基；②渗透性低、压缩稳定所需时间长，其颗粒组成以黏粒为主，尽管孔隙比大，但单个孔隙却很小，水在孔隙中流动困难，因此软土地基受荷后水难以很快排出，沉降发展缓慢；③侧向变形大，饱和软土受荷初期土中的水来不及排出，土体易于侧向挤出，并随着水的逐步排出，土体体积收缩，竖向沉降便进一步发展。

图 2-37 为某工程典型软土地基沉降变形曲线。可以看出，在软土地基上修建的工程，其沉降变形经历了初期缓慢变形阶段、加速发展阶段、稳定发展阶段，体现出变形周期长、变形量大的特点。

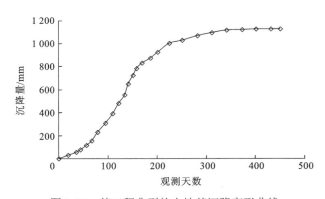

图 2-37　某工程典型软土地基沉降变形曲线

通常采用桩加固及堆载预压的方法使软土地基满足高铁路基对沉降的要求。由于软土地基渗透系数较小，固结排水慢，如果堆载预压的时间过短，由堆载体产生的土体内超孔隙水压力不可能在短时间内立即消散，那么就可能造成软土地基在相当长的一段时间内继续沉降。从图 2-38 可以看出，由于软土地基沉降时间长、沉降量大，当软土地基沉降量超过加固桩沉降量时，加固桩上产生负摩阻力，也会加速沉降变形的发生。

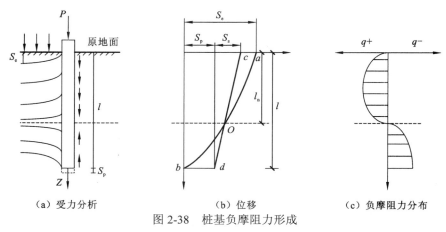

（a）受力分析　　　　　　　　（b）位移　　　　　　　（c）负摩阻力分布

图 2-38　桩基负摩阻力形成

P—荷载；S_e—地面沉降；S_p—桩底位移；l—桩长；S_s—桩身位移；l_n—负摩阻深度；q—桩侧摩阻力

2）岩溶地基

岩溶地基也是造成路基下沉的主要原因之一。我国南方广泛分布岩溶地基，在其上修建路基，无论采用复合地基还是桩基础（图 2-39 和图 2-40），都要考虑溶洞坍塌自行填塞洞体所需厚度、顶板抗剪、顶板抗弯等因素的影响，可见溶洞对路基沉降存在较大的威胁。随着高铁线路运营时间的推移，由于地下水文地质条件变化（地下水渗流、地下水开采等），溶洞自身稳定性会发生不断变化，加之列车动荷载的影响，溶洞自身稳定性不断下降，溶洞坍塌会直接导致路基发生沉降，如图 2-41 所示。此外，溶洞坍塌后，会造成地基松动，削弱加固桩的侧阻力，同时由于加固桩端部岩层松动，降低了加固桩的端阻力，最终致使桩基承载力降低，一定程度上引起路基沉降。

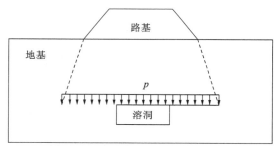

图 2-39　岩溶复合地基受力示意图

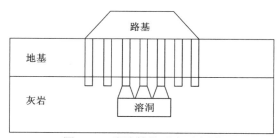

图 2-40　岩溶桩基受力示意图

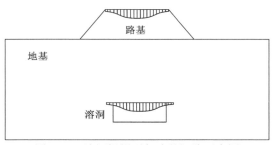

图 2-41　溶洞坍塌引起路基沉降示意图

3）斜坡地基

在艰险山区修筑高速铁路不可避免地会遇到斜坡地基。受工程特点、地质条件等因素的制约，斜坡上的高铁路基最常见的病害是不均匀沉降，造成这种病害的原因主要有以下几方面。

（1）填筑路堤横向差异沉降。填筑路堤横向差异沉降主要是指路基在自重作用下发生的压缩沉降。由于斜坡地基在斜坡上修筑，路堤横向填筑高度必然不同，如图 2-42（a）所示，填筑高度越大，填筑路堤所受的重力越大，其本身的横向差异沉降越大。

（2）斜坡地基土层引起的差异沉降。如图 2-42（a）、（b）所示，由于斜坡地基断面上存在填筑高度的差异，作用在土层上的力也必然不同，所以斜坡下方的土层沉降比上方大，这也是斜坡路堤差异沉降的原因之一。此外，斜坡土体大多为堆积（或冲洪积）形成，大多数情况下斜坡坡脚形成的土层一般厚于斜坡上侧，因此，可压缩的厚度增加，在较大的作用力下也会加剧路基横向不均匀沉降。

（3）斜坡地基自身稳定性也是造成路基不均匀沉降的因素之一。如斜坡内存在软弱夹层或斜坡本身较陡，斜坡内部会形成一个滑动面，如图 2-42（c）所示，且坡脚处缺乏约束，在不均匀的路基自重、列车动荷载等作用力的影响下，斜坡内的滑动体可能会沿着滑动面下滑引起地基的不均匀沉降。

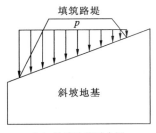
（a）斜坡地基受力图

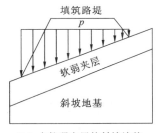
（b）含软弱夹层的斜坡地基

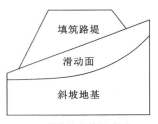
（c）斜坡地基的滑动面

图 2-42　斜坡地基示意图

2. 列车动荷载作用

列车动荷载作为高铁线路承受的最主要的荷载，是造成高铁路基沉降的最主要原因之一。根据众多激振模型试验及现场试验的研究结果，列车动荷载对高铁路基的影响范围通常在 0～5 m，特别是在 0～2 m 影响最大，如图 2-43 所示。高铁路基内不同层位的塑性沉降规律也与上述影响范围一致，如图 2-44 所示。这些研究结果表明，轨道下 0～5 m 的地基土体质量直接影响了高铁路基沉降，如果此范围内土体不能满足规范要求，或随着高铁

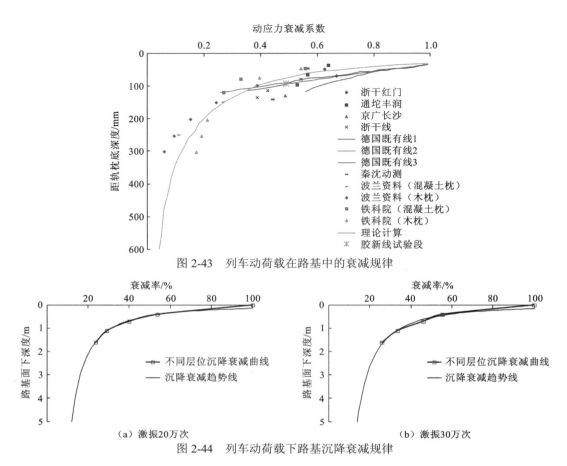

图 2-43　列车动荷载在路基中的衰减规律

（a）激振20万次　　　　　　　　　（b）激振30万次

图 2-44　列车动荷载下路基沉降衰减规律

线路运营，土体力学特性弱化，则会引起较大的路基沉降。另外，路基填筑高度越小，动荷载对地基的作用越大。当遇到软土地基等特殊地基时，在列车动荷载反复作用下，部分地基土层产生弱化，从而进一步降低桩基摩阻力的影响，也会造成路基沉降不稳定。

3. 水浸弱化作用

路基土体受水浸也是诱发路基沉降的一个重要原因。水存在于土体孔隙中，水的润滑作用削弱了土颗粒间的摩擦力，导致土体强度降低。如果高铁线路周边有池塘、溪流等地表水，水渗入地基后，浸泡地基，导致地基承载力降低，加剧路基变形。如果地表水浸泡路基坡脚，造成路基边坡坡脚地基承载力降低，伴随列车动荷载作用，路基边坡将会发生滑移下沉，加剧路基沉降。

此外，如果线路表面封闭不严，线路表面的水渗入基床表面，一方面会降低基床强度，加剧路基沉降；另一方面，在列车动荷载作用下，基床表面会形成类似流土的病害，当基床中细颗粒流失较多时，基床与支撑层吊空，也会加剧高铁路基的沉降。

4. 交叉工程施工影响

高速铁路建设过程中经常需要与其他工程交叉，例如，高铁线路上常设置涵洞、高铁线路与公路交叉、其他地下工程下穿高铁线路等。根据调研结果，高铁交叉工程的设计方案、施工时间、施工顺序等也是影响高铁路基沉降的重要因素。例如，下穿工程不能与路基施工同时进行，下穿工程加固设计方案与原高铁路基加固方案不匹配，都可能造成路基沉降。

以沪杭客运专线 K2+500～K2+800 区段为例，从正式通车运营（2010 年 10 月）到 2011 年 2 月，此区段内发生两处路基沉降，线路沉降区域如图 2-11 所示。从图中可以看出，沉降范围主要集中在公路下穿沪青平地道两侧的一定范围内。

分析沪青平地道施工时间及施工设计方案，发现造成路基沉降的一个重要原因是沪青平立交地道施工的影响。一方面，沪青平立交北幅地道施工时进行了相应的降水措施，造成原有线路管桩间土发生横向位移或流失，减少了原有线路管桩的侧摩阻力，从而桩基承载力降低，该区域内的管桩沉降不稳定；另一方面，沪青平立交南幅地道施工时，新施工的管桩较原有线路的管桩深 3 m，间距也较小，施工过程中在地下水层中产生了较大的孔隙水压力，而后期孔隙水压力释放是一个复杂漫长的过程，也可能造成路基沉降。

2.2.2 路基隆起病害成因

结合文献调研资料综合分析调研结果，造成路基隆起的原因大致有两个方面：路基工程地质条件和施工因素影响。

1. 路基工程地质条件

路基工程地质条件引起的路基隆起主要是指路基中存在某些具有膨胀性的矿物，在降雨条件下，雨水入渗路基引起矿物膨胀，诱发路基隆起病害。这种情况下，路基一般发生隆起-沉降交替的病害，有降雨时路基隆起，干燥天气时路基又发生沉降。例如，在对石武高铁横店东站沉降观测时发现，该段路基内有部分路段发生了隆起-沉降交替的现象，如图 2-45～图 2-47 所示。经地质勘查表明，路基土体具有弱膨胀性，另外，病害段属路堑路段，基床层薄，因此，降雨后路基便隆起，待天气持续干燥后，路基又沉降回去。

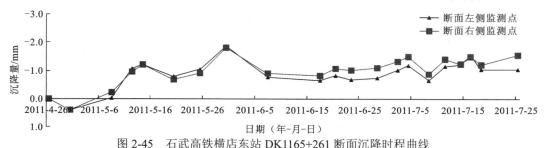

图 2-45　石武高铁横店东站 DK1165+261 断面沉降时程曲线

此外，对于位于软土地基上的路堑线路，路堑边坡失稳滑移，会在坡脚挡墙上产生较大的下滑力，进而当挡墙推压软土路基时，因软土强度低，容易产生变形，便引起路基隆起病害。

2. 施工因素影响

施工因素影响主要指当路基沉降不稳需要加固时，施工加固桩或注浆等施工措施对路基隆起的影响。在有限空间中注入大量浆液或施工加入较密的加固桩，会挤压路基下部土体，造成土体总体积增大、上隆，引起路基隆起。

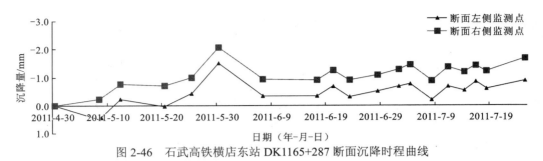

图 2-46　石武高铁横店东站 DK1165+287 断面沉降时程曲线

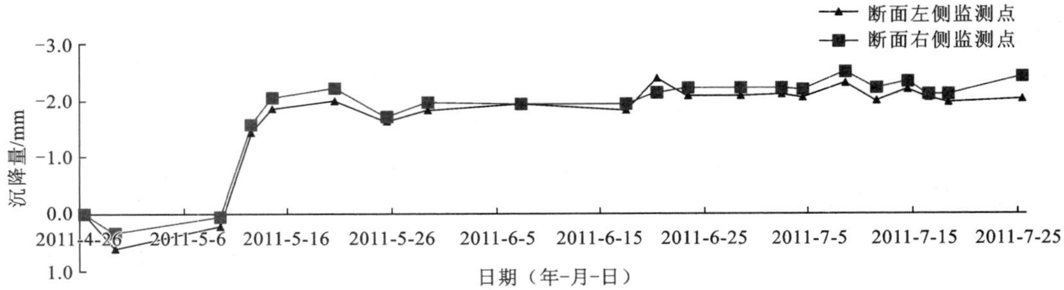

图 2-47　石武高铁横店东站 DK1165+652 断面沉降时程曲线

2.2.3　轨道结构层间离缝或开裂病害成因

轨道结构层间离缝或开裂是高铁线路运营期的一种常见病害。经现场调研和分析，造成轨道结构层间离缝或开裂的原因有以下几点。

（1）混凝土的热胀冷缩性质及高铁线路内昼夜温差引起的温度应力是主因。图 2-48 和图 2-49 为具备昼夜温差较大条件的哈大线轨道板离缝数量的试验结果。图 2-48 为温度与轨道板离缝数量的关系曲线，图 2-49 为温差与轨道板离缝位移的关系曲线。可以看出，在昼夜温差最大的时刻，轨道板离缝数量和离缝位移最大，说明温差最大时刻，温度应力的释放及混凝土热胀冷缩的性质造成了离缝的产生。此外，根据现场调研结果可以发现，此类病害主要发生在轨道板结合的部位，也有相当一部分原因是结合部位先后施工的时间间隔较长，作业温差大，当温度应力在此释放时，造成了道床板结合部隆起离缝。

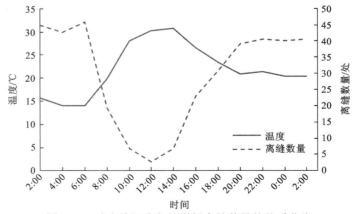

图 2-48　哈大线温度与轨道板离缝数量的关系曲线

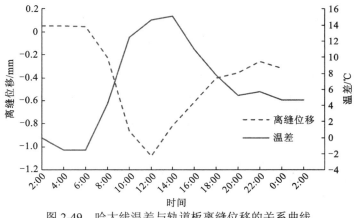

图 2-49 哈大线温差与轨道板离缝位移的关系曲线

（2）轨道板接缝处现浇段销钉不齐全，且布置位置不规范，后浇筑段销钉布置不合理，造成接缝处销钉不能起到有效抵抗轨道板上拱剪力的作用，这也是引起轨道板离缝上拱的原因之一。图 2-50 和图 2-51 为温差条件下轨道板钢轨连接处和非钢轨连接处的轨道离缝位移的试验结果。在钢轨连接处采用螺栓连接，其抵抗轨道板上拱剪力的能力弱于整根钢轨，此位置轨道板上拱量较大。侧面说明了轨道板内接缝处销钉即接缝处的销钉，对抵抗上拱剪力、制约轨道板上拱起到了重要作用，此位置须做到合理设计、严格施工。

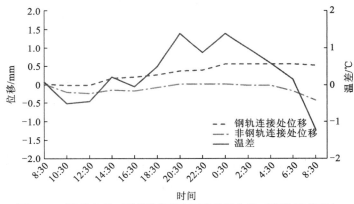

图 2-50 温差条件下轨道板不同位置离缝位移（钢轨连接处）

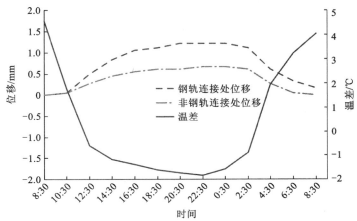

图 2-51 温差条件下轨道板不同位置离缝位移（非钢轨连接处）

（3）为释放由温差造成的混凝土板内的温度应力，通常在轨道结构层设置伸缩缝，如果施工过程中没有预留伸缩缝，或预留的伸缩缝存在假缝，也会造成热胀应力无法释放，从而导致轨道板隆起产生离缝。

轨道结构层开裂成因与结构层离缝类似，相当一部分由混凝土热胀冷缩性质及昼夜温差造成，当结构层离缝病害发生时，也会伴随结构层开裂病害。此外，轨道结构层开裂也与施工质量、列车动荷载影响有关。例如，当支撑层未按要求采用钢筋混凝土结构施工时，支撑层强度不能达到强度要求，在列车制动、起动、运行等过程中纵向作用力和列车振动的影响下，会产生开裂病害。同时，未配筋的支撑层抗剪强度较低，不能抵抗由温度引起的上拱剪力，也会造成支撑层开裂。

2.2.4　翻浆冒泥病害成因

翻浆冒泥是路基土质、水、温度、路基面及列车动荷载等多种因素综合作用的结果。在列车动荷载冲击振动下，发生翻浆冒泥病害的位置，承重层下部的细粒土被挤出路基表面，形成吊空或空隙，并在抽吸作用下逐渐发展扩大，直接影响高铁线路的行车安全。调研分析认为造成翻浆冒泥病害的原因有以下几点。

（1）路基防排水不完善，地表水进入基床是诱发翻浆冒泥的直接原因。高铁无砟轨道采用了钢筋混凝土结构作为承重层，并将路基表面用混凝土防水层进行封闭，但由于混凝土本身存在热胀冷缩性质，每隔一段间距需要设置伸缩缝，以防混凝土因温度变化开裂。同时，由于混凝土底座和封闭层施工时间不同，其连接的位置也会有缝隙，需要进行封堵。如果施工过程中对这些缝隙没有进行有效封闭，会造成冬季因混凝土收缩产生裂缝，使雨水渗入路基表层级配碎石中，引起路基土体流失，造成病害。另外，高铁路基表面的排水系统也是影响地表水是否会渗入基床表层的一个原因，如果排水系统不畅或没有排水系统，则会引起地表积水，一旦封闭层有缝隙就会渗入路基，引发病害。

（2）高速列车高频振动是引起翻浆冒泥的必要条件。级配碎石层中的自由水在高速列车振动作用下产生较高的瞬时动水压力，而瞬时承压水同时进行着水压消散过程，一方面，破坏了级配碎石原有致密的土体结构，使得细粒土悬浮于承压水中；另一方面，瞬时承压水从底座板间的伸缩缝及封闭层与底座板间的裂缝中渗出，便形成了类似"流土"的病害。随着消散作用的加剧，级配碎石中粒径达 5 mm 的颗粒也会流失，此时如果级配碎石级配质量不达标，细粒土含量较大，甚至会造成倒吸虹病害。

（3）路基基床表层填料（级配碎石）性质是决定翻浆冒泥病害的内因。图 2-52 为杭长客运专线、宁杭高铁、京沪高铁及沪宁城际 4 条高铁线路级配碎石的粒径级配曲线。从图中可以看出，级配碎石中含有相当比例的细颗粒，这是满足高速铁路设计规范对基床表层密实度规定的体现。但是这种级配规定忽视了基床表层的透水性，造成级配碎石层透水性差，水渗入基床表层后不易排出，形成积水。这就要求高铁路基表面，特别是雨水较多的路段，有良好的防水、排水设计，并做好路基表面的封闭，否则一旦水渗入路基表层，就为翻浆冒泥病害的产生提供了条件。

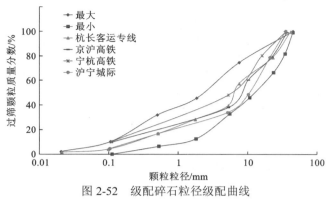

图 2-52　级配碎石粒径级配曲线

2.2.5　边坡失稳病害成因

路堤边坡失稳、路堑边坡失稳及隧道口边坡失稳等都是边坡失稳的形式。此外，边坡失稳不仅包括高速铁路线路内相关边坡的整体失稳，还包括边坡的局部溜坍、滑移等病害。

根据对大量高铁线路边坡失稳病害调研及理论分析，对高速铁路工程的边坡通常采用拱架+植被护坡的形式，对顺层岩质边坡还添加了锚索支护，且边坡坡度较缓，不会发生崩塌、整体坍塌的破坏，而是发生以岩质边坡的顺层滑移，土质边坡的滑移或坡面侵蚀、剥落为主的边坡失稳病害。

造成边坡失稳的因素较多，高铁工程范围内的边坡失稳机理归纳起来主要有以下几点。

1. 降雨

降雨对边坡稳定性的影响主要包括两种作用：一是雨水入渗边坡导致在渗流作用下，边坡下滑力增大；二是随着雨水入渗，岩土体的抗剪强度降低。对于土质边坡，显然第二种作用起到了关键性作用。降雨条件下，可造成土质边坡发生坡面侵蚀、滑移两方面病害。对于土质较差的边坡，在强降雨条件下，雨水聚集在坡脚，致使坡脚处岩土体首先发生泥化，进而随着时间延长逐渐向坡顶推移，造成坡面侵蚀病害，如图 2-53 所示；当坡面土质条件较差时，土质边坡在强降雨条件下也可能发生坡面局部溜坍病害，如图 2-54 所示。对于土质条件较好的土质边坡，在降雨条件下，往往发生整体滑移病害，如图 2-55 所示。本次调研时发现，武广高铁下行 K1497+530～K1497+560 区段堑坡局部溜坍、武广高铁巴家山隧道进口 K1405+551 断面仰坡溜坍等，即为强降雨后的坡面侵蚀病害，如图 2-55 和图 2-56 所示；武广高铁 K1634+985～K1635+41 区段上行右侧边坡滑移即属于边坡整体滑移病害，如图 2-57 所示。

2. 边坡自身工程地质条件

边坡自身工程地质条件主要包括岩土体强度、边坡形态及坡内结构面参数等。

1）岩土体强度

边坡岩土体强度对高铁边坡稳定性的影响较为明显，图 2-58 为岩土体强度参数（黏聚力和内摩擦系数）与边坡安全系数之间的关系，由图可知，岩土体强度参数越大，边坡安全系数越高，说明高铁边坡失稳的最主要原因是坡内岩土体强度低或强度弱化。

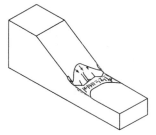 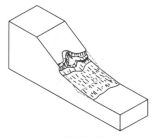 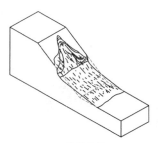

（a）坡脚溜坍 　　　　　　　（b）坡面溜坍 　　　　　　　（c）持续溜坍

图 2-53　降雨条件下土质边坡坡面侵蚀示意图

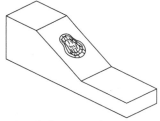

图 2-54　降雨条件下土质边坡局部溜坍示意图

图 2-55　武广高铁下行 K1497+530～K1497+560 区段堑整体滑移照片

图 2-56　武广高铁巴家山隧道进口仰坡溜坍照片

（a）坡顶裂缝　　　　　　　　　　　　　　（b）坡脚移动

图 2-57　武广高铁 K1634+985～K1635+41 区段上行右侧边坡滑移照片

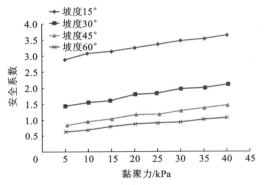
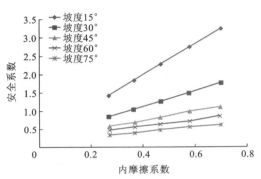

（a）安全系数与黏聚力的关系曲线　　　　　　（b）安全系数与内摩擦系数的关系曲线

图 2-58　边坡安全系数与岩土体强度参数之间的关系曲线

2）边坡形态

图 2-59 为边坡坡高及坡度与边坡安全系数的关系，可以发现，边坡坡度越高、坡度越陡，边坡安全系数越低，因此，高陡条件也是边坡失稳的一个原因。

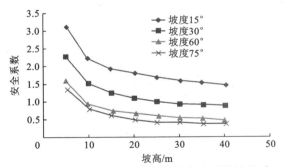

图 2-59　边坡坡高及坡度与边坡安全系数的关系

3）坡内结构面参数

边坡内存在顺层结构面也是影响边坡稳定性的一个重要因素。结构面对边坡稳定性的影响主要与结构面强度参数及角度有关，图 2-60 为结构面黏聚力、结构面角度与边坡安全系数之间的关系，由图可知，当结构面黏聚力较低、结构面角度小于边坡坡度时，边坡安全系数越小。调研结果表明，对于自身强度较高的岩质边坡，其失稳主要与坡内结构面有关，如沪昆客运专线溆浦南站的边坡局部滑塌即属于这种类型。

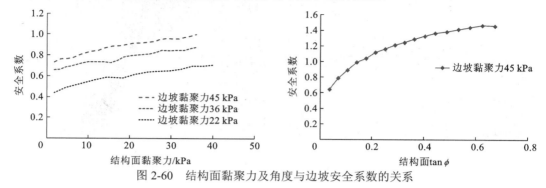

图 2-60 结构面黏聚力及角度与边坡安全系数的关系

3. 边坡支护强度不足

边坡支护强度不够或设计不合理也是造成边坡失稳的一个原因。例如：对于土质边坡，如没有坡脚支挡结构，则可能造成坡脚处抗力不足，引起边坡滑移；对于结构面发育的岩质边坡，如果未设锚索支护，或锚索支护强度不够，则无法抵抗边坡顺层滑移产生的下滑力，引起边坡失稳。

2.2.6 封闭层上拱开裂病害成因

封闭层上拱开裂病害产生的原因与轨道结构层离缝开裂的原因类似，它主要与混凝土热胀冷缩的性质及高铁工程现场昼夜温差有关，当昼夜温差较大时，由于温度应力的释放，混凝土封闭层开裂。另外，封闭层未设置伸缩缝或伸缩缝深度不够是造成温度应力无法释放的直接原因。对于封闭层，一般采用沥青混凝土，其不仅具有较好的黏结强度，还有较好的温度稳定性，如果施工时混凝土中未加入沥青，而用普通混凝土作为封闭层填料，则热胀冷缩效应就较为明显，会增加封闭层上拱开裂病害的发生概率。

第3章　高速铁路服役期路基结构健康监测技术

3.1　路基结构健康远程监测系统方案

为保证高速铁路安全平稳运行，对运营期高铁路基性状的监测尤为必要。将监测参量作为反映高铁路基结构性状的物理量，通过监测高铁路基结构的实时性状，有利于掌握运营期高铁路基及相关工程可能存在的弱化甚至病害现象。分析问题形成的原因，加深对复杂环境条件及高速列车荷载耦合作用下路基及相关工程的动力响应和灾变机理的认识；最终，可指导建立高铁路基健康状态评价与预警，有效提升我国山区高速铁路安全运营水平。高速铁路服役期路基结构健康远程监控与分析预警系统方案如图 3-1 所示。

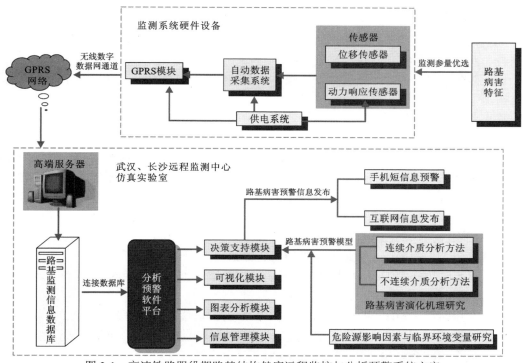

图 3-1　高速铁路服役期路基结构健康远程监控与分析预警系统方案

随着智能传感技术发展，通过在路基中预埋智能监测元件，融合无线通信和多目标数据处理技术，构建运营期路基健康状态实时监测系统，及时掌握高铁路基结构健康性状，已成为保证高速铁路路基长期运营安全的关键一环。本章针对高速铁路路基工程的特点和要求，结合路基病害特征及成因分析，研究运营期路基健康状态监测技术整体方案。

（1）针对高速铁路地质区域跨度大、地质条件复杂的特点，集合智能传感、信号处理及无线通信技术，研究高铁路基性状点-线-面多层次、多目标远程监测系统的构建技术。

（2）针对所布置的多种监测元件，研究制订相应的组网通信测量方式（数字信号接口、模拟信号接口），将同一区段的所有测点进行组网连接；根据监测量类型、组网数量和实际环境条件，研究确定相应的信号采集器（静力学、动力学），包括采集存储方式、采集指令控制方法等。

（3）通过多通道数据采集技术，整合不同断面多个监测参量，形成实时、自动、高效、经济、无人值守的监测子站。根据监测子站的耗电需求、监测频率和现场条件，确定现场供电系统（太阳能电板、蓄电池等）。

（4）采用成本低、网络覆盖稳定的 3G 无线传输技术，将基站节点融合处理后的监测数据传输到监控中心，通过互联网建立现场监控中心与远程数据中心的数据交换通道，构建高速铁路路基结构性状远程监测系统。

（5）建立相应的数据库对监测数据及工程信息进行分类管理，开发具有数据分析、预测和管理功能的软件系统，通过嵌入的评判标准和预警模型实现高速铁路路基运营期安全等级评价。

3.2　路基结构健康监测断面布设原则

高速铁路运营期路基健康状态监测断面的布置，应根据线路跨越的地质区划、气象水文条件、路基结构形式进行综合确定。

一般监测区段：地质水文条件变化较小，路基结构形式类似，可选取少量代表性断面进行监测。

重点监测区段：地质水文条件复杂，路基结构形式变化较大，应针对不同的类型分别选取典型断面进行重点监测。

尤其对艰险山区高速铁路，山区地形起伏较大，高铁线路常以填挖等方式通过，形成较多高填斜坡路堤、高陡斜坡路堑等线路形式，线路内高陡边坡（斜坡）具有量多面广的特点。山区具有复杂的气象水文条件，地下水发育，大气降水充足，对工程影响较大。线路内的高陡堑坡、高填路基等工程稳定性较差，存在较大安全隐患。重点监测断面选取原则：选取代表性强、工程问题较突出、路基填方高度较大、陡坡路堤和山坡坡度较大、开挖边坡高度较大、地基或山坡地质条件较薄弱的工点。

以沪昆高铁为样例工程，根据上述断面选取原则，对沪昆高铁湖南段 14 个工点进行对比筛选，确定以下 4 个重点区段为监测试验段。

（1）高填路堤试验段（DK203+725～DK203+775 区段）。本区段线路位于菊花大桥昆端和岩家大桥长端之间，以填挖相间通过低山丘陵区及山坡处，地形起伏较大，植被茂密。路基中心最大填高 8.46 m，最大边坡高 14.84 m，最大挖深 33.76 m，最大堑坡高 40.18 m。典型高填路堤 DK203+750 断面设计图如图 3-2 所示。

（2）斜坡路堤试验段（DK235+555.0～DK235+605.3 区段）。该典型试验段为陡坡路堤，岩层陡倾，右侧填高 12 m，地层软弱，原设计坡脚桩板墙，由于施工开挖困难，后改为桩基托梁挡墙。典型陡坡路堤 DK235+585 断面设计图如图 3-3 所示。

（3）路堑高陡边坡路堑试验段（DK272+920～DK272+980 区段）。该试验段位于二都河特大桥昆端与长冲口大桥长端之间，溆浦南站内，主要以挖方通过中低山区，钙质板岩、炭质板岩，路堑中心最大挖深 47.8 m，深路堑。左侧 5 级边坡（不含坡脚抗滑桩），总高 48.5 m。地形起伏较大，地表多为旱地、果园。典型高陡边坡路堑 DK272+960 断面设计图如图 3-4 所示。

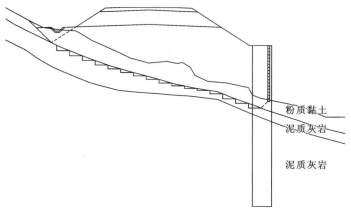

粉质黏土

泥质灰岩

泥质灰岩

图 3-2　典型高填路堤 DK203+750 断面设计图

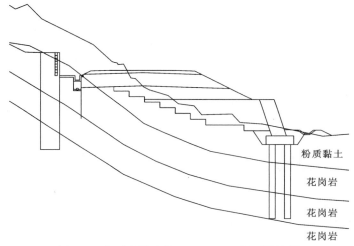

粉质黏土

花岗岩

花岗岩

花岗岩

图 3-3　典型陡坡路堤 DK235+585 断面设计图

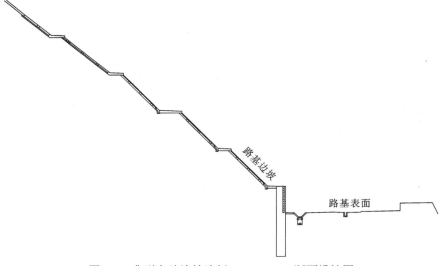

路基边坡

路基表面

图 3-4　典型高陡边坡路堑 DK272+960 断面设计图

（4）隧道口高边坡路堑试验段（DK203+850～DK203+890）。该段线路位于高填路基与岩架大桥长端之间，靠近隧道口。最大边坡高 14.84 m，最大堑坡高 40.18 m。典型隧道口边坡路堑 DK203+890 断面设计图如图 3-5 所示。

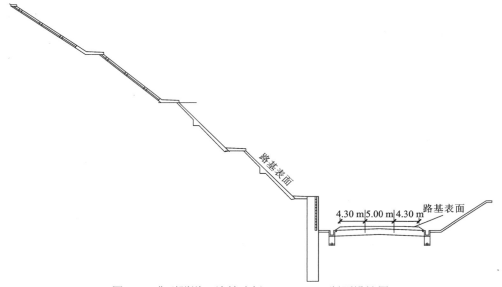

图 3-5　典型隧道口边坡路堑 DK203+890 断面设计图

3.3　路基结构健康监测参量与监测传感器优选

3.3.1　监测参量概述

根据高速铁路路基的特点（变形小、振动频率相对高），构建现场远程监测系统必须对监测参量进行研究，重点分析可反映艰险山区高速铁路结构性状的参量，同时，从监测元件的原理、精度、量程、现场环境适应性、埋设条件的便利性和经济性上进行综合分析，最终制订出与山区环境特征、高铁工程结构特点相适宜的一套可靠、实用、经济的监测技术方案。

岩土材料的性质、组成结构是决定高速铁路路基及相关工程是否出现病害的内在因素，而山区环境条件、高速移动荷载是促使病害发展、演化的外在条件。高铁病害更多的是由岩土材料的性质、环境因素等造成，并非移动荷载直接引起，但反复作用的移动荷载会加剧病害演化过程，表现为高铁路基及相关工程的变形及动力响应会发生显著的变化。因此，运营期高铁结构监测参量研究，应选择能直接反映结构性能状态变化的物理量，如变形指标（竖向沉降量、水平位移等）和动力响应指标（加速度、动土压力等）。

以沪昆客运专线为例，针对湖南段广泛分布的山区高填路基、斜坡路基、高边坡等不同工程结构类型，可选择能反映其结构特征和潜在灾害特征的关键物理量。对于高填路基，可选择路基沉降、差异沉降、振动加速度、动土压力等。对于斜坡路基，可选择路基沉降、水平位移、振动加速度、动土压力等。对于高边坡，可选择坡体深层水平位移、坡面相对变形、降雨量等。

3.3.2　监测传感器优选

岩土工程监测方法较多，监测手段各具特点，在选定反映其结构特征的关键监测参量后，针对艰险山区高速铁路工程特点及要求，需优化选择可适应艰险山区高铁工程复杂环境特征的监测元件，构建优化的监测系统。

1. 高铁路基结构状态监测方法

1）变形监测

高铁路基的变形监测主要分为沉降监测和水平位移监测。对于客运专线，沉降监测是路基监测的重点。目前，沉降监测的仪器较多，主要有以下几种。

（1）观测桩：观测桩是将钢纤维混凝土桩埋入路基结构中，见图 3-6（a），用水平仪抄平，一般配合水准仪即可人工测量路基表面沉降。这种方法简单易行，但只能测定结构外表面的沉降量，不能测定结构体内某一位置的沉降量，而且受施工影响较大，一般用于施工完成后的工后沉降监测。

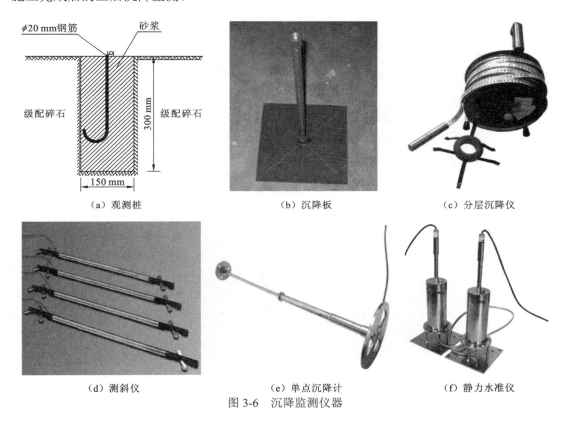

（a）观测桩　　　　　　　　　（b）沉降板　　　　　　　　　（c）分层沉降仪

（d）测斜仪　　　　　（e）单点沉降计　　　　　（f）静力水准仪

图 3-6　沉降监测仪器

（2）沉降板：沉降板由底座、金属测杆和保护套管组成，见图 3-6（b）。与观测桩一样，用沉降板监测沉降需要与水准仪配合。该法对土建施工有一定干扰，且只适合在施工期监测，不能实现自动无人监测。

（3）分层沉降仪：分层沉降仪由分层沉降管、磁环、波纹管或 PVC（polyvinglcholride，聚氯乙烯）管组成，图 3-6（c）采用钻孔导孔埋设，对施工有一定影响。分层沉降仪的优点是操作简单、易于测试，其缺点类似沉降板，主要是填土施工易形成压实死角，且安装难度较大，用于测量地层内不同位置处的沉降量。

（4）测斜仪：测斜仪法又称测斜式剖面沉降法，是将测斜管水平埋设，用活动式或固定式测斜仪测量垂直于测斜管轴线的沉降量，测斜仪见图 3-6（d）。根据测斜仪的原理可知，因为没有沉降变形零点，水平埋设测斜仪监测路基沉降变形只能得到相对沉降。此外，这种方法可监测的沉降范围有限，沉降量过大时易造成测斜管开裂或测斜仪变形，影响沉降变形的监测效果。

（5）单点沉降计：单点沉降计由位移计、锚头、法兰沉降盘、测杆等组成，见图 3-6（e），测量的是锚头和沉降盘间的位移，锚头设置在基岩，沉降盘设置在监测位置，沉降盘会随地基下沉。单点沉降计能够适应长期监测和自动化测量，适用于铁路、公路等各种基础沉降监测。

（6）静力水准仪：静力水准仪是应用连通管原理测量测点间的相对位移，它由液缸、浮筒、精密液位计、保护罩等部分组成，见图 3-6（f）。多个容器组成一个测量系统，所测位移都是相对于一个参考点而言的，因此，静力水准仪也只能测得测点的相对位移，但如果知道一个测点的绝对位移，那么所有测点的绝对位移也可知道。

高铁工程水平位移监测的仪器主要有以下几种。

（1）观测桩：配合经纬仪人工读数，观测桩也可以用来测量水平位移，但是不能实现自动化监测，对工程施工有干扰，且不适合在高铁运营期监测水平位移。

（2）测斜仪：垂直埋设测斜管并放入测斜仪是测斜仪的主要用法，该方法可以监测高铁工程不同深度处的水平位移，可以实现自动无人监测。

（3）拉索位移计：拉索位移计主要由位移计和柔性钢丝组成，见图 3-7，将其两端固定在土工材料上，可以测量固定两点间的伸缩变形。拉索位移计一般用在边坡表面，可以用来监测边坡表面是否有相对滑动。

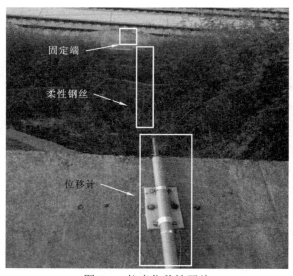

图 3-7　拉索位移计照片

2）动力响应指标监测

路基在高速列车动荷载反复作用下动力响应指标主要包括动压力和路基弹性变形等物理量。动压力监测通常使用动土压力盒；路基弹性变形可使用压电式加速度传感器进行监测。

（1）动土压力盒：岩土工程行业内的动土压力盒主要分为两种，即振弦式动土压力盒和电阻应变式动土压力盒。动土压力盒如图 3-8 所示。振弦式动土压力盒通过金属弦固有频率的变化表征土压力的变化。电阻应变式动土压力盒靠应变片的变形来反映土压力的变化。由于应变片是一种敏感性更强的材料，电阻应变式动土压力盒更适用于监测振动频率较高的土压力。

（2）压电式加速度传感器：目前，监测路基弹性变形的传感器是压电式加速度传感器，其外形如图 3-9 所示。反映路基弹性变形的物理量有加速度、速度、动位移等，它们在本质上是一致的，可以通过积分或微分运算进行三者之间的换算。

图 3-8　动土压力盒照片　　　　　　图 3-9　压电式加速度传感器照片

2. 监测元件优选原则

针对以上监测元件，对自动数采监测元件进行优化比选研究，选取监测元件应遵循适应性强、可靠性高和经济性优的原则。

（1）适应性强。监测元件的适应性强表示监测元件必须能够适应各类复杂的工程环境，做到可在任何环境下布设监测元件且不影响工程施工及稳定性，此外，还特别要满足远程无人监测的需求。以上特征就要求优选的监测元件：①体积小，能做到无需复杂施工即可在任何有限的空间中埋设，而且不影响工程质量；②必须具有较强的匹配性，可以与多数自动采集设备连接，做到自动无人采集数据。

（2）可靠性高。监测元件的可靠性高表示监测元件具有较高的测量精度，满足高铁工程"高标准、严要求"的要求，同时，监测元件必须适应高铁工程复杂的环境特点，在恶劣的工程环境条件影响下仍可保证准确的监测精度。

（3）经济性优。监测元件的经济性优表示监测元件在保证监测精度的前提下，成本较低，且传感器的安装操作简单，无需复杂机械辅助。

3. 监测元件选取

尽管目前对高铁路基结构状态的监测手段和方法较多，但针对艰险山区高速铁路路基的特点和要求，根据适应性强、可靠性高和经济性优的优选原则，对现场监测元件的选取应首先选择可实现无人监测的自动采集的电子监测元件，且监测元件还应具备匹配性强、精度高、成本低、方便埋设的特点。变形监测元件从变形的角度反映路基功能性状是否出现弱化甚至病害的现象，可直接反映高铁路基结构状态健康与否。动力响应监测元件从动力响应的角度监测高铁路基结构状态发生变化前后的动力响应规律，可研究动力响应的变化规律，间接反映高铁路基的结构状态。环境监测元件从降水的角度反映路基结构性状的变化与水的相关性，可反映降雨对诱发高铁路基结构状态变化的外在影响。据此选取以下监测元件。

（1）变形监测元件：单点沉降计、固定式测斜仪、拉索位移计。

（2）动力响应监测元件：压电式加速度传感器、动土压力盒。

（3）环境监测元件：雨量计（含水量计）。

选取的监测元件分别有以下特点。

（1）单点沉降计：设备由传感器本体、测杆、锚头、法兰盘等组成。监测精度为 0.01 mm，量程为 200 mm。可将沉降数据转化为电子信号传送给采集设备。通过与自动采集设备的配合，可以达到无人自动监测的目的，便于长期监测。而且该设备受环境影响小，主要用于监测高铁路基垂直沉降。

（2）固定式测斜仪：该设备采用进口角度传感器作为敏感元件，可以监测测斜孔内倾斜角度的变化，并将监测数据转化为电子信号传送到采集设备，实现无人自动监测。该设备精度较高（0.005°），受环境影响小，主要用于高填路基边坡及高陡边坡的水平位移监测。

（3）拉索位移计：该设备通过柔性拉索连接固定点与位移传感器，可将位移数据转化为电子信号发送给采集设备，达到无人自动监测的目的。该设备精度较高，监测精度为 0.01 mm，量程为 200 mm，主要用于对高陡边坡表面位移的监测。

（4）加速度传感器：选取灵敏度高的压电式传感器，该设备具有刚度高、响应快、频响范围大的特点，可按规定要求输出电压信号，方便与自动数据采集设备匹配。该设备用于监测高铁列车动荷载作用下的路基动力响应。

（5）动土压力盒：选取电阻应变式动土压力盒，该设备以高灵敏度和高频响的应变片作为压力响应元件，比传统的振弦式动土压力盒具有更高的振动响应范围，压力测试更为精确，且受环境影响小。此外，电阻应变式动土压力盒可输出电压信号，方便与自动数据采集设备匹配。该设备用于监测高铁列车动荷载作用下路基的动压力响应。

（6）雨量计：选取容栅式雨量计，其精度为 0.1 mm，该设备采用容栅位移传感器，可精确采集雨量信息，并输出脉冲信号给自动采集设备，从而达到无人自动监测的目的。该设备设置在高陡边坡顶部，用于监测试验段内的雨量信息。

3.4 高速动态数据采集与无线传输系统研制

高速铁路路基结构健康监测涉及多种静动态类型的传感器，这些传感器埋设后，为了配合高铁工程运营，提高工作效率，有必要建立数据自动采集和无线远程自动化传输系统，实现数据采集、处理、传输、分析及决策的一体化。数据采集与无线传输技术就是将智能传感技术、信号处理技术及无线通信技术融为一体的一种全新监控监测模式。

3.4.1 系统实现目标与选择标准

根据高速铁路的工程特点及对监测数据的要求，数据采集与无线传输系统方案要达到总体目标：无人、自动、稳定采集静动态监测元件数据，通过无线传输的方式反馈到控制中心。其中，要求采集系统采集的动态监测数据能正确反映其真实波形，并要求采集系统能够对动态数据进行必要处理，减少无线发射的数据量。在构建数据采集与无线传输系统时，需要考虑以下几方面标准。

（1）稳定与可靠性。高速铁路所在的区域具有复杂的工程与环境条件，且高铁工程沿线电磁干扰较强，因此要求数据采集与无线传输系统的各个模块、部件能够适应环境变化，还能够稳定可靠地工作。

（2）匹配性。系统的匹配性主要针对数据采集模块，要求数据采集模块能适应不同类型的传感器，可以将传感器发送的电子信号正确地捕捉并传递至计算机。

（3）实时性。要求数据采集与无线传输系统能够实时地采集数据，特别是能够实时地采集到频响较高的高铁路基动力响应参量，且监测到的信息能够及时传送到监控终端，使用户能够实时掌握高铁路基监测参量的变化情况。

（4）高精度。高精度要求数据采集模块具有较高分辨率，可以精确地反映所采集到的物理量，保证监测系统的可靠性。

（5）低功耗。要保证数据采集与无线传输系统的低功耗性，以便在没有供电的条件下采用太阳能供电，并保证供电系统能够长时间对设备供电，以保证监测工作的正常运行。

3.4.2 不同系统方案特点与比较选取

静态监测元件的数据采集周期长、数据量小，所以采集的数据较为简单，配合简单的采集卡即可将数据捕捉并传输至采集终端。

动态监测元件的数据采集则较为复杂，一方面表现在动态监测元件频响高，数据瞬时变化大，需要采集设备能够高速、精确地捕捉到动态监测数据的变化；另一方面表现在要准确地反映出动态数据值，即要求采集设备具有较高的分辨率。此外，动态数据采集模块还应该具有一定的数据处理能力，一方面可以及时存储完整数据，另一方面可将大量的动态数据进行预处理，以便及时向服务器传输实时监测数据，供后期分析之用。可见，安装在高速铁路路基现场的动态数据采集与无线传输设备是整个监测系统的核心部件，设备的优劣也决定了整个监测系统的性能与品质，其核心是动态监测数据的自动采集模块。

根据以往研究成果和经验，对动态监测数据的采集，可以形成两套不同的方案，即数据采集卡系统方案和数据采集仪系统方案。

1. 数据采集卡系统方案

数据采集卡系统由硬件部分和软件部分组成。硬件部分由数据采集卡、数据处理器和无线发射模块组成。具体系统数据采集及无线发射流程如图 3-10 所示。

软件部分通过编程实现控制数据采集方式、处理无线传输数据及数据分析功能。软件分为数据处理器软件和服务器软件。

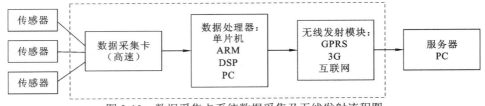

图 3-10 数据采集卡系统数据采集及无线发射流程图

ARM（advanced RICE machine，高级精简指令集计算机）、DSP（digital signal processing，数字信号处理）

1）硬件组成及功能

数据采集卡系统硬件组成及外观见图 3-11，由数据处理器、采集卡和无线发射模块等组成。

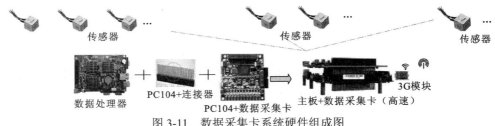

图 3-11 数据采集卡系统硬件组成图

（1）数据采集卡（高速）。数据采集卡负责动静态监测数据的采集，可实现的功能及要求有：①高速采集动静态传感器输出的模拟信号（标准电压或电流信号），采样速度达到 1 000 ks/s 以上；②采样精度达到 16 bit；③采样方式为轮回或并行（根据成本决定）；④抗干扰能力强，可防水、防潮、防尘、避免雷击及耐高温、低温等。

（2）数据处理器。鉴于科研分析及试验段健康状态监测仅需要关键性数据，且动态信号数据量较大，由于无线传输技术的局限性，传输数据量不能太大，需要对庞大的动态监测数据量进行必要的处理。动态监测数据经处理后仅留存动态信号的关键数据和静态数据，大大减轻无线发射设备的负担，节省传输时间，实现服务器对监测系统的实时控制和监测。数据处理器可以采用 4 种方式：单片机、ARM、DSP、PC。从产品价格、耗电量及数据处理速度方面，4 种产品性价比由高到低的排序均为 PC、DSP、ARM、单片机。另外，ARM、DSP 和 PC 等方式均可内置操作系统，可以实现更复杂的控制和数据处理。3 种方式均可通过液晶显示器（liquid crystal display，LCD）实现可视化操作。数据处理器的选择主要根据产品价格、数据处理速度、耗电量等因素综合确定。数据处理器实现功能及要求有：①及时处理数据采集卡采集到的动静态监测数据；②通过编程可实现提取关键数据，对数据进行压缩；③根据远程服务器指令控制数据采集方式；④具有一定存储功能，可存储完整动态监测数据，以便用户后期提取；⑤抗干扰能力强，可防水、防潮、防尘、避免雷击及耐高温、低温等。

（3）无线发射模块。可选用 GPRS、3G 或互联网，主要根据现场条件、数据传输量、设备稳定性、耗电量等因素综合选取。

2）软件组成及功能

数据采集卡系统软件部分分为数据处理器软件和服务器软件。二者配合可以实现对静动态监测数据的采集、处理、传输等功能。

（1）数据处理器软件。数据处理器软件是用于控制数据采集卡采集数据，对监测数据进行处理，将处理后的数据传递至无线发射模块的程序。它主要可实现的功能有：①根据服务器的指令控制数据采集卡采集数据；②对动态数据进行处理，如进行积分变换等，对数据进行压缩，提取关键数据；③控制无线模块进行数据传输；④独立处理系统响应。

（2）服务器软件。服务器软件是数据采集卡系统的核心，它一方面可以控制数据采集和无线发射，另一方面可以实现数据存储、分析、显示等功能。服务器软件可实现的功能有：①发射指令给数据处理器控制整个系统的数据采集；②接收无线反馈的监测数据；③数据库功能，可对数据进行存储；④对监测数据进行分析，得到研究所需信息；⑤显示监测数据和分析后的数据；⑥输出数据。

3）方案优缺点

该方案优点在于：①设备体积小，现场无须制作体积较大的保护建筑；②成本低；③耗电量较小。该方案缺点在于无法实现不同传感器的并行采样。

2. 数据采集仪系统方案

数据采集仪系统由硬件部分和软件部分组成。硬件部分由数据采集仪、数据处理器和无线发射模块组成。系统数据采集及无线发射流程如图 3-12 所示。

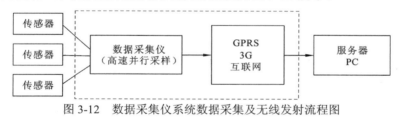

图 3-12　数据采集仪系统数据采集及无线发射流程图

1）硬件组成及功能

数据采集仪系统硬件组成及外观见图 3-13，数据采集通道数可增减。

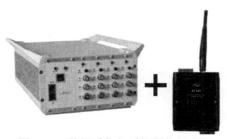

图 3-13　数据采集仪系统硬件组成图

（1）数据采集仪。数据采集仪负责动静态监测数据的采集，可实现的功能及要求有：①多通道并行采样，各通道可独立调整，无相互干扰；②采样精度达到 16 bit；③采样频率高，可达 250 kHz；④集成数据处理功能，可对数据进行压缩，输出标准信号；⑤根据服务器指令，可控制数据采集方式；⑥抗干扰能力强，可防水、防潮、防尘、避免雷击及耐高温、低温等。

（2）无线发射模块。可选用 GPRS、3G 或互联网模块，主要根据现场条件、数据传输量、设备稳定性、耗电量等因素综合选取。

2）软件组成及功能

数据采集仪系统软件部分仍然由两部分组成：数据采集仪控制软件和服务器控制软件。数据采集仪方案的系统软件实现的功能和要求与数据采集卡方案相同。

3）方案优缺点

该方案优势在于可实现多通道的并行采样，各通道间无干扰。该方案缺陷在于：①实现并行采样后，极大增加了成本；②设备体积大，现场需要制作体积较大的保护建筑；③耗电量较大。

遵循"适应性强、可靠性高、经济性优"的原则，对比分析两种数据采集与无线传输方案可以发现，数据采集卡方案要优于数据采集仪方案，尽管数据采集卡不能实现并行采样，但其高速采集频响、高分辨精度，特别是小体积、低成本、低功耗的特点满足了对现场数据采集与无线传输设备的要求，而且采用数据采集卡方案不需要构建较大的保护工程，不影响高铁运行。因此，本书试验数据采集与无线传输设备选用了这种方案。

3.5　路基结构健康监测传感器埋设方法

3.5.1　孔内监测传感器定位埋设装置

对于已建成的高速铁路工程，不能大面积破坏其结构，通常埋设监测仪标只能采用小钻孔的方式。但由于钻孔直径小、安装空间极为有限，给动态监测仪标的埋设带来较大难度。所以，寻求一种可方便快速定位安装工程状态监测仪标的装置，是一个需要解决的重要问题。

另外，传感器埋设以后需及时对钻孔进行封堵，以保证原有工程的整体性。封堵材料的变形特性是否与原有路基相同或相似直接影响监测仪标的监测效果。高铁工程的路基表层填料往往压缩模量高，如果钻孔封堵材料过软或过硬，则会出现路基与钻孔封堵材料之间变形不协调的现象，从而导致动力参数传递规律不同，严重影响路基结构健康状态的监测效果。

针对此种情况，必须找到能够在小钻孔空间内精确埋设传感器的装置，并寻求一种能够较好封闭钻孔的材料，以便在保证传感器埋设质量的前提下，确保路基监测效果的准确性。为解决在小钻孔空间内精确埋设动态监测元件的难题，埋设装置需要注意以下4方面。

（1）要保证监测仪标定位埋设方位和间距的准确性。新装置要严格根据要求将监测仪标定位安装在钻孔内，确保仪标不错位。

（2）不能影响钻孔回填的施工。监测仪标定位后，要对钻孔进行回填封堵，由于空间狭小，新装置要为回填施工留出足够的空间，不能影响回填操作，保证封堵效果。

（3）保证监测效果不受埋设方式及回填材料的影响。监测仪标埋设完成以后，为取得较好的监测效果，新装置应保证监测仪标与回填材料紧密接触，以便监测仪标可精确捕捉到工程状态的变化。

（4）安装方便、操作简单。新装置的安装操作要简单方便，易于现场使用，且不受外界因素干扰。

为此，研制4种孔内动态监测仪标定位埋设装置：①便捷式孔内仪标定位埋设装置；②可脱落式孔内仪标定位埋设装置；③套管式孔内仪标定位埋设装置；④线绳式孔内仪标定位埋设装置。具体设计图见图3-14～图3-17。

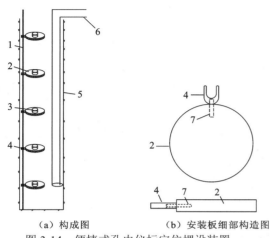

（a）构成图　　　（b）安装板细部构造图

图 3-14　便捷式孔内仪标定位埋设装置

1.定位杆；2.有机玻璃定位板；3.监测仪标；

4.定位卡扣；5.钻孔；6.注浆管；7.铁质连接销

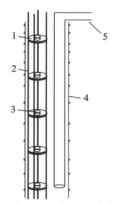

图 3-15　可脱落式孔内仪标定位埋设装置

1.有机玻璃安装板；2.硬质边条；3.监测仪标；

4.钻孔；5.注浆管

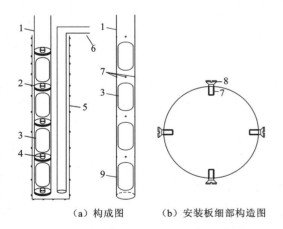

（a）构成图　　（b）安装板细部构造图

图 3-16　套管式孔内仪标定位埋设装置

1.安装主架；2.安装板；3.镂空孔；4.监测仪标；5.钻孔；

6.注浆管；7.定位螺纹孔；8.定位螺栓；9.剩余管壁

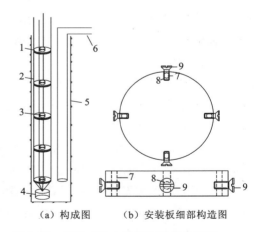

（a）构成图　　（b）安装板细部构造图

图 3-17　线绳式孔内仪标定位埋设装置

1.安装板；2.柔性悬挂线；3.监测仪标；4.配重；

5.钻孔；6.注浆管；7.穿线孔；8.定位螺纹孔；9.定位螺栓

4 种孔内动态监测仪标定位埋设装置可严格按要求控制监测仪标的位置和距离、不影响回填灌注施工、不受回填材料及施工现场的限制、可保证监测仪标与回填材料紧密接触，保证监测效果，另外，这4种埋设装置结构简单、操作简便，适合工程现场使用，具有较高的实用价值。

通过反复的对比试验验证，发现线绳式孔内仪标定位埋设装置更能适应高铁工程现场的实际情况，且其埋设操作最简单，更适合现场施工，所以本次动态监测元件埋设将线绳式孔内仪标定位埋设装置应用到具体实际中。

线绳式孔内仪标定位埋设装置具有以下优点和效果。

（1）监测仪标固定在安装板上，安装板可以直接定位在柔性悬挂线上。通过这种方式可准确、快速地将监测仪标定位埋设在钻孔等狭小的空间内，操作方便，安装精确，可严格保证传感器在钻孔中的位置和间距。

（2）根据钻孔直径的大小和深度，安装板的直径及柔性悬挂线的长度可任意调整，对狭小的埋设空间有较好适应性，可为回填施工留出足够的空间，易于回填。

（3）安装板上的监测仪标之间是柔性连接，相互之间不会产生影响，保证了路基监测的效果。

（4）通过定位螺栓将安装板和监测仪标固定在柔性悬挂线上，可大大减少注浆等施工条件对监测仪标埋设效果的影响，可保证监测仪标的安装质量。

（5）该装置无需复杂的安装过程，操作简单，现场操作性强，可适应不同复杂、恶劣的现场环境。

3.5.2 路基等模量无收缩封堵混凝土

与高铁路基具有相同或相似高模量的钻孔封堵材料，混凝土无疑是理想的材料。但是，混凝土是一种失水收缩性材料，如果直接用于封堵钻孔，当失水收缩时，回填混凝土会与钻孔周边路基填土脱离，直接影响工程的整体性和动力响应向孔内材料传递的效果，进而影响监测的效果。而且，混凝土本身强度和模量很高，它的配比决定了其力学性能能否与高铁路基相似。

由于钻孔空间小，要保证充填材料与监测仪标紧密接触，通常采用压力泵给充填材料提供一定压力，这就要求充填材料的流动性强，易于泵送。而且充填材料中不能出现粒径较大的骨料，以保证小空间内的泵送效果。

为解决这些问题，必须对混凝土的性能进行有效地改进，使其满足作为钻孔充填材料的要求。因此，它必须满足：①力学性能与高铁路基填土相当，主要是保证模量相当，使二者变形协调；②无收缩性或收缩性微弱，保证与孔壁紧密接触；③胶结能力强，可与孔壁牢固相连，保证动应力的传递效果；④流动性好，保证泵送效果。

为解决以上问题，通过在混凝土中加入改性剂、控制配比的方式，研制出一种与高铁路基力学性能相似、收缩性微弱、胶结能力强且流动性强的塑性混凝土，解决了钻孔填充的问题。

本书依托项目研发的高铁路基破损区回填用微收缩塑性混凝土，由一定比例的水泥（10%～20%）、细骨料（40%～60%）、粉煤灰（11%～30%）、膨润土（5%～15%）、膨胀剂（5%～15%）、减水剂（0.1%～0.8%）、早强剂（0.05%～0.2%）组成。

为验证微收缩塑性混凝土的性能，根据组分材料的配比范围，制备 5 个塑性混凝土试样，进行压缩模量、坍落度和收缩率试验，试验结果见表 3-1。

表 3-1　试样 1～5 的试验结果

试样编号	压缩模量/MPa	收缩率/%		坍落度/mm
		1 天	7 天	
1	56.82	1.163	0.023	220
2	60.34	1.351	0.015	230
3	64.51	1.503	0.017	240
4	62.37	1.239	0.021	210
5	58.35	1.294	0.016	250

从上述试验结果可以看出，制备的微收缩塑性混凝土试样压缩模量在 56.82～64.51 MPa，与高铁路基基床层压缩模量相当；其坍落度在 210～250 mm，说明该微收缩塑性混凝土具有较好的和易性，易于泵送；另外，从收缩率可以看出，高铁路基破损区回填用微收缩塑性混凝土，收缩主要发生在液态混凝土固化的过程中（占 99%以上），固化后的混凝土收缩率非常小。

可见，高铁路基破损区回填用微收缩塑性混凝土具有以下优点和效果。

（1）该微收缩塑性混凝土凝固以后具有与高铁路基相似的力学特性，表现为压缩模量与高铁路基基床层基本相当，因此，可以保证列车动荷载在路基上时二者的变形是协调的，从而保证动力参数的传递规律与真实工况相同。

（2）该微收缩塑性混凝土中除增加了粉煤灰，还加入了膨润土和膨胀剂，并有效减少了水泥含量，使得该塑性混凝土凝固以后的收缩性大大降低，呈现微收缩的性能。

（3）该微收缩塑性混凝土具有很好的胶结能力，体积微收缩，在其凝固后可与孔壁牢固胶结，从而保证路基结构的完整性和理想的监测效果。

（4）该微收缩塑性混凝土水灰比为 2∶3，具有较好的和易性，可提高泵送能力。

3.6　沪昆客运专线服役期路基健康无线监测示范区实施

3.6.1　高填方斜坡路堤示范段监测传感器布设

高填方斜坡路堤监测示范试验段分为两段，分别为 DK208+560～DK208+610 区段和 DK235+555～DK235+605.30 区段。两区段长度均约为 50 m，分别设置 1 个重点监测断面和 2 个一般监测断面，间距为 25 m。重点断面监测元件的布设如图 3-18 和图 3-19 所示。

动力响应参数监测元件有加速度传感器和动土压力盒。

加速度传感器：监测列车动荷载作用下水平和垂直方向上加速度、动位移。

动土压力盒：监测列车动荷载作用下动应力的变化及传递规律。

路基变形监测元件有单点沉降计和固定式测斜仪。

单点沉降计：监测路基沉降变形。

固定式测斜仪：监测斜坡路堤的侧向水平位移或差异沉降。

对于一般监测断面，主要考虑轨道下方垂直方向上动力参数的变化规律，变形监测则主要考虑路基中心沉降。具体监测元件的布设如图 3-20 和图 3-21 所示。

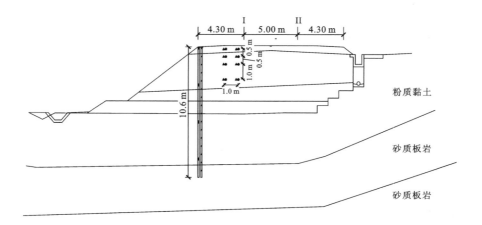

●加速度传感器 ▲动土压力盒 ⊓单点沉降计 ⊓固定式测斜仪

图 3-18 DK208+585 重点监测断面监测元件布设图

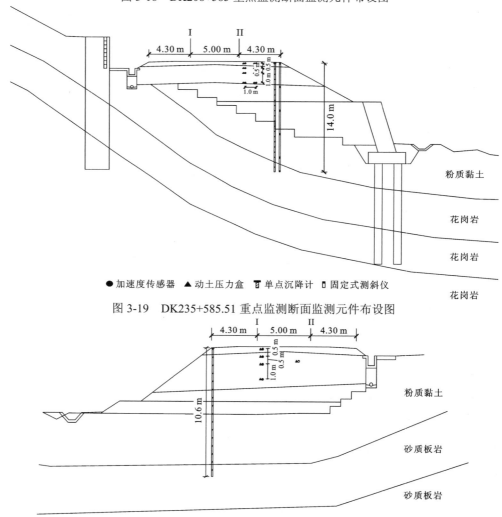

●加速度传感器 ▲动土压力盒 ⊓单点沉降计 ⊓固定式测斜仪

图 3-19 DK235+585.51 重点监测断面监测元件布设图

●加速度传感器 ▲动土压力盒 ⊓单点沉降计

图 3-20 DK208+560 一般监测断面监测元件布设图

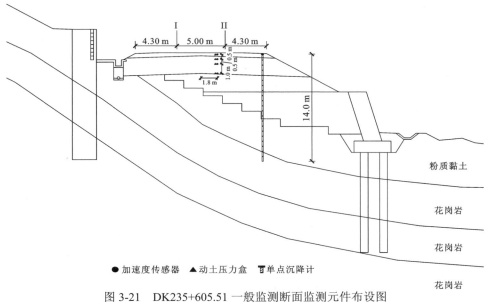

●加速度传感器　▲动土压力盒　单点沉降计

图 3-21　DK235+605.51 一般监测断面监测元件布设图

3.6.2　路堑高陡边坡监测示范段监测传感器布设

路堑高陡边坡监测示范试验段分为两段，分别为 DK272+920～DK272+970 区段和 DK209+910～DK209+960 区段。两区段长度均为 50 m，分别设置 1 个重点监测断面和 1 个一般监测断面。该试验段主要监测高陡边坡坡面位移、坡内相对位移及陡坡范围内的雨量信息。用于分析高陡边坡是否发生滑动及潜在滑动面的位置。

重点监测断面监测高陡边坡表面位移和边坡内相对位移，并监测高陡边坡所在地的雨量信息。埋设监测元件为拉索式位移计、固定式测斜仪和雨量计。在靠近坡顶的位置埋设固定式测斜仪，监测坡内水平位移；沿坡面埋设拉索式位移计，监测坡面位移；在坡顶埋设雨量计，监测试验段内的降雨情况。具体监测元件尺寸及布设如图 3-22 和图 3-23 所示。

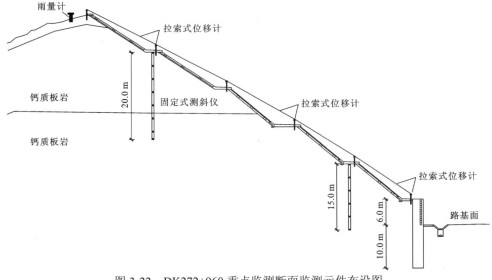

图 3-22　DK272+960 重点监测断面监测元件布设图

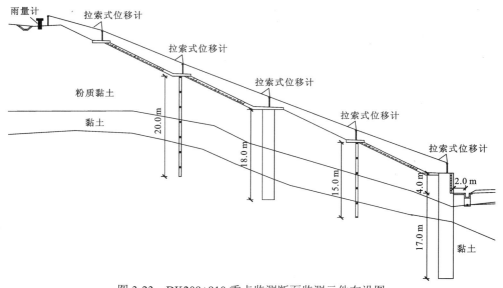

图 3-23 DK209+910 重点监测断面监测元件布设图

一般监测断面仅重点监测边坡表面的位移，每级边坡沿坡面埋设一对拉索式位移计。具体监测元件布设如图 3-24 和图 3-25 所示。

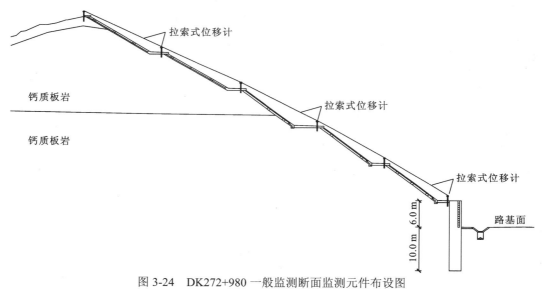

图 3-24 DK272+980 一般监测断面监测元件布设图

3.6.3 远程高频数据采集与无线传输系统实施方案

1. 系统方案设计

数据采集与无线传输系统是整套路基结构监测系统的核心构件，其性能的好坏直接影响整套监测系统是否能够完整、及时、精确地监测路基结构的变化参量，并直接决定监测数据是否可为分析路基结构健康状态提供基础保证。因此，数据采集与无线传输系统的设计尚需考虑以下几个方面的因素。

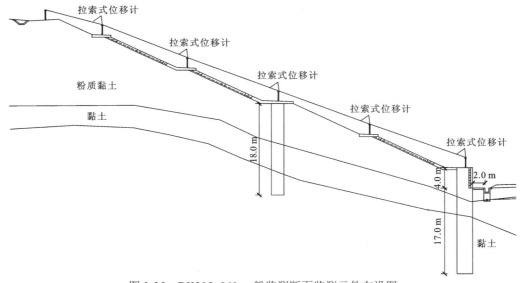

图 3-25　DK205+960 一般监测断面监测元件布设图

（1）与传感器的集成特性。本次高速铁路服役期路基结构监测共设置了两大类监测传感器：静态变形监测传感器和动态变形监测传感器。由于这两大类传感器在频响及采集频率上存在较大差别，特别需要注意数据采集模块与传感器的集成性，做到"优化集成、高效节约"，分别对应设置了不同类型的静动态采集卡：静态数据采集卡的特点是体积小，可进行编程作业以控制数据的自动采集；动态数据采集卡的特点是频响高、精度高、自动化性能强。此外，对于数据采集卡到数据处理器的传输方式，分别选择了外设部件互连（peripheral component interconnection，PCI）和 R485 串口的通信方式。

（2）数据处理及时性。由于动态监测元件传输的数据量大、频响高，需要及时对数据进行存储和处理，以便实时向服务器发送监测参量，所以，在数据处理器的选择上也应考虑高效的特点。本次监测系统选择了配置高、体积小、功率低的工控机作为处理存储与处理的部件，它的特点是反应速度快、数据处理能力强、可以与不同数据采集卡完美匹配。

（3）适应现场特殊条件。对于设置在高速铁路上的数据采集与无线传输系统，应全面考虑复杂的工程环境，特别是对系统有重要意义的供电条件、无线传输条件、系统工作环境可靠性等方面需要进行考虑。

供电：系统供电应考虑电源的可靠性和持续性，考虑高铁工程沿线广泛分布的供电直放站，本小节选择直放站作为数据采集与无线传输系统的主要供电电源。为适应高铁现场无人的环境，减少铺设电缆的施工作业，可配置一套太阳能供电系统作为系统的辅助电源。一方面，可以保证供电的可靠性和持续性；另一方面，可以作为系统自供电研究的尝试，以便为后续更全面、便捷的系统设计提供参考。此外，也需要充分考虑高速铁路系统调试期内或运营期内系统故障引起的短时断电现象，可为每套数据采集系统设置不间断电源（uninterruptible power supply，UPS），以保证系统不会因频繁的短时停电而崩溃。

无线传输条件：数据采集与无线传输系统的一个重要工作是及时与服务器保持正常通信，因此，在设计无线传输时要考虑无线传输的构建条件，要选择条件优越的方式作为无线传输方式。我国无线通信的 3G 网络已在全国得到了全面覆盖，位置特殊的山区高速铁路地段也有 3G 信号，而且 3G 网络传输速度已可满足数据传输的要求，所以选择 3G 无线通信设备作为无线传输模块即可保证监测终端间的实时、正常通信。

系统工作环境：系统的工作环境要求能够适应高铁现场较恶劣的环境条件，做到防尘、防水、防雷、防高温等要求，且数据采集与无线传输设备不能影响高速列车的正常运行。因此，本方案将其设置在高铁路基临坡侧的桩板墙上，并采用高防护等级的保护箱来确保系统可以正常工作。

2. 数据采集与无线传输具体方案

通过优选，本次数据采集与无线传输系统选择更适应现场条件、以数据采集卡为核心部件的方案。系统方案如下。

1）数据采集卡

数据采集卡分为普通数据采集卡和高速动态数据采集卡，负责动静态监测数据的采集。图 3-26 为数据采集卡。其中，高速动态数据采集卡负责采集动态监测数据，该采集卡采集速度快，不会造成动态数据丢失，且抗干扰能力强，可防水、防潮、防尘、避免雷击及耐高温、低温等。

（a）普通数据采集卡　　　　　　　　　　（b）高速动态数据采集卡

图 3-26　数据采集卡

普通数据采集卡与静态传感器相连，通过 R485 串口与数据处理器通信。高速动态数据采集卡直接插在数据处理器上，通过端子板及传输线与数据处理器通信。

2）数据处理器

数据处理器采用了高配置的工业用工控机，该工控机配置了英特尔 i7 四核处理器、4G内存、1T 硬盘，可实现动静态数据的存储与分析，对大量动态信号数据进行处理，提取动态信号的关键数据和静态数据，大大减轻无线传输设备的负担，节省传输时间，并实现服务器对监测系统的实时控制和监测。高性能工控机如图 3-27 所示，它配备了多种数据通信口，可与不同的数据采集卡相连，进行数据传输。

3）无线传输模块

选用高性能的 3G 无线传输模块，可将监测数据实时发送到远程服务器。

4）采集基站户外机柜

该户外机柜框架型材独特的防水槽设计，双壁式门配有三点锁定装置，机柜门四周采用聚氨酯（polyurethane，PU）发泡胶密封，防护等级可达 IP65，且该机柜配备温度控制风扇，柜内温度过高时，可实现自动开启风扇降温的功能。采集基站户外机柜外形如图 3-28 所示。

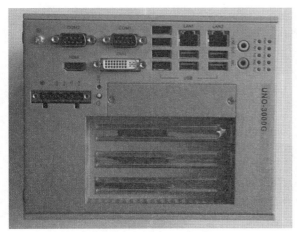

图 3-27　高性能工控机照片

图 3-28　采集基站户外机柜照片

5）备用供电系统

备用供电系统包括太阳能供电系统和 UPS。太阳能供电系统由太阳能电池组件、太阳能控制器、蓄电池等组成，可按要求输出 24 V 直流电源。该系统具有寿命长、性能高、无须值守、无间断供电、不受地理环境影响的特点，系统外形见图 3-29。UPS 主要作用是可实现正常供电和电池供电间的自动、快速切换，保证数据处理器不断电，以延长监测系统寿命，其外形见图 3-30。图 3-31 为数据采集与无线传输系统实物照片。

图 3-29　太阳能备用供电系统照片

图 3-30　UPS 照片

3. 数据采集与无线传输方案的优势

针对高速铁路工程的特点，在充分考虑系统与传感器的集成性、数据处理的及时性、现场特殊条件的基础上，形成数据采集与无线传输方案，该方案有以下特点。

（1）系统精度高，分辨率为 16 bit，可以感知 10^{-3} 级别的物理量变化，可实现高精度、大量程、快速采样。

图 3-31 数据采集与无线传输系统实物照片

（2）系统具有长期、稳定、连续、精确、全天候的同步自动采样特性，真正实现无人值守或不受外界恶劣环境的影响，且可避免人工观测误差。

（3）系统量程范围大、抗干扰能力强、远程遥控，可随意设置采样点、数据处理方式及数据传输方式。

系统可设置远程遥控，有因特网的地方均可登录系统的控制界面，可随时随地对数据采样和无线传输进行调试和修改，也可实时观测高速列车通过时的监测数据变化。

3.6.4 路基健康远程监测系统现场施工

1. 监测元件埋设施工方案

在已建成的高速铁路上埋设监测元件，主要通过钻孔埋设的方式，为避免对高铁工程造成较大影响，本次监测元件埋设施工严格按照施工方案进行。

1）施工原则及要求

（1）尽量减小对已建工程的扰动，避免破坏现有工程的主体功能。

（2）结合试验段地形和现有的工程设施，充分利用可利用的工程构筑物。

（3）钻孔施工应严格按要求进行，钻孔位置、孔径大小、成孔质量应满足监测仪标安装要求。

（4）钻孔施工前，应探明轨道板内主钢筋的位置，避免切断轨道板受力主筋。

2）施工内容

（1）预钻监测元件埋设孔。所有监测仪标的埋设均需要预钻埋设孔。动态监测仪标设孔位于斜坡坡脚侧轨道附近，静态监测仪标埋设孔位于斜坡坡脚侧路肩附近。埋设孔孔径为 108 mm，可采用回转式或冲击式钻进成孔，成孔要进行洗孔作业，清除孔内沉渣。

（2）监测元件线缆布线及保护。监测仪标线缆露出轨道板的部分需采用保护措施，可将其穿入保护管内集中起来，保护管直径根据现场条件确定，如线缆较多、集中于一根保护管内难度较大，可将其分别置于几根保护管中，方便将其固定在轨道板上走线。埋入路基中的保护管可采用聚氯乙烯（polyvinylchloride，PVC）管等材质较硬的管材，需穿过轨道的保护管可采用橡胶管等材质较软的管材，但其耐久性一定要好。线缆及保护软管穿过轨道后，应在路基上开凿线缆槽并将线缆及保护管埋入其中，起到保护线缆、减小扰动的作用。具体布线及保护方式见施工部署。

（3）监测仪标安装及埋设孔回填。待埋设孔施工完成后，根据要求搅拌回填料，然后将挂有监测仪标的安装架放入埋设孔中，最后用压力注浆的方式向埋设孔回填拌合料，注浆管的外径不能超过 40 mm。拌合料的配比参数根据具体要求选取。具体施工要求见施工部署。

3）施工部署

（1）钻孔施工部署：根据试验段监测仪标布设方案，动态监测元件埋设孔主要位于临坡侧线路铁轨下方；静态监测元件埋设孔位于临坡侧路肩。由于目前试验段内线路已铺设轨道板，所以，在施工动态监测元件埋设孔时要特别注意不能将轨道板内的纵向主筋打断，需特别注意施工位置。各试验段内不同监测断面有具体打孔要求：路基重点监测断面需钻 2 个动态监测元件埋设孔和 2 个静态监测元件埋设孔，孔径均为 108 mm。其中，动态监测元件埋设孔分别位于临坡侧轨道及轨道板侧边，静态监测元件埋设孔位于临坡侧路肩，具体孔位见图 3-32 和图 3-33。路基一般监测断面需钻 1 个动态监测元件埋设孔和 1 个静态监测元件埋设孔，孔径均为 108 mm。其中，动态监测元件埋设孔位于临坡侧轨道下方，静态监测元件埋设孔位于临坡侧路肩，具体孔位见图 3-34 和图 3-35。

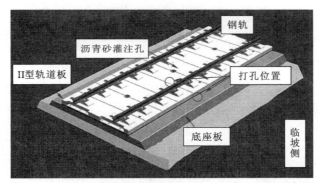

图 3-32　重点监测断面动态监测元件打孔施工位置示意图

图 3-33　重点监测断面静态监测元件打孔施工位置照片

（2）线缆布线及保护部署。监测仪标线缆布线及保护以"集中走线、节约空间、方便保护、减少扰动"为原则，待动静态监测仪标埋设完成后，在路基上挖出线缆槽，将线缆集中装入保护管内，然后将保护管埋入线缆槽中保护起来。保护管分为两种类型：一种是耐久性好的、内径$\phi 2 \sim 3$ cm 的软管，其作用是将仪标线缆装入其中，方便布线并将其固定在轨道板上；另一种是内径$\phi 4 \sim 5$ cm 的 PVC 硬管，其作用是将仪标线缆集中于管内，方

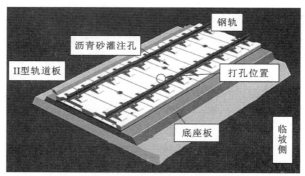

图 3-34　一般监测断面动态监测元件打孔施工位置示意图

图 3-35　一般监测断面静态监测元件打孔施工位置照片

便将其统一埋入线缆槽内保护。保护管直径也可以按现场条件调整，起到保护仪标线缆、集中布线、方便施工的作用。仪标线缆布线及线缆槽的位置见图 3-36 和图 3-37，不同监测断面仅埋设孔位不同。

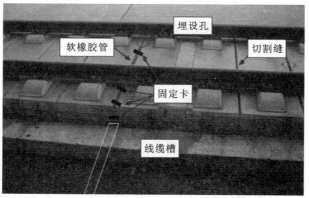

图 3-36　轨道板上布线方式示意图

具体施工要求：①轨道板上的仪标线缆集中于软管内统一布线；②轨道板上软管应固定在轨道板上，从铁轨下方走线，见图 3-36。若铁轨与轨道板间的高度不够，可在轨道板上切割一条切割缝，可参照图 3-36 以便软管穿过铁轨；③仪标线缆从轨道板上引出后，将其集中穿入材质较硬的 PVC 管中，PVC 管埋入线缆槽中；④在监测断面上、垂直轨道走向方向挖设线缆槽，见图 3-37。线缆槽深度和宽度以可埋设 PVC 管为准，宽度为 50 mm，深度为 100 mm；⑤数据采集基站建在重点监测断面，一般监测断面的线缆集中后，再通过 PVC 管和线缆槽引至数据采集基站，具体走线方式见图 3-37。

图 3-37 路基上布线及保护措施示意图

（3）监测仪标安装及埋设孔回填施工部署。待钻孔施工完成后，即可安装监测仪标，并回填埋设孔。具体监测仪标安装及埋设回填要求如下：①对钻孔进行洗孔作业，清除孔内泥浆和沉渣，以便保证注浆回填的效果；②待洗孔作业完成后，将挂有监测仪标的安装架靠着孔壁垂直放入埋设孔中，放安装架时，一定要保持安装架的垂直度。待安装架底端接触孔底后，托住安装架，然后进行注浆作业；③用外径不超过 $\phi 40$ mm 的注浆管向埋设孔中进行注浆作业。作业时，注浆管应贴着埋设孔的另一侧进行注浆，注浆管与安装架之间要留有一定空隙，防止注浆作业影响安装架的垂直度；④注浆压力根据现场试验确定，注浆压力不能太大，以免浆液在孔中形成的不均匀压力将安装架上的隔板顶歪，从而影响监测仪标的埋设效果。

2. 监测元件孔内埋设施工

1）预钻监测元件埋设孔

按照监测元件布设方案及施工方案，采用直径 $\phi 108$ mm 的钻孔机械进行钻孔，由于前期详细探明了轨道板内钢筋位置，钻孔施工并未对高铁结构造成影响。图 3-38 和图 3-39 为不同类型预钻路基监测仪标埋设孔的照片。

图 3-38 预钻路基动态监测仪标埋设孔照片

图 3-39　预钻路基静态监测元件埋设孔照片

2）监测仪标埋设

经过反复试验验证，采用线绳式孔内监测仪标埋设装置埋设传感器，埋设过程可简单表述为：首先利用埋设装置将加速度传感器和动土压力盒固定在装置上，然后将其吊入钻孔内，最后用微收缩塑性混凝土加以封堵，即可完成动态监测仪标的埋设。静态传感器则按照常规的方法进行埋设。图 3-40～图 3-43 为动态监测仪标埋设前准备工作和完成后的现场照片。图 3-44 和图 3-45 分别为静态监测仪标埋设完成后的位移计和测斜孔照片。

图 3-40　动态监测仪标埋设装置照片　　　　图 3-41　动态监测仪标埋设前检测照片

图 3-42　动态监测仪标埋设完成后的　　　　图 3-43　动态监测仪标埋设完成后的
　　　　动态监测孔照片（一）　　　　　　　　　　动态监测孔照片（二）

图 3-44　静态监测仪标埋设完成后的位移计照片　　　图 3-45　静态监测仪标埋设完成后的测斜孔照片

3）监测仪标走线施工

按照原计划将所有监测的信号线布设完成。图 3-46～图 3-50 为现场布线照片。

图 3-46　轨道板上走线照片　　　　　　　　图 3-47　路基边坡布线切槽照片

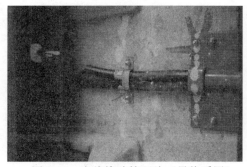

图 3-48　布线橡胶管照片（最终采用）　　　图 3-49　高铁专用扣件照片（最终采用）

图 3-50　路基边坡走线后照片

4) 高频数据采集与无线传输控制系统建立

为方便数据采集与无线传输系统基站的建立，在不影响高铁运行的原则上，将路基上的数据采集与无线传输基站建立在路基临坡侧边坡下方的抗滑桩上，边坡上的基站建在边坡中部靠近测斜孔的位置，见图 3-51。将边坡上的基站建在边坡中部靠近测斜孔的位置。另外，为了使基站不受遇水影响，将基站建立在一个水泥台上。图 3-52～图 3-55 分别为数据采集与无线发射基站的照片。

图 3-51　数据采集与无线发射基站位置照片

图 3-52　路基数据采集基站调试照片

图 3-53　边坡数据采集基站调试照片

图 3-54 路基数据采集基站完成照片　　　　图 3-55 边坡数据采集基站完成照片

3.6.5 数据采集与无线传输及存储分析系统搭建

数据采集与无线传输及存储分析系统分为两个子系统：现场数据采集与处理子系统和远程服务器控制系统。现场数据采集与处理子系统主要负责静动态监测数据的采集、波形显示、数据存储，进行一定的数据处理，并保持与服务器子系统的实时通信。远程服务器控制系统负责接收实时监测数据，存储数据并实现实时查询和显示，同时嵌入数据分析、预测和管理功能模块，并加入评判标准和预警模型实现高速铁路路基运营期安全等级评价。

控制系统采用 Visual C++ 为开发平台，以 SQL Server2005 为后台数据库，在此基础上进行编制。通过 3G 无线通信技术，建立两个子系统间的通信。

1. 现场数据采集与处理子系统

现场数据采集与处理子系统可对监测条件进行设置，实现自动与手动采集数据；可设置采样频率，针对不同类型的监测元件分别设置对应的采样频率；可对波形显示进行设置，分类显示不同量程的监测数据，并实时显示数据波形；可对数据进行预处理，提取关键数据，减少无线传输的数据量；可在任何网络终端对其控制，具体界面如图 3-56～图 3-58 所示。

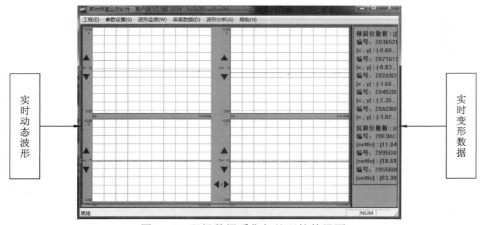

图 3-56 现场数据采集与处理软件界面

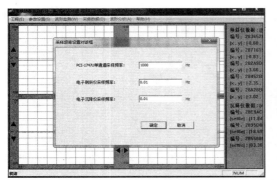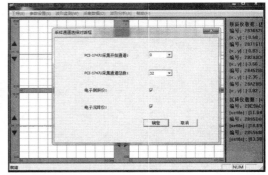

图 3-57　设置采样频率和监测通道界面

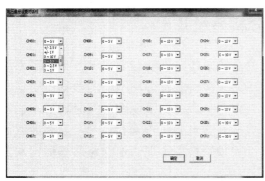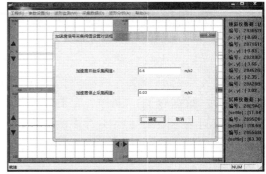

图 3-58　设置波形显示量程和自动采集阈值界面

2. 远程服务器控制系统

远程服务器控制系统可实现对监测数据及工程信息的分类管理，并具备数据分析、预测和管理功能，且该系统嵌入的评判标准和预警模型可实现高速铁路路基运营期安全等级评价。

该系统的数据库按照高铁工程的特点，对不同断面的监测元件进行编码，按照日期对监测元件的数据进行存储和管理，具体数据库编码结构如图 3-59 所示。图 3-60 为服务器控制系统数据库管理界面。

图 3-59　数据库管理层次图

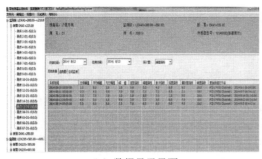
（a）数据显示界面

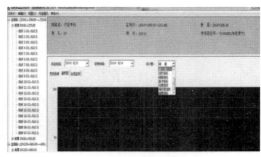
（b）关键数据趋势界面

图 3-60　远程服务器控制系统数据库管理界面

为分析数据，该系统同时嵌入了不同类型的数据处理功能，如时频变换、数字滤波、相关分析、概率分析、统计分析等，同时还有频率分析、非平稳分析等功能。通过研究振动信号的变换及统计特征值，可为后期预警、预报模型的提出提供数据分析基础。具体功能界面如图 3-61 所示。

远程服务器控制系统还可对各类数据进行存储，并可输出指定格式的文档，以便后期对数据进行研究。

3. 系统通信

系统间的通信使用 TCP/IP 协议，在客户机（现场数据采集与处理子系统）/服务器（远程服务器控制系统）模型下，通过 Winsock 机制的 3G/GPRS 模块使客户机与服务器之间保持实时网络通信。

通过 IP 转换固定技术，可将客户机 IP 与服务器 IP 固定，从而建立 Internet 连接。通过服务器向客户机发送指令，客户机会自动向服务器发送数据，服务器接收数据后会存储到数据库中，同时，服务器会自动对数据进行处理。通过这种方式，可实现多台服务器对客户机的控制。

4. 系统重启机制软件

为保证监测系统连续、稳定地工作，防止监测系统死机造成服务器与客户机间无法建立连接，从而导致计算机无法正常远程采集数据的情况发生，在数据采集与无线传输系统工作一定时间后，必须通过网络监测或定时方式对计算机进行重启操作，以释放计算机长时间工作产生的垃圾内存。

系统重启可采用 4 种方式：通信状态重启、内存占用率重启、定时重启、心跳重启。具体重启机制如下。

（1）通信状态重启：每隔 15 min 重启一次服务器 IP，如果通信失败，转为每分钟重启一次，重试 10 次，如重试期间通信不成功，则重启计算机。

（2）内存占用率重启：每隔 1 min 检查一次内存使用率，如达到或超过设定内存占用率时，重启计算机。

（3）定时重启：可设置多个重启时间，定时重启计算机。

（4）心跳重启：每 1 s 向系统发送一次选通脉冲（strobe）信号，当系统死机时无法发送 strobe 信号，如果 45 s 内未收到 strobe 信号，则重启计算机。

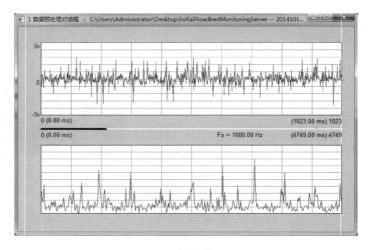

（a）时频变换

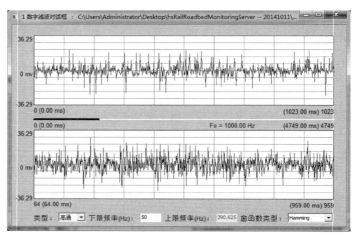

（b）数据滤波

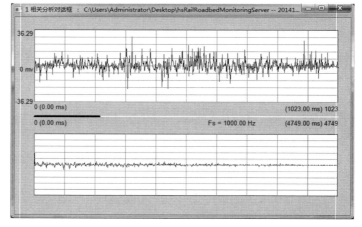

（c）相关分析

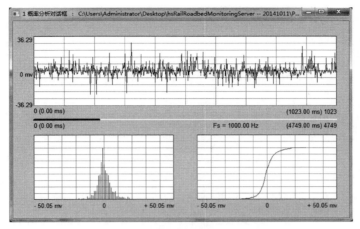

（d）概率分析

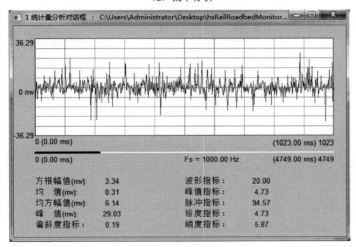

方根幅值(mv)：	3.34	波形指标：	20.00
均 值(mv)：	0.31	峰值指标：	4.73
均方幅值(mv)：	6.14	脉冲指标：	94.57
峰 值(mv)：	29.03	裕度指标：	4.73
偏斜度指标：	0.19	峭度指标：	5.87

（e）统计分析

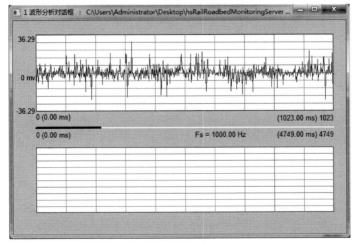

（f）波形分析

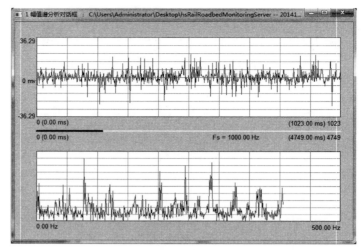

（g）频谱分析

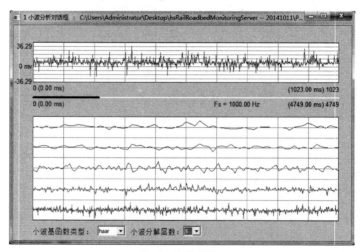

（h）小波分析

图 3-61　远程服务器控制系统分析功能界面

第4章 沪昆客运专线服役期路基健康监测与诊断

4.1 远程监测系统概况

路基结构实时监测数据是分析路基健康状态的重要依据。本次构建的远程监测系统于2014年6月完成全部的监测元件埋设工作，并完成监测元件的初值读取工作；2014年9月完成采集系统的调试工作，之后对4个典型试验段的路基状态关键变量进行连续的数据采集，这期间包括沪昆客运专线的3个时间区段：静置期（2014年6～9月）、联调联试期（2014年10～12月）、运营期（2015年1月10日至今）。

经过近一年的远程无人监测，获取了典型路段各阶段路基变形、动力响应和边坡位移的监测数据，为分析沪昆客运专线服役期路基性状变化和健康状态评价提供了重要依据。

4.2 高填方斜坡路基变形演化特征

4.2.1 高填路堤试验段（DK203+725～DK203+775区段）

高填路堤试验段设置测斜仪和沉降计两种静态监测仪器，测斜仪设置在重点监测断面，沉降计在1个重点监测断面和2个一般监测断面各设置1个。

1. 路堤侧向变形监测数据及分析

图4-1为2014年9月～2015年9月重点监测断面的测斜仪数据。分析可知，自测斜仪安装完成后，测斜孔内倾斜趋势是基本相同的，仅在测斜孔上部和下部有向路基边坡内部的略微倾斜，测斜孔中部有向边坡外侧的略微倾斜。从倾斜数据来看，测斜孔内发生的倾斜量较小（在2mm范围内），这说明截至2015年9月该试验段路基较为稳定，没有发生较大倾斜。

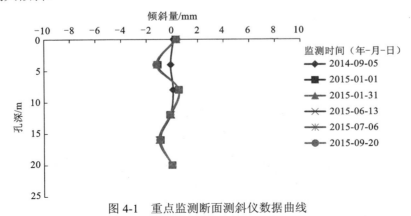

图4-1 重点监测断面测斜仪数据曲线

2. 路堤沉降变形监测数据及分析

图 4-2～图 4-4 为不同监测断面上的沉降计监测数据。分析可知，自沉降计安装完成后，该试验段内路基发生了先隆起、后沉降、再隆起，但是，从监测数据上看，隆起量或沉降量较小，在-0.6～0.9 mm 变化，沉降计与传感器测量精度处于同一量级，说明该段路基沉降很小，处于稳定状态。

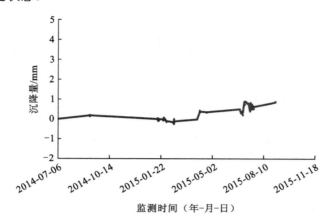

图 4-2　一般监测断面 DK203+725 的新化路基 1 号沉降计监测数据曲线

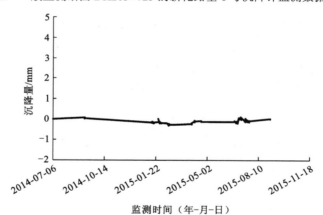

图 4-3　重点监测断面 DK203+750 的新化路基 2 号沉降计监测数据曲线

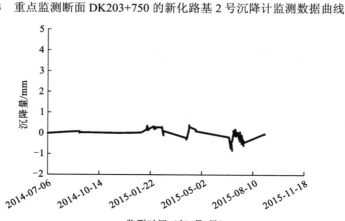

图 4-4　一般监测断面 DK203+775 的新化路基 3 号沉降计监测数据曲线

4.2.2 斜坡路堤试验段（DK235+555～DK235+605.3 区段）

1. 路堤侧向变形监测数据及分析

图 4-5 为 2014 年 9 月～2015 年 9 月的测斜仪数据。分析可知，自测斜仪安装完成后，测斜孔内倾斜趋势是基本相同的，仅路基顶部有向边坡外侧的略微倾斜。从倾斜数据来看，测斜孔内发生的倾斜量较小（在 1 mm 范围内），这说明截至 2015 年 9 月该试验段路基较为稳定。

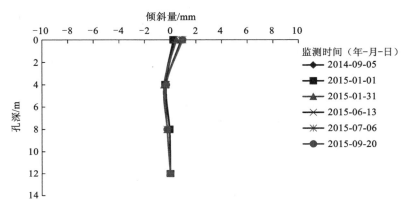

图 4-5　重点监测断面测斜仪数据曲线

2. 路堤沉降变形监测数据及分析

图 4-6～图 4-8 为不同监测断面上的沉降计监测数据。分析可知，自沉降计安装完成后，该试验段内路基发生了较小的沉降变形，沉降量在-2.0～0.9 mm 变化，变形量较小，说明该段路基是稳定的。

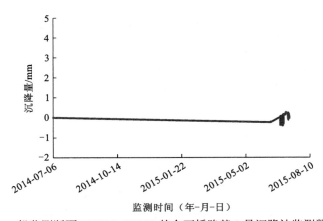

图 4-6　一般监测断面 DK235+555.00 的金石桥路基 1 号沉降计监测数据曲线

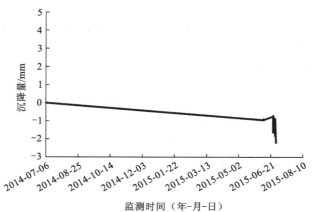

图 4-7 重点监测断面 DK235+580 的金石桥路基 2 号沉降计数据曲线

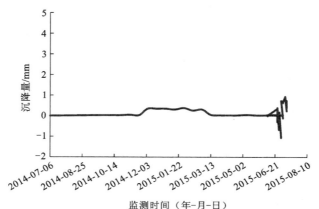

图 4-8 重点监测断面 DK235+605 的金石桥路基 3 号沉降计数据曲线

4.3 路堑高陡边坡变形演化特征

4.3.1 隧道进口高边坡试验段（DK203+850～DK203+890 区段）

隧道进口高边坡试验段主要埋设了表面位移计、测斜仪和雨量计静态传感器。试验段内共设置 1 个重点监测断面和 1 个一般监测断面。每个断面都设置了监测边坡位移的位移计，重点监测断面还设置了 1 个测斜仪和 1 个雨量计。

1. 雨量监测数据及分析

该典型试验段位于娄底市新化县，该区域位于中低纬度地区，气候属于中亚热带湿润气候，区域内气候温暖、阳光充足，年平均气温为 16.8～17.3 ℃，年平均降水量为 1 341 mm，年平均光照时数为 1 417.4 h。图 4-9 为新化县近 40 年的历史平均气温和降水量数据。由图可见，该区域气温四季分明，降水量较为充沛。

图 4-10 为隧道口高边坡试验段的降雨量监测数据。可以看出，雨量计可准确捕捉到该试验段所在地的降雨量信息，从数据来看，2015 年 1 月开始采集数据以来，该区域的降雨

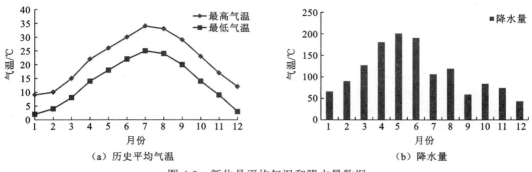

（a）历史平均气温　　　　　　　　（b）降水量

图 4-9　新化县平均气温和降水量数据

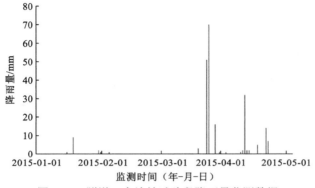

图 4-10　隧道口高边坡试验段降雨量监测数据

多发生在 3 月和 4 月，特别是在 3 月底和 4 月初有较强降雨，而且降雨量与历史数据吻合，说明雨量计可较准确地监测该试验段整体的降雨量。

结合倾斜和沉降数据来看，这段时间的降雨对边坡的表面变形有一定的影响，但其对边坡整体稳定性的影响不大。降雨对边坡后续稳定性的影响仍需进行监测。

2. 高边坡侧向位移监测数据及分析

图 4-11 为 DK203+850 断面的测斜仪数据。可以看出，自测斜仪安装完成后，测斜孔内倾斜趋势是基本相同的，测斜孔孔口向边坡外侧略微倾斜，测斜孔中部向边坡内部略微倾斜。但是，从倾斜数据来看，倾斜量较小（在 1 mm 范围内），说明截至 2015 年 9 月该段边坡是稳定的，基本没有发生滑移。

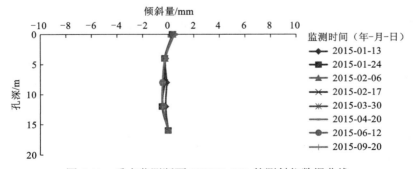

图 4-11　重点监测断面 DK203+850 的测斜仪数据曲线

3. 高边坡表面位移监测数据及分析

图 4-12 为重点监测断面 DK203+850 的边坡表面位移计监测数据。该试验段内每级边坡垂直高度为 8.4 m，边坡坡脚用桩板墙支护。该边坡最高的断面从下到上（自桩板墙顶面算起）可分为 4 级边坡。第 1 级边坡下部垂直高度为 8.4 m，第 2 级边坡下部垂直高度为 16.8 m，以此类推。对每级边坡的位移计编号采用"断面+字母+高度"的方式。以 DK203+850（WY16.8）为例，DK203+850 表示该位移计位于 DK203+850 断面，WY 表示位移计，16.8 表示该位移计监测第 2 级边坡的表面位移量。

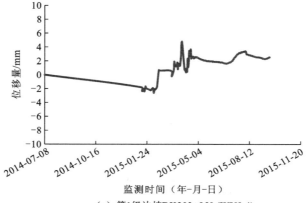

（a）第1级边坡DK203+850 (WY8.4)

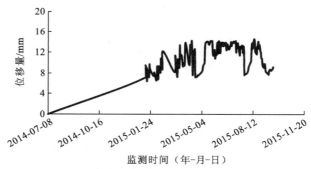

（b）第2级边坡DK203+850 (WY16.8)

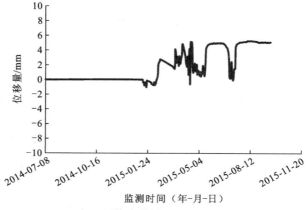

（c）第3级边坡DK203+850 (WY25.2)

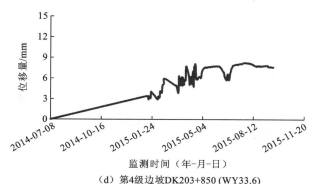

（d）第4级边坡DK203+850（WY33.6）

图 4-12　重点监测断面 DK203+850 的表面位移计监测数据曲线

由图 4-12 可知，自边坡表面位移计安装完成后，在联调联试和服役期内，受天气（如风）或边坡上植被影响，各级边坡表面位移数据波动较为明显。但从位移曲线看，各级边坡表面位移量总体呈缓慢增加的趋势，量值不大，最大的位移量不超过 15 mm。说明该试验段边坡整体稳定，尽管表面有一定位移量，但量值较小，没有明显滑移。

需要说明的是，自边坡位移计安装完成后即采集了监测仪器的初值，但由于远程监测系统调试，直至 2014 年年底才正式采用远程通信的方式采集后续的边坡位移监测数据，这期间的数据用直线连接。从监测数据上看，边坡表面位移量呈缓慢发展态势，尽管数据采集系统调试的过程没有数据，但并不影响监测结果。

图 4-13 为一般监测断面 DK203+850 的表面位移计监测数据。可以看出，与重点监测断面数据相同，在联调联试和服役期内，受天气（如风）或边坡上植被影响，该断面上各级边坡表面位移量波动较为明显。但从位移曲线看，各级边坡表面位移量总体呈缓慢增加的趋势，量值不大，最大的位移量不超过 8 mm。说明该试验段边坡整体稳定，没有发生明显滑移。

为反映边坡位移的整体变形趋势，将表面位移计总体变形分解到水平和垂直两个方向，并给出具体的量值。分析边坡变形特征可知，水平位移和垂直位移的方向分别指向边坡外侧和重力方向。

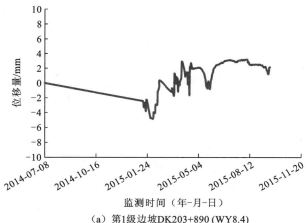

（a）第1级边坡DK203+890（WY8.4）

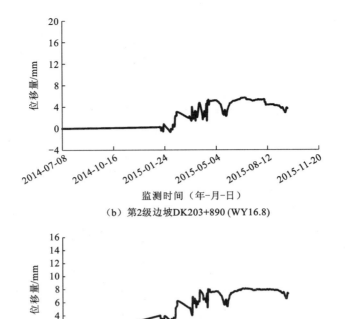

（b）第2级边坡DK203+890（WY16.8）

（c）第3级边坡DK203+890（WY25.2）

图4-13　一般监测断面DK203+890的表面位移计监测数据曲线

4.3.2　路堑高陡边坡试验段（DK272+960～DK272+990区段）

1. 雨量监测数据及分析

路堑高陡边坡典型试验段位于怀化市溆浦县，溆浦县属亚热带湿润季风气候，地域上位于雪峰山北端安化多雨低温中心与湘西高温干旱少雨的麻阳盆地之间，光热并丰，雨水充足，光、热、雨基本同季，时空变化大，各季分布不均，小气候多样，垂直差异大，立体气候明显的区域特点。年平均气温为16.9℃，7月最热，月平均气温达26.7～29.8℃，极端最高气温达40.5℃；1月最冷，月平均气温为1.6～7.1℃。图4-14为溆浦县近40年的历史平均气温和降水量数据。由图可见，该区域气温四季分明，降水量较为充沛，降雨集中在4～8月，年平均降雨量为1263 mm。

图4-15为路堑高陡边坡试验段的降雨量数据。可以看出，2015年以来，该区域在3月底和4月初有较强降雨。这段时间的降雨对边坡的表面变形有一定的影响，但对边坡整体稳定性的影响不大。降雨对边坡后续稳定性的影响仍需进行监测。

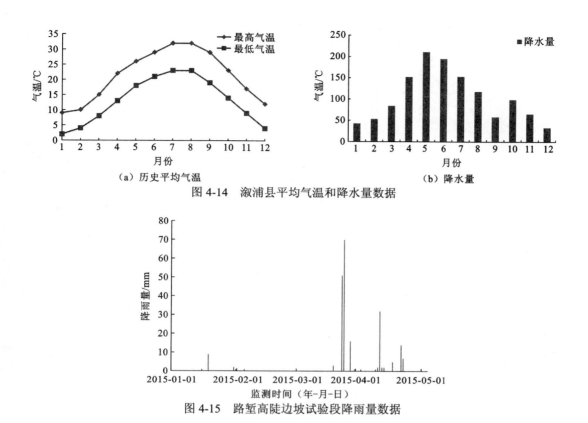

图 4-14　溆浦县平均气温和降水量数据

（a）历史平均气温

（b）降水量

图 4-15　路堑高陡边坡试验段降雨量数据

2. 高边坡侧向位移监测数据及分析

图 4-16 为重点监测断面 DK272+960 的测斜仪监测数据。可以看出，自测斜仪安装完成后，测斜孔内倾斜趋势是基本相同的，测斜孔上部和下部向边坡内部略微倾斜。从倾斜数据来看，测斜孔内发生的倾斜量较小（在 1 mm 内），说明该段边坡稳定，基本没有发生滑移。

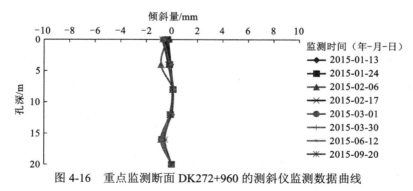

图 4-16　重点监测断面 DK272+960 的测斜仪监测数据曲线

3. 高边坡表面位移监测数据及分析

图 4-17 为重点监测断面 DK272+960 的边坡表面位移计监测数据。分析可知，各级边坡表面位移量波动较为明显。从位移曲线看，各级边坡表面位移量总体呈缓慢增加的趋势，最大的位移量不超过 20 mm。说明该试验段边坡整体是稳定的，没有发生明显滑移。

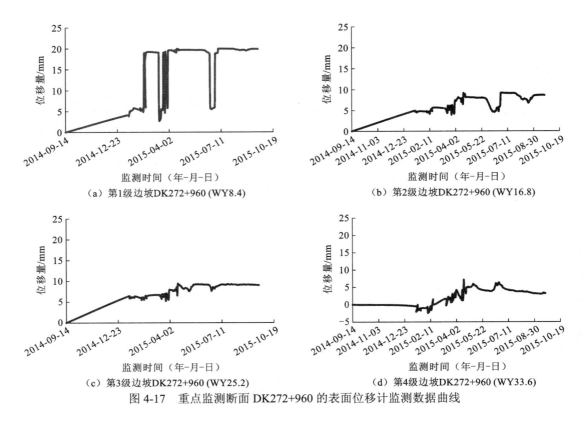

（a）第1级边坡DK272+960（WY8.4） （b）第2级边坡DK272+960（WY16.8）

（c）第3级边坡DK272+960（WY25.2） （d）第4级边坡DK272+960（WY33.6）

图 4-17　重点监测断面 DK272+960 的表面位移计监测数据曲线

与隧道口高边坡试验段（DK203+850～DK203+890 区段）相同，远程监测系统在调试过程中没有采集到监测数据，但边坡位移计数值呈缓慢发展态势，尽管数据采集系统调试的过程没有数据，但并不影响监测结果。

图 4-18 为一般监测断面 DK272+990 的边坡表面位移计监测数据。可以看出，与重点监测断面数据相同，该断面上各级边坡表面位移量波动较为明显，总体呈缓慢增加的趋势，最大的沉降量不超过 20 mm。说明该试验段内边坡整体稳定，没有明显滑移。

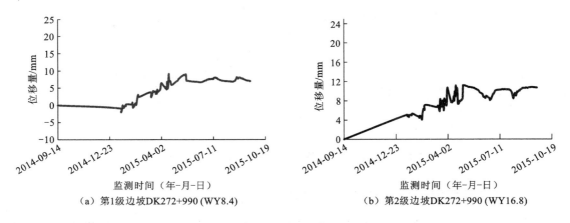

（a）第1级边坡DK272+990（WY8.4） （b）第2级边坡DK272+990（WY16.8）

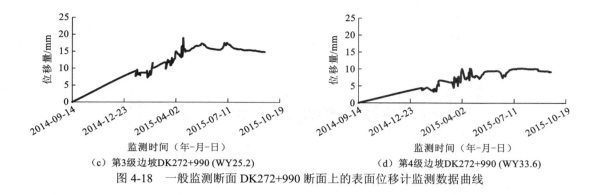

（c）第3级边坡DK272+990 (WY25.2)　　　　　（d）第4级边坡DK272+990 (WY33.6)

图 4-18　一般监测断面 DK272+990 断面上的表面位移计监测数据曲线

4.4　高速列车动荷载作用下路基动态响应演化特征

4.4.1　高填路堤试验段（DK203+725～DK203+775 区段）

1. 时程曲线

鉴于监测时间较长、监测传感器较多、监测数据巨大，本小节仅绘出两个不同日期、不同测孔内的典型时程曲线。

1）动土压力时程曲线

图 4-19 和图 4-20 分别为 2014 年 12 月 22 日某时段高速列车通过断面 DK203+725 和 DK203+750 时测孔内不同深度处的动土压力时程曲线。图 4-21 和图 4-22 分别为 2015 年 9 月 20 日某时段，高速列车通过断面 DK203+725 和 DK203+750 时测孔内动土压力时程曲线。

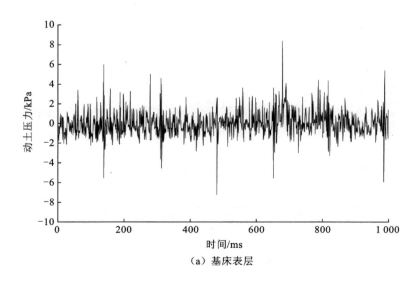

（a）基床表层

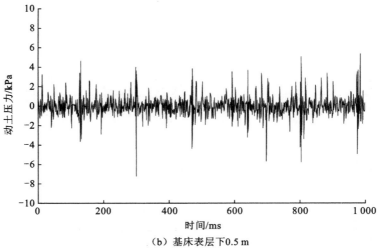

（b）基床表层下0.5 m

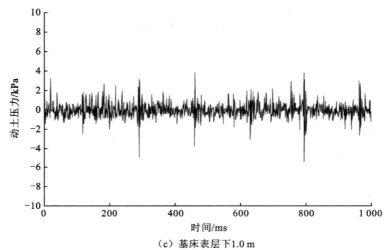

（c）基床表层下1.0 m

（d）基床表层下2.0 m

图 4-19　DK203+725 断面动土压力时程曲线

2014 年 12 月 22 日数据

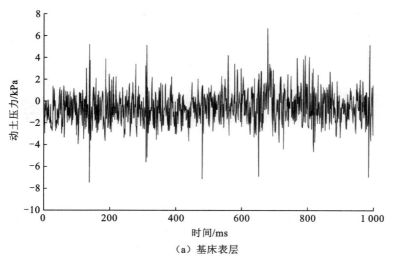

（a）基床表层

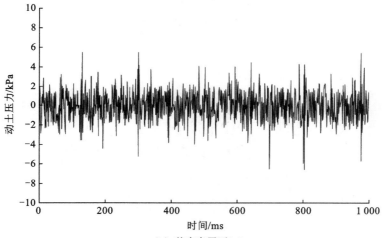

（b）基床表层下0.5 m

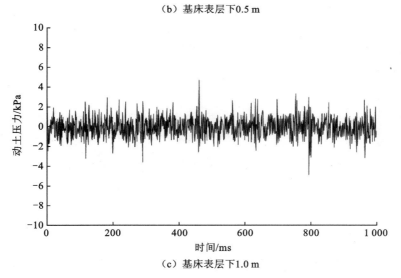

（c）基床表层下1.0 m

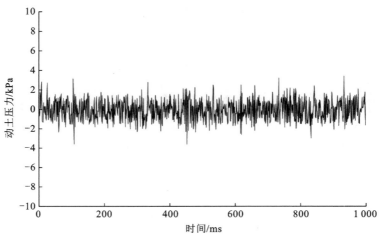

（d）基床表层下2.0 m

图 4-20　DK203+750 断面动土压力时程曲线

2014 年 12 月 22 日数据

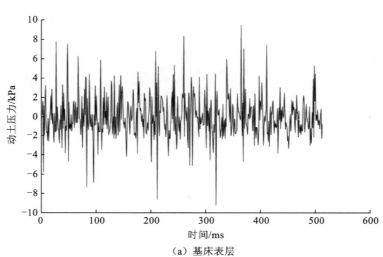

（a）基床表层

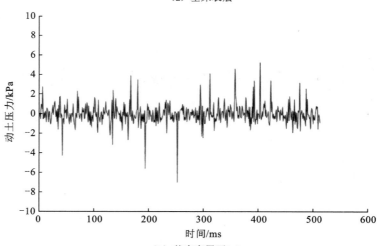

（b）基床表层下0.5 m

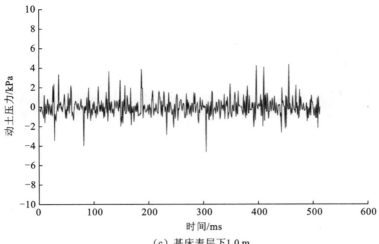

（c）基床表层下1.0 m

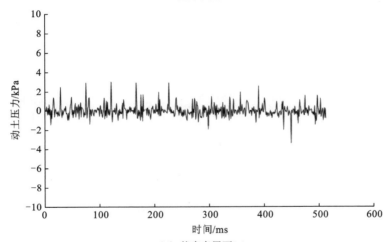

（d）基床表层下2.0 m

图 4-21　DK203+725 断面动土压力时程曲线

2015 年 9 月 20 日数据

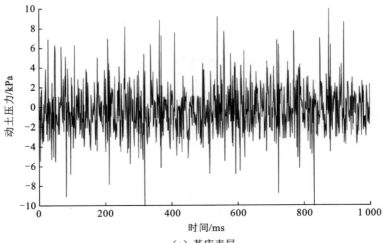

（a）基床表层

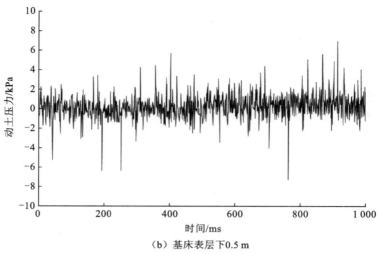

（b）基床表层下0.5 m

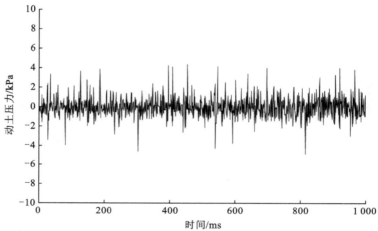

（c）基床表层下1.0 m

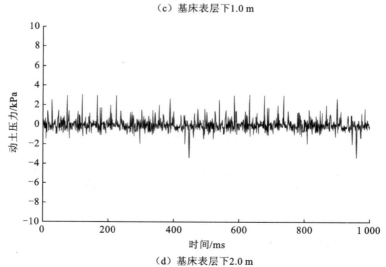

（d）基床表层下2.0 m

图 4-22　DK203+750 断面动土压力时程曲线

2015 年 9 月 20 日数据

分析图 4-19～图 4-22，可得以下结论。

（1）对比相同日期的不同测孔的动土压力时程曲线可知，相同时间内，高速列车通过两个监测断面时产生的动土压力值基本相同，基床表层顶面的动土压力最大值为 10 kPa 左右，随着深度的增加，动土压力逐渐减小。

（2）对比不同日期的相同测孔的动土压力时程曲线可知，在近一年的服役期内，高速列车通过相同测孔时产生的动土压力值基本相同，基床表层动土压力最大值仍保持在 10 kPa 左右，沿深度方向上动土压力也基本相同，说明这段时间路基结构状态并未发生明显变化。

2）加速度时程曲线

图 4-23 和图 4-24 分别为 2014 年 12 月 22 日某时段高速列车通过断面 DK203+725 和 DK203+750 时测孔内加速度时程曲线。图 4-25 和图 4-26 分别为 2015 年 9 月 20 日某时段高速列车通道断面 DK203+725 和 DK203+750 时测孔内加速度时程曲线。

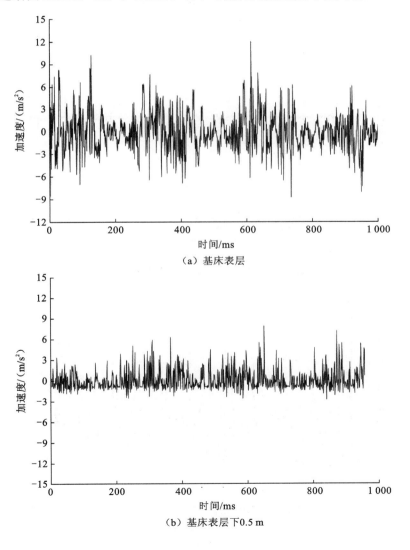

（a）基床表层

（b）基床表层下0.5 m

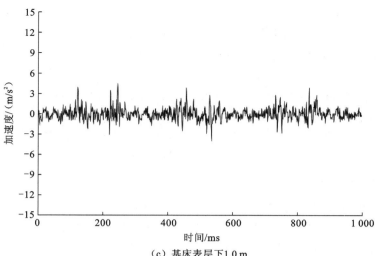

（c）基床表层下1.0 m

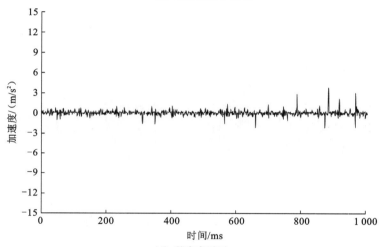

（d）基床表层下2.0 m

图 4-23　DK203+725 断面加速度时程曲线

2014 年 12 月 22 日数据

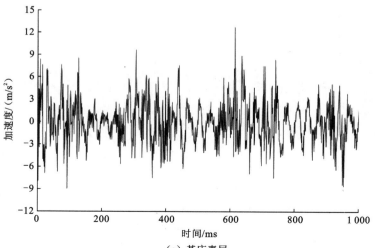

（a）基床表层

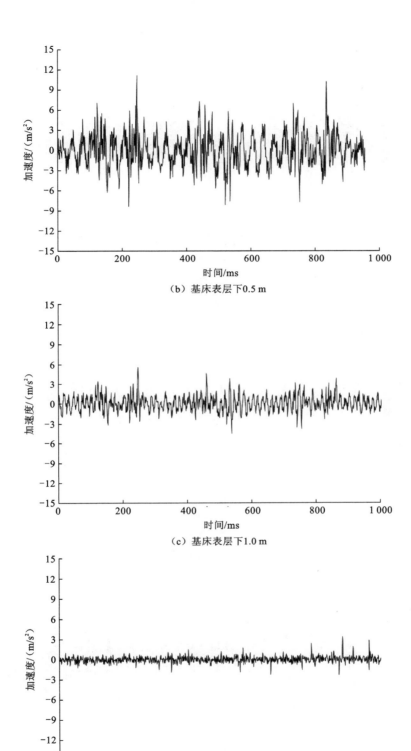

（b）基床表层下0.5 m

（c）基床表层下1.0 m

（d）基床表层下2.0 m

图 4-24　DK203+750 断面加速度时程曲线

2014 年 12 月 22 日数据

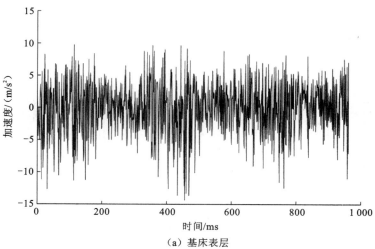

（a）基床表层

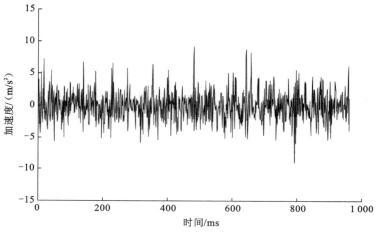

（b）基床表层下0.5 m

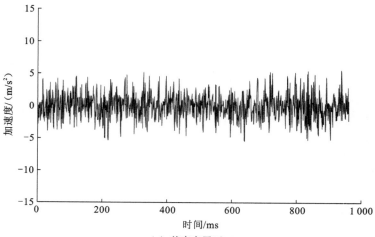

（c）基床表层下1.0 m

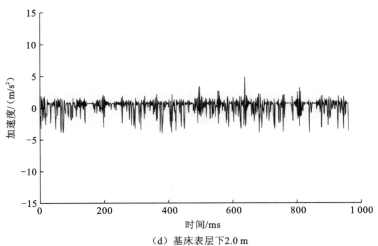

（d）基床表层下2.0 m

图 4-25　DK203+725 断面加速度时程曲线

2015 年 9 月 20 日数据

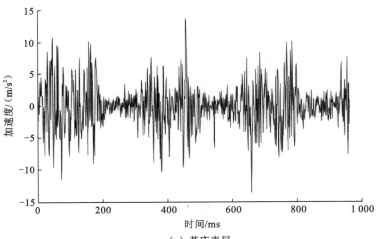

（a）基床表层

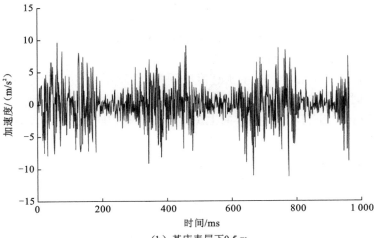

（b）基床表层下0.5 m

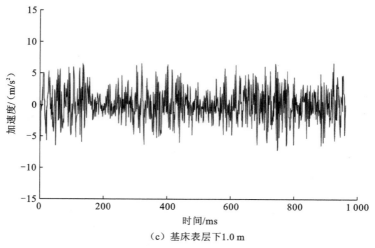

（c）基床表层下1.0 m

（d）基床表层下2.0 m

图 4-26　DK203+750 断面加速度时程曲线

2015 年 9 月 20 日数据

分析图 4-23～图 4-26，可得以下结论。

（1）对比相同日期的不同测孔的加速度时程曲线可知，相同时间内，高速列车通过两个监测断面时产生的加速度基本相同，时程曲线差异不大，基床表层顶面加速度为 12 m/s² 左右，随着深度的增加，加速度逐渐减小。

（2）对比不同日期的相同测孔的加速度时程曲线可知，在近一年的服役期内，高速列车通过相同测孔时产生的加速度基本相同，二者的加速度波形差异很小，基床表层加速度峰值仍保持在 12 m/s² 左右，沿深度方向上加速度也基本相同，说明这段时间路基结构状态并未发生明显变化。

2. 幅频曲线

1）动土压力幅频曲线

图 4-27 和图 4-28 为高速列车通过监测断面 PK203+725 和 DK203+750 产生的动土压力振动数据的幅频曲线。

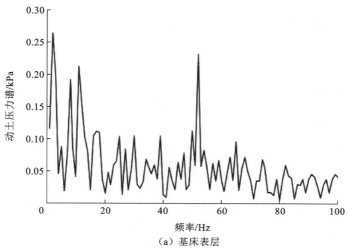

（a）基床表层

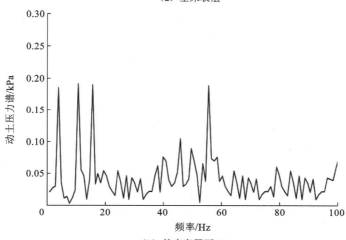

（b）基床表层下0.5 m

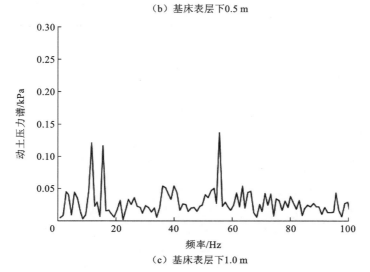

（c）基床表层下1.0 m

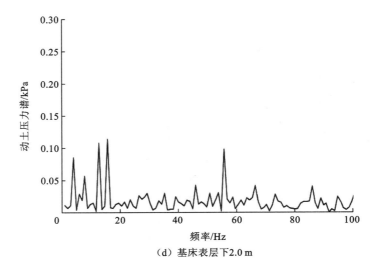

（d）基床表层下2.0 m

图 4-27　DK203+725 断面动土压力幅频曲线

2014 年 12 月 22 日数据

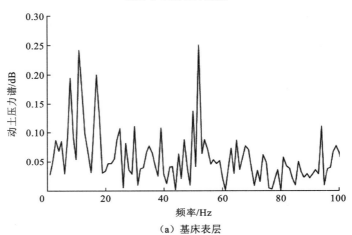

（a）基床表层

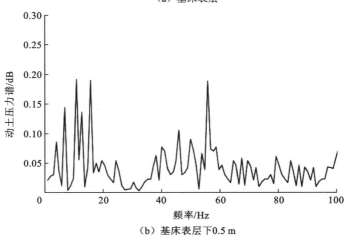

（b）基床表层下0.5 m

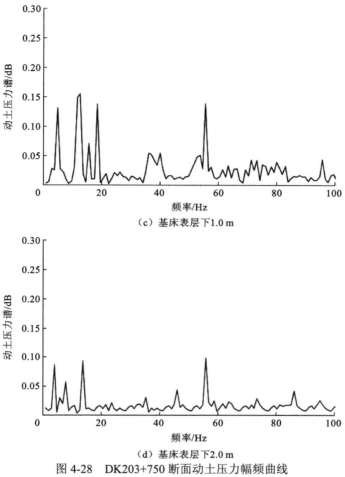

（c）基床表层下1.0 m

（d）基床表层下2.0 m

图4-28　DK203+750断面动土压力幅频曲线

2014 年 12 月 22 日数据

分析图 4-27 和图 4-28，可得以下结论。

（1）高速列车通过监测断面后产生的动土压力波形频率特征较为明显，动土压力幅频曲线中低频部分（20 Hz 以内，大致在 8～15 Hz）出现一些波峰值，而后在高频部分（45～55 Hz 段）出现一个波峰值。

（2）动土压力幅频曲线中的低频峰值频率反映高速列车转向架产生的动荷载频率。大量研究结果表明，由高速列车转向架在基床表层顶面产生的动荷载频率为 10～15 Hz，随着路基深度的增加，动荷载频率会有所降低，因此，幅频曲线中的低频部分对应了高速列车转向架部分产生的动荷载。

（3）动土压力幅频曲线中的高频部分是由轨道不平顺、轮对轮疤等因素引起的列车动荷载的表现。受磨损、路基不均匀沉降影响产生的轨道不平顺是产生高频荷载的原因之一，特别是轨道不平顺，动土压力波长越短，产生的动荷载频率越高；另外，列车对轮磨损、偏心等因素也会导致列车在高速运行过程中产生高频振动荷载。

2）加速度幅频曲线

图 4-29 和图 4-30 分别为高速列车通过监测断面 DK203+725 和 DK203+750 产生的加速度幅频曲线。

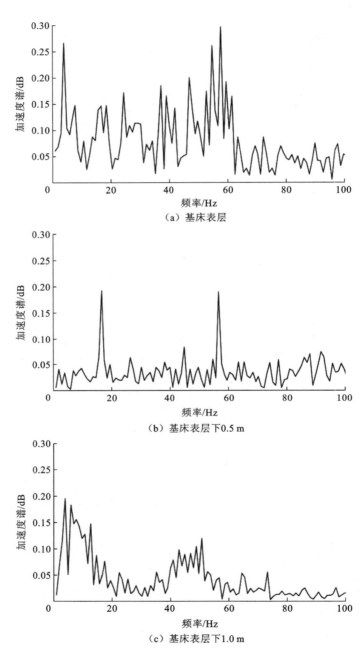

（a）基床表层

（b）基床表层下0.5 m

（c）基床表层下1.0 m

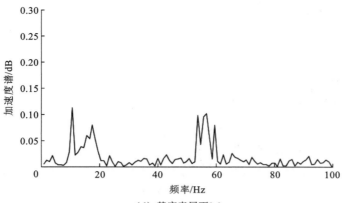

（d）基床表层下2.0 m

图 4-29　DK203+725 断面加速度幅频曲线

2014 年 12 月 22 日数据

分析图 4-29 和图 4-30，可得以下结论。

（1）高速列车产生的加速度幅频曲线也在 20 Hz 以内（集中在 10～20 Hz）的低频部分出现一些波峰值，同时在 45～60 Hz 的高频部分出现一些波峰值。

（2）加速度幅频曲线中的低频峰值反映高速列车转向架产生的动荷载频率，高频峰值部分反映由轨道不平顺、轮对轮疤等因素产生的动荷载频率。

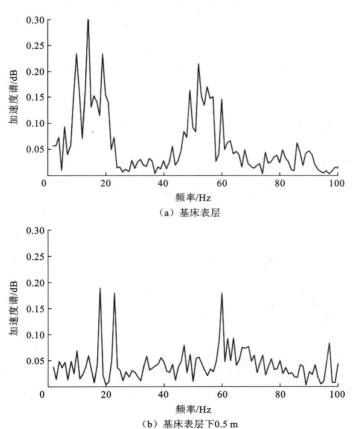

（a）基床表层

（b）基床表层下0.5 m

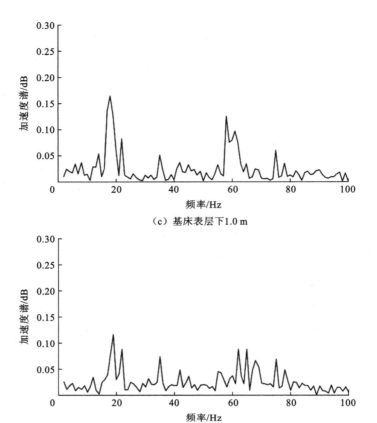

（c）基床表层下 1.0 m

（d）基床表层下 2.0 m

图 4-30　DK203+750 断面加速度幅频曲线

2014 年 12 月 22 日数据

3. 动力参数衰减规律

1）动土压力沿深度衰减规律

图 4-31～图 4-33 为高速列车通过高填斜坡路堤试验段后，在不同试验断面上引起动土压力随深度衰减曲线。

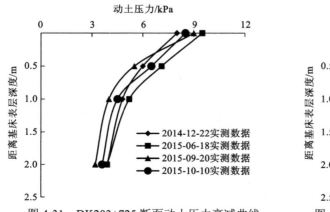

图 4-31　DK203+725 断面动土压力衰减曲线

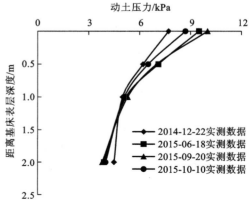

图 4-32　DK203+750 断面动土压力衰减曲线

对比分析图 4-31～图 4-33，可得以下结论。

（1）高速列车通过监测断面后，在基床表层处造成的动土压力最大值为 8～10 kPa，随着路基深度的增加，动土压力幅值缓慢减小，说明高速列车动荷载具有一定的影响范围。

（2）从近一年的监测数据可以看出，经过一年的运营，高速列车通过监测断面后引起的动土压力衰减曲线变化不大，说明此段路基试验段的结构状态没有发生明显变化。

图 4-34～图 4-36 分别为该试验段不同监测断面动土压力衰减比数据，以及其他高铁线路（武广高铁、京沪高铁）、模型试验和原位激振试验的对比数据。

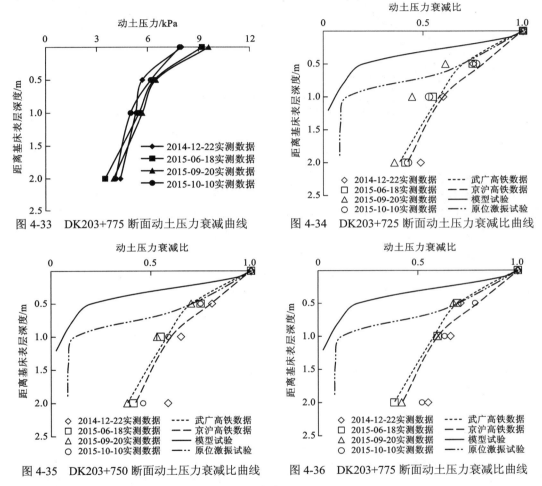

图 4-33　DK203+775 断面动土压力衰减曲线　　图 4-34　DK203+725 断面动土压力衰减比曲线

图 4-35　DK203+750 断面动土压力衰减比曲线　　图 4-36　DK203+775 断面动土压力衰减比曲线

对比分析图 4-34～图 4-36，可得以下结论。

（1）分析高铁列车动荷载在深度方向上的衰减数据可知，0.5 m 处动荷载衰减了约 30%，1.0 m 处动荷载衰减了约 40%，在 2.0 m 处动荷载衰减了约 60%，说明高铁列车动荷载在路基中作用范围是大于 2.0 m 的，其影响深度约为 4.0 m。

（2）该试验段的动土压力在深度上的衰减规律与武广高铁、京沪高铁实测数据相似，差异不大，说明高填斜坡路堤在足够强度的加固结构支撑下，当路基保持稳定时，动应力的传递规律与一般路基差异不大。

（3）对比实测数据与模型试验、原位激振试验数据可以发现，模型试验和原位激振试验的动土压力数据沿深度方向上衰减较快，这主要是动荷载的作用面积较小造成的，因此，模型试验和原位激振试验中应进一步加大动荷载的作用面积。

2）加速度沿深度衰减规律

图 4-37～图 4-39 分别为高速列车通过高填斜坡路堤试验段后，不同试验断面上振动加速度随深度衰减曲线。

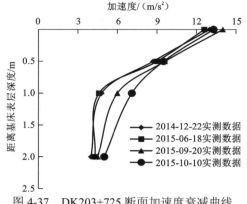

图 4-37　DK203+725 断面加速度衰减曲线　　图 4-38　DK203+750 断面加速度衰减曲线

对比分析图 4-37～图 4-39，可得以下结论。

（1）高速列车通过监测断面后，在基床表层处造成的加速度峰值范围为 $12\sim15$ m/s^2，随着路基深度的增加，加速度幅值逐步减小，说明高速列车动荷载具有一定的影响范围。

（2）从近一年的监测数据可以看出，经过一年的运营，高速列车通过监测断面后引起的加速度衰减曲线变化不大，说明此段路基试验段的结构状态没有发生明显变化。

图 4-40～图 4-42 分别为该试验段不同监测断面上实测加速度衰减比数据，以及其他高铁线路、模型试验和原位激振试验的对比数据。

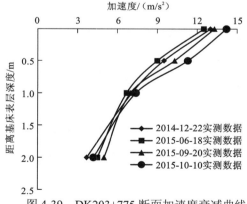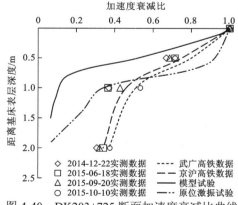

图 4-39　DK203+775 断面加速度衰减曲线　　图 4-40　DK203+725 断面加速度衰减比曲线

对比分析图 4-40～图 4-42，可得以下结论。

（1）分析加速度在深度方向上的衰减数据可知，0.5 m 处加速度衰减了 $20\%\sim35\%$，1.0 m 处加速度衰减了 $45\%\sim50\%$，在 2.0 m 处加速度衰减了 $60\%\sim65\%$，这也说明高速列车动荷载在路基中作用范围是大于 2.0 m 的，其影响深度约为 4.0 m 左右。

（2）该试验段的加速度在深度上的衰减规律与武广高铁、京沪高铁实测数据相似，差异不大，这也从另一方面验证了高填斜坡路堤在足够强度的加固结构支撑下，当路基保持稳定时，动力参数的传递规律与一般路基是基本一致的。

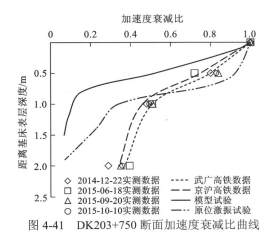

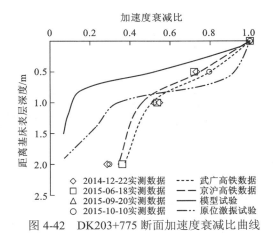

图 4-41　DK203+750 断面加速度衰减比曲线　　图 4-42　DK203+775 断面加速度衰减比曲线

4.4.2　斜坡路堤试验段（DK235+555～DK235+605.3 区段）

1. 时程曲线

鉴于监测时间较长、监测传感器较多，监测数据量很大，仅绘出两幅不同日期、不同测孔内的典型时程曲线。

1）动土压力时程曲线

图 4-43 和图 4-44 分别为 2014 年 12 月 22 日某时段高速列车通过 DK235+555 断面和 DK235+580 断面时测孔内动土压力时程曲线。图 4-45 和图 4-46 分别为 2015 年 9 月 20 日某时段高速列车通道断面 DK235+555 和 DK235+580 时测孔内动土压力时程曲线。

对比分析图 4-43～图 4-46，可得以下结论。

（1）对比相同日期的不同测孔的动土压力时程曲线可知，相同时间内，高速列车通过两个监测断面时产生的动土压力值范围基本相同，基床表层顶面的动土压力最大值为 13 kPa 左右，随着深度的增加，动土压力逐渐减小。

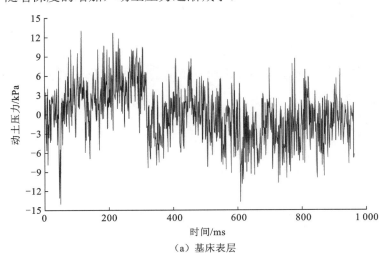

（a）基床表层

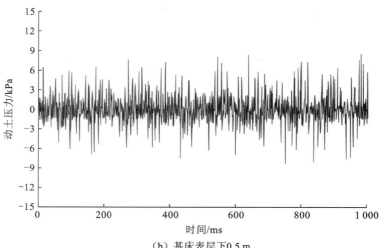

（b）基床表层下0.5 m

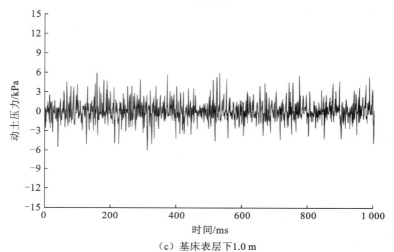

（c）基床表层下1.0 m

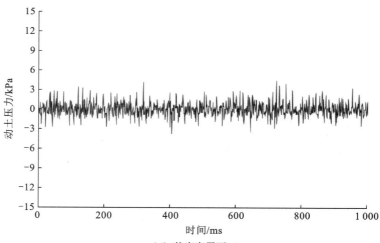

（d）基床表层下2.0 m

图 4-43　DK235+555 断面动土压力时程曲线

2014 年 12 月 22 日数据

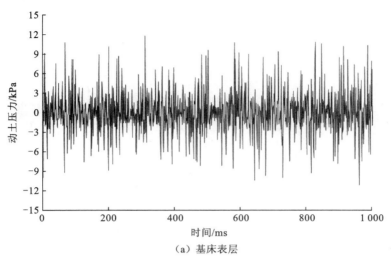

（a）基床表层

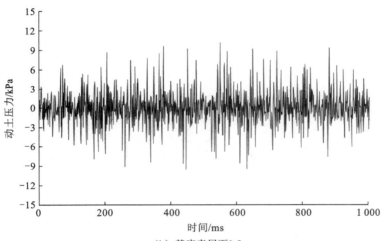

（b）基床表层下0.5 m

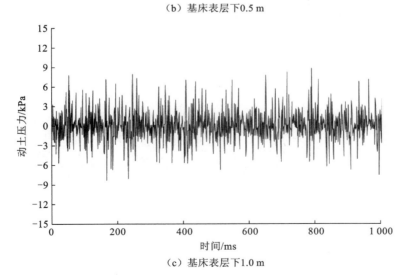

（c）基床表层下1.0 m

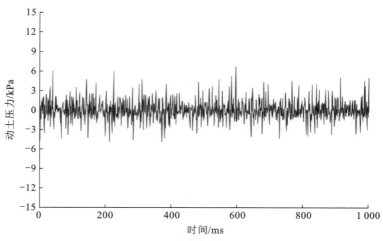

（d）基床表层下2.0 m

图 4-44　DK235+580 断面动土压力时程曲线

2014 年 12 月 22 日数据

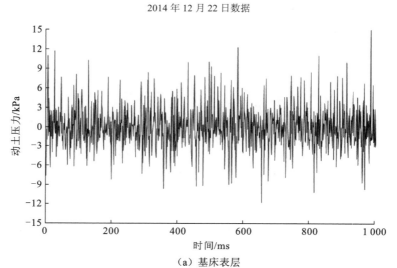

（a）基床表层

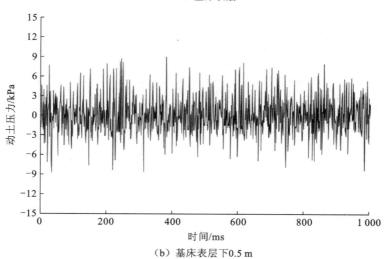

（b）基床表层下0.5 m

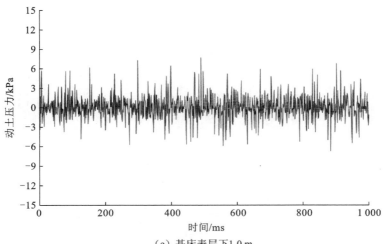

（c）基床表层下1.0 m

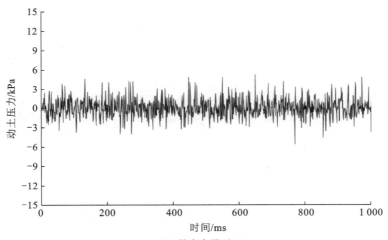

（d）基床表层下2.0 m

图 4-45　DK235+555 断面动土压力时程曲线

2015 年 9 月 20 日数据

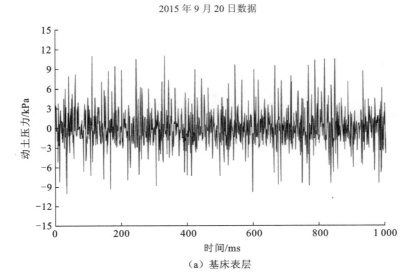

（a）基床表层

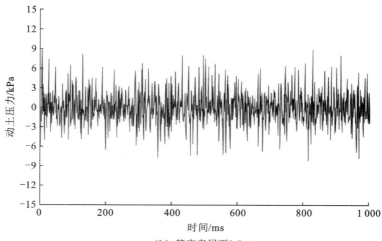

（b）基床表层下0.5 m

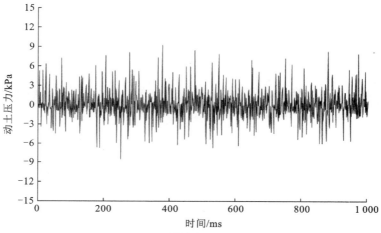

（c）基床表层下1.0 m

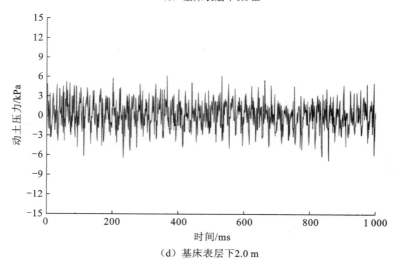

（d）基床表层下2.0 m

图 4-46　DK235+580 断面动土压力时程曲线

2015 年 9 月 20 日数据

（2）对比不同日期相同测孔的动土压力时程曲线可知，在近一年的服役期内，高速列车通过相同测孔时产生的动土压力值基本相同，基床表层动土压力最大值仍保持在13 kPa 左右，沿深度方向上动土压力也基本相同，说明这段时间内路基结构状态并未发生明显变化。

2）加速度时程曲线

图 4-47 和图 4-48 分别为 2014 年 12 月 22 日某时段高速列车通过断面 DK235+555 和 DK235+580 时测孔内加速度时程曲线。图 4-49 和图 4-50 分别为 2015 年 9 月 20 日某时段高速列车通过断面 DK235+555 和 DK235+580 时测孔内加速度时程曲线。

分析图 4-47～图 4-50，可得以下结论。

（1）对比相同日期的不同测孔的加速度时程曲线可知，相同时间内，高速列车通过两个监测断面时产生的加速度振动值基本相同，时程曲线差异不大，基床表层顶面加速度为 12 m/s² 左右，随着深度的增加，加速度逐渐减小。

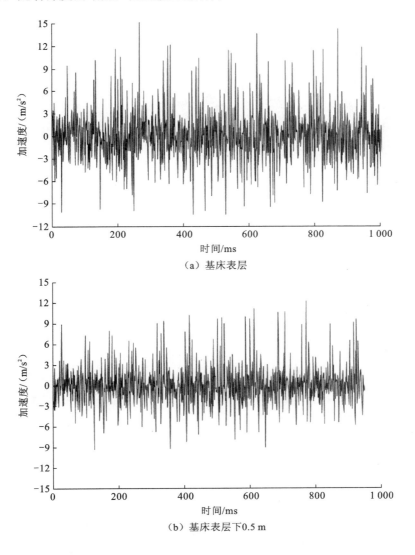

（a）基床表层

（b）基床表层下 0.5 m

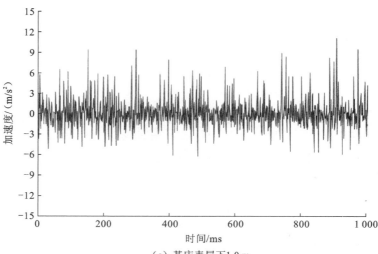

（c）基床表层下1.0 m

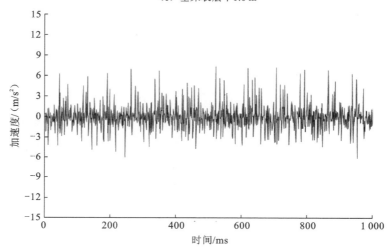

（d）基床表层下2.0 m

图 4-47　DK235+555 断面加速度时程曲线

2014 年 12 月 22 日数据

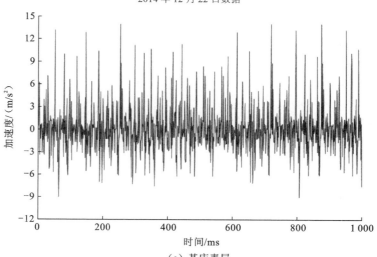

（a）基床表层

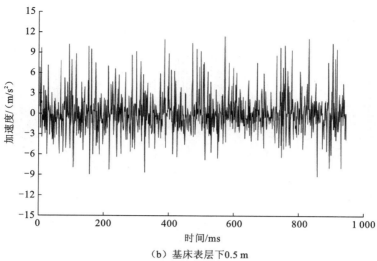

（b）基床表层下0.5 m

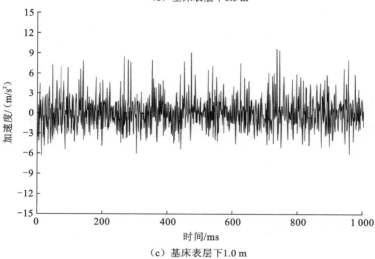

（c）基床表层下1.0 m

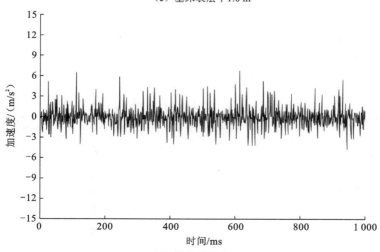

（d）基床表层下2.0 m

图 4-48　DK235+580 断面加速度时程曲线

2014 年 12 月 22 日数据

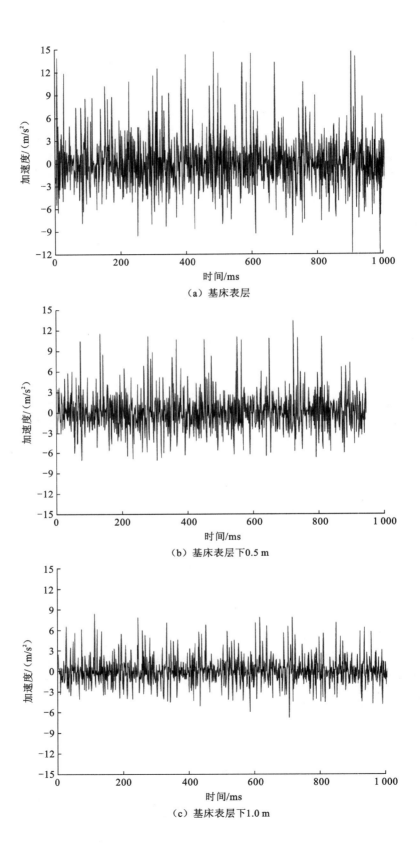

（a）基床表层

（b）基床表层下0.5 m

（c）基床表层下1.0 m

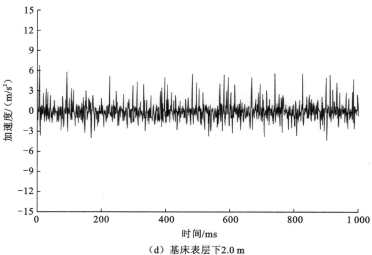

（d）基床表层下2.0 m

图 4-49　DK235+555 断面加速度时程曲线

2015 年 9 月 20 日数据

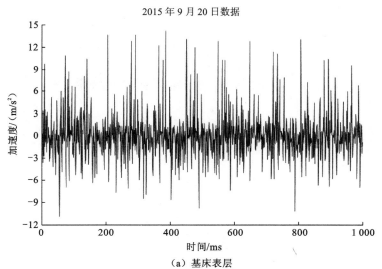

（a）基床表层

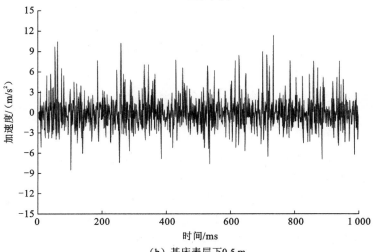

（b）基床表层下0.5 m

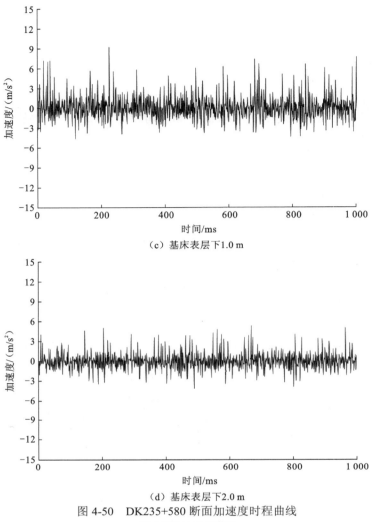

（c）基床表层下1.0 m

（d）基床表层下2.0 m

图 4-50　DK235+580 断面加速度时程曲线

2015 年 9 月 20 日数据

（2）对比不同日期的相同测孔的加速度时程曲线可知，在近一年的服役期内，高速列车通过相同测孔时产生的加速度振动值基本相同，二者的加速度波形差异很小，基床表层加速度最大值仍保持在 12 m/s² 左右，沿深度方向上的加速度也基本相同，说明这段时间内路基结构状态并未发生明显变化。

2. 幅频曲线

1）动土压力幅频曲线

图 4-51 和图 4-52 分别为高速列车通过监测断面 DK235+555 和 DK235+580 产生的动土压力振动数据的幅频曲线。

分析图 4-51 和图 4-52，与高填路堤试验段相似，高速列车通过斜坡路堤试验段监测断面后产生的动土压力波形频率特征也较为明显，动土压力幅频曲线中低频部分（20 Hz 以内，大致在 8～15 Hz）出现一个波峰。高频部分的峰值出现在 50～60 Hz，35～40 Hz 频段也会出现波峰。不同的轨道不平顺、轮对轮疤等因素会造成不同的高频动荷载。

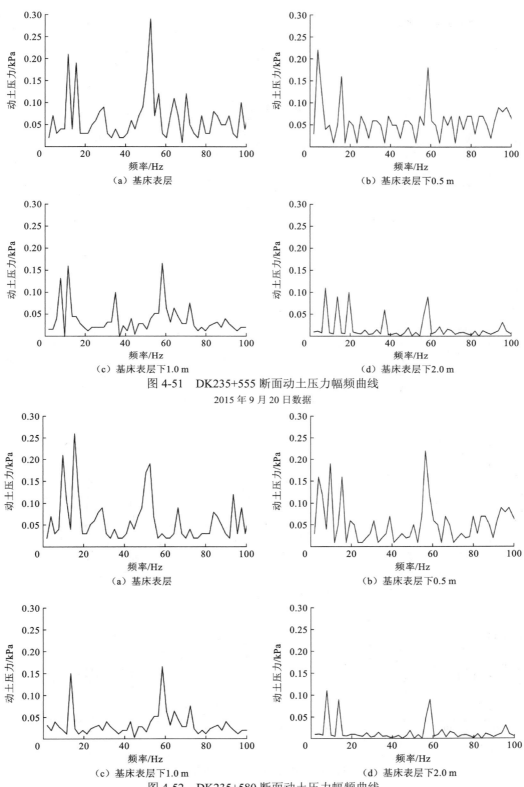

（a）基床表层   （b）基床表层下0.5 m

（c）基床表层下1.0 m   （d）基床表层下2.0 m

图 4-51   DK235+555 断面动土压力幅频曲线

2015 年 9 月 20 日数据

（a）基床表层   （b）基床表层下0.5 m

（c）基床表层下1.0 m   （d）基床表层下2.0 m

图 4-52   DK235+580 断面动土压力幅频曲线

2015 年 9 月 20 日数据

2）加速度幅频曲线

图 4-53 和图 4-54 分别为高速列车通过不同监测断面产生的加速度幅频曲线。

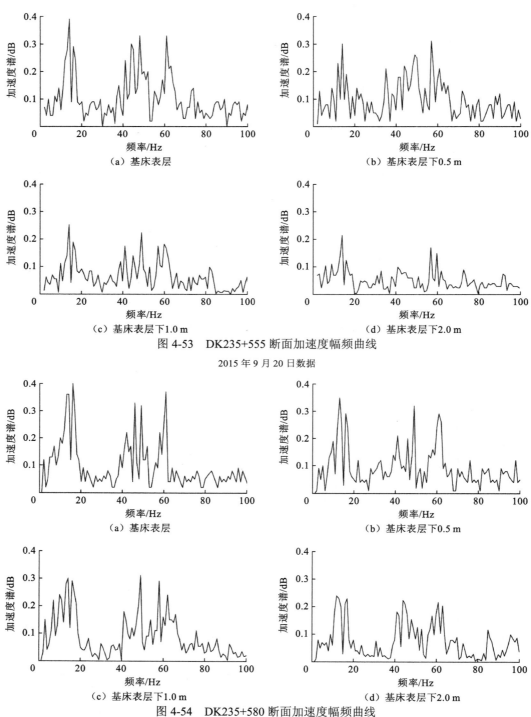

（a）基床表层

（b）基床表层下0.5 m

（c）基床表层下1.0 m

（d）基床表层下2.0 m

图 4-53　DK235+555 断面加速度幅频曲线

2015 年 9 月 20 日数据

（a）基床表层

（b）基床表层下0.5 m

（c）基床表层下1.0 m

（d）基床表层下2.0 m

图 4-54　DK235+580 断面加速度幅频曲线

2015 年 9 月 20 日数据

分析图 4-53 和图 4-54，可得以下结论。

（1）加速度幅频曲线的特征与动土压力幅频曲线相似。高速列车产生的加速度幅频曲线也在 20 Hz 以内（集中在 10～20 Hz）的低频部分出现一些波峰值，同时在 40～60 Hz 的高频部分出现一些波峰。

（2）加速度幅频曲线中的低频峰值反映高速列车转向架产生的动荷载频率，高频峰值部分反映由轨道不平顺、轮对轮疤等因素产生的动荷载频率。

3. 动力参数衰减规律

1）动土压力沿深度衰减规律

图 4-55 和图 4-60 分别为高速列车通过监测断面产生的动土压力衰减曲线。

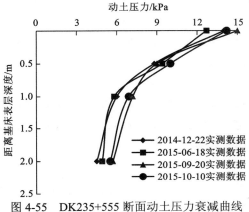

图 4-55　DK235+555 断面动土压力衰减曲线

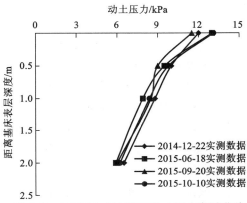

图 4-56　DK235+580 断面动土压力衰减曲线

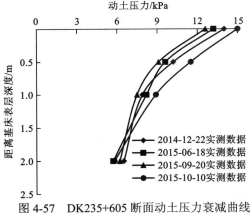

图 4-57　DK235+605 断面动土压力衰减曲线

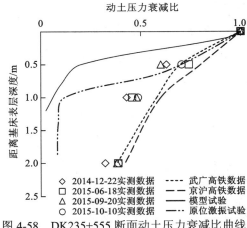

图 4-58　DK235+555 断面动土压力衰减比曲线

从图 4-55～图 4-57 可得出以下结论。

（1）高速列车通过监测断面后，在基床表层处造成的动土压力最大值范围为 12～15 kPa，随着路基深度的增加，动土压力幅值在缓慢减小，说明高速列车动荷载具有一定的影响范围。

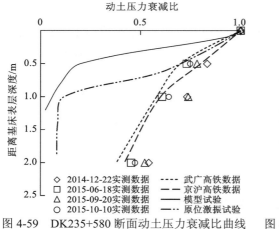
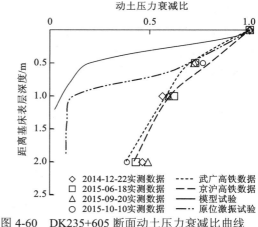

图 4-59　DK235+580 断面动土压力衰减比曲线　　图 4-60　DK235+605 断面动土压力衰减比曲线

（2）从近一年的监测数据可以看出，经过一年的运营，高速列车通过监测断面后引起的动土压力衰减曲线变化不大，说明此段路基试验段的结构状态没有发生明显变化。

从图 4-58～图 4-60 可得出以下结论。

（1）分析高速列车动荷载在深度方向上的衰减数据可知，距基床表层 0.5 m 处动荷载衰减了约 30%，路基床表层 1.0 m 处动荷载衰减了 40%～45%，距基床表层 2.0 m 处动荷载衰减了 50%～60%，说明高铁列车动荷载在路基中作用范围是大于 2.0 m 的，其影响深度约为 4.0 m。

（2）该试验段的动土压力在深度上的衰减规律与武广高铁、京沪高铁实测数据相似，差异不大，说明斜坡路堤在足够强度的加固结构支撑下，当路基保持稳定时，动土应力的传递规律与正常路基基本一致。

2）加速度沿深度衰减规律

图 4-61～图 4-63 为高速列车通过高填斜坡路堤试验段后，在不同试验断面上引起振动加速度随深度衰减曲线。

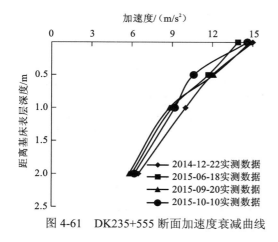
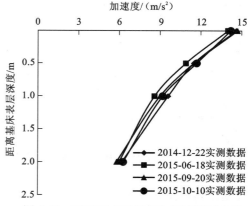

图 4-61　DK235+555 断面加速度衰减曲线　　图 4-62　DK235+580 断面加速度衰减曲线

从图 4-61～图 4-63 可得出以下结论。

（1）高速列车通过监测断面后，在基床表层处造成的加速度峰值为 13～15 m/s²，随着路基深度的增加，加速度幅值在逐步减小，说明高速列车动荷载具有一定的影响范围。

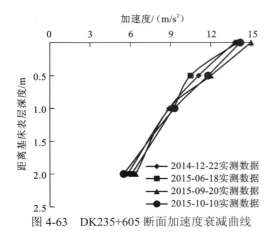

图 4-63　DK235+605 断面加速度衰减曲线

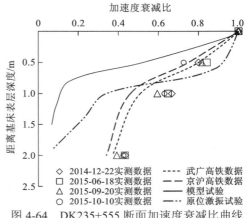

图 4-64　DK235+555 断面加速度衰减比曲线

（2）从近一年的监测数据可以看出，经过一年的运营，高速列车通过监测断面后引起的动土压力衰减曲线变化不大，说明此段路基试验段的结构状态没有发生明显变化。

图 4-64～图 4-66 为该试验段不同监测断面上实测加速度衰减比数据，以及其他高铁线路、模型试验和原位激振试验的对比数据。

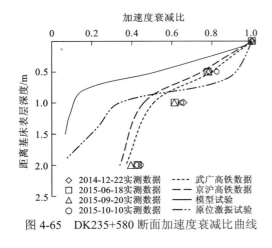

图 4-65　DK235+580 断面加速度衰减比曲线

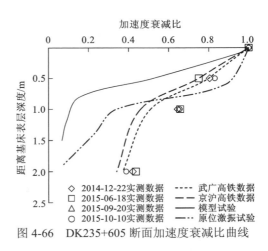

图 4-66　DK235+605 断面加速度衰减比曲线

从图 4-64～图 4-66 可得出以下结论。

（1）分析加速度在深度方向上的衰减数据可知，距离基床表层 0.5 m 处加速度衰减了约 20%，距离基床表层 1.0 m 处加速度衰减了约 45%，距离基床表层 2.0 m 处加速度衰减了 60%～65%，这也说明高速列车动荷载在路基中作用范围是大于 2.0 m 的，其影响深度约为 4.0 m 左右。

（2）该试验段的加速度在深度上的衰减规律与武广高铁、京沪高铁实测数据虽小有区别，实测数据较其他高铁线路衰减略慢，但差异不大，总体规律是一致的。这说明斜坡路堤在足够强度的加固结构支撑下，当路基保持稳定时，动力参数的传递规律与正常路基是基本一致的。

第5章 高速列车荷载作用下路基动力响应规律及灾变过程多尺度分析

5.1 高铁路基动力响应大比例模型激振试验

5.1.1 大比例模型激振试验系统设计

高铁路基动力响应大比例模型激振试验采用自行研制的激振试验大比例模型槽进行,试验系统如图 5-1 所示。试验系统模型箱为一上方敞口的长方形钢结构模型槽,尺寸为 6.0 m×3.0 m×3.5 m。高铁路基模型激振试验系统主要包括模型加载与反力系统、模型路基系统和数据采集测试系统。

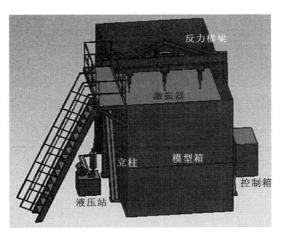

图 5-1 高铁路基响应大比例模型激振试验系统示意图

1. 液压伺服激振控制系统设计

液压伺服激振控制系统装置在室内模型箱的基础上安装改造而成,主要包括激振加载系统和反力系统两部分。激振加载系统可模拟不同列车轴重、运行速度等因素对高铁路基土体的影响,需包含三套独立的液压激振器来模拟列车三个轮对的作用,激振器频率要不小于 30 Hz,且三个激振器的位置、频率、振幅和不同激振器之间的相位均能独立调节。反力系统在模型箱上改造而成,应能保证高频激振力作用下横梁不发生破坏和产生过大的变形。研制设备的要求:结构构造简单可靠,尽量采用先进的技术,价格经济合理。

液压伺服激振控制系统的工作原理是利用液压传动系统给电液控制装置输送液压油液获得可变压力,并采用单一或多个控制环路使其作用在激振器上而产生振动作用,其工作原理如图 5-2 所示。

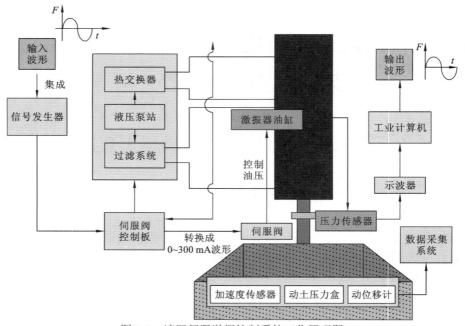

图 5-2　液压伺服激振控制系统工作原理图

完整的液压伺服激振控制系统由液压振动发生系统、液压动力源及传动系统和伺服阀控制系统三部分组成（图 5-3）。

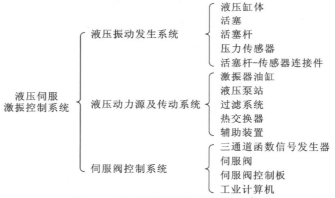

图 5-3　液压伺服激振控制系统组成

1）液压振动发生系统设计

液压振动发生系统主要由液压缸体、活塞、活塞杆、压力传感器及其之间的连接件组成，设计平面图和照片如图 5-4 和图 5-5 所示。液压振动发生系统选用活塞直径 100 mm、缸径 60 mm、行程 150 mm 的定制液压缸，同时安装静态力补偿装置，靠活塞杆的一端装有弹簧，保持静态下活塞杆处于初始位置。

2）液压动力源及传动系统设计

液压动力源及传动系统包括激振器油缸、液压泵站、过滤系统、热交换器和一些辅助装置，液压原理图如图 5-6 所示，液压动力源及传动系统照片如图 5-7 所示。

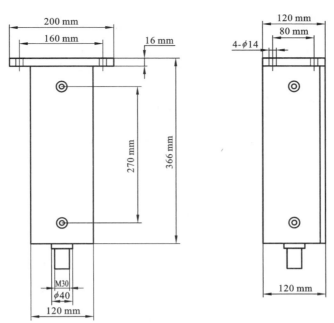

图 5-4　液压振动发生系统设计平面图

图 5-5　液压振动发生系统照片

　　过滤系统根据伺服阀对油液的清洁度要求设置泵入油口过滤器、出油口过滤器、回油过滤器等一系列过滤器，过滤精度分别为 0.2、0.1 和 1.0。热交换器选用水冷式热交换器冷却油液，保持液压油的油温在 50 ℃以下。当工作环境温度较低时，初始使用时还需对油箱的油进行加热。需要安装一个 1 kW 的电加热器。辅助装置主要包括油温传感器、过滤器上装压差传感器、油温显示变送器、压力显示变送仪表等。

3）伺服控制系统设计

　　伺服控制系统包括三通道函数信号发生器、伺服阀、伺服阀控制板和工业计算机，伺服阀控制系统如图 5-8 所示，控制箱如图 5-9 所示。

　　三通道函数信号发生器可以产生各种波形，本试验需要用到 4 种：一是标准的正弦波用于测试液压缸；二是带直流偏置的正弦波用于振动测试；三是一个正电压的直流信号，用于控制伸出液压缸并产生静压；四是一个负电压的直流信号，用于缩回液压缸。这几种

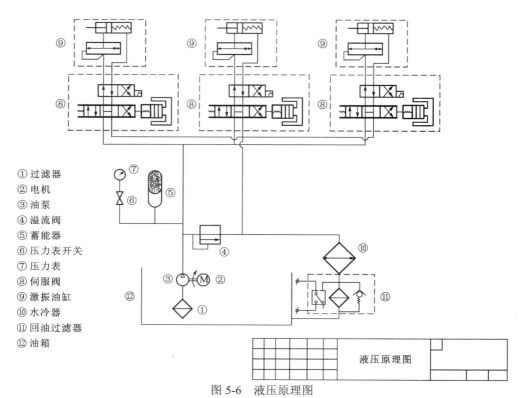

① 过滤器
② 电机
③ 油泵
④ 溢流阀
⑤ 蓄能器
⑥ 压力表开关
⑦ 压力表
⑧ 伺服阀
⑨ 激振油缸
⑩ 水冷器
⑪ 回油过滤器
⑫ 油箱

		液压原理图		

图 5-6　液压原理图

图 5-7　液压动力源及传动系统照片

波形通过函数任意波形发生器初始化工具进行编辑，然后集成到信号发生器中。伺服阀系统选用中船重工七〇四研究所研制的伺服阀和伺服阀控制板，控制板接收来自函数信号发生器的可调频调幅的 0～5 vpp 正弦波或方波，将波形转换成伺服阀可接受的 0～300 mA 对应波形控制伺服阀，伺服阀控制油压的变化，由压力传感器反馈压力信号给控制板实现闭环控制。压力传感器检测到的信号与给定的信号进行比较，两个信号的作用相减以获得较好的输出特性，来反馈波形记录。工业计算机可辅助波形记录和可视化实时监测输出波形。

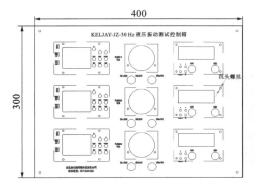

（a）原理图

（b）照片

图 5-8　伺服阀控制系统原理图和照片

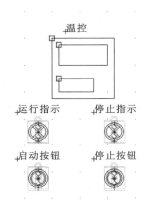

（a）原理图

（b）照片

图 5-9　控制箱原理图和照片

2. 反力系统设计

反力系统（图 5-10）主要由反作用力横梁、立柱和地基组成，是在模型箱基础上改造而成。反力系统的作用是为模型试验激振加载设备提供足够大的反作用力，保证高频激振力作用下横梁不发生破坏和产生过大的变形，其挠度和水平位移需控制在 1 mm 范围内。

（a）反力架侧面

（b）反力架正面

图 5-10　反力系统照片

地基系统由两边对称的 6 个现浇混凝土桩组成，相邻混凝土桩的距离为 1.7 m。混凝土桩的尺寸为 400 mm×400 mm，深度为 1 m，通过在里面预埋钢构件提供支撑力，如图 5-11 所示。

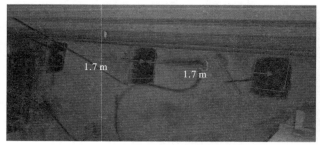

（a）地基基础布设

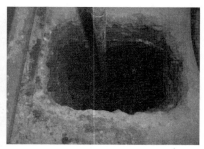

（b）地基基础细部

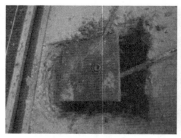

（c）锚定装置

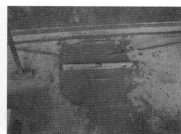

（d）混凝土浇筑

（e）反力架连接

图 5-11　地基系统照片

反力架立柱高度为 3.3 m，由 6 根 200 mm×200 m 工字钢焊接组成，立柱底座焊接在地基混凝土桩的预埋构件上，形成固定支座。

反力横梁是由长 3.2 m 的长梁和上面的三角形支架构成，三个激振器分别安装在长梁上，如图 5-12 所示。长梁是由 150 mm×300 mm 工字钢焊接形成，中间焊接设计一些内支撑以增大横梁的刚度，三角形支架是为了增加自重和刚度，将横梁的振动和竖向变形控制在允许范围内。

图 5-12　模型试验系统整体照片

5.1.2 大比例模型激振试验方案

高铁路基模型激振试验采用单个及多个激振器模拟列车轮轴循环加载的方法，填筑路基过程中分层埋设了动土压力盒、加速度传感器和动位移传感器，通过埋设的传感器和采集系统获得相应层位的各项动力参数，进而对路基结构的动力响应进行研究。传感器布设如图 5-13 所示。试验内容主要包括扫频激振试验和动态激振试验。

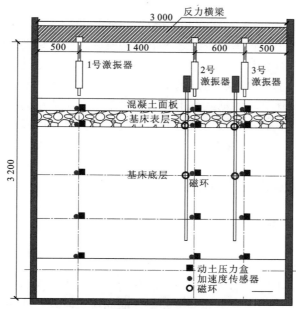

（a）纵向传感器布设

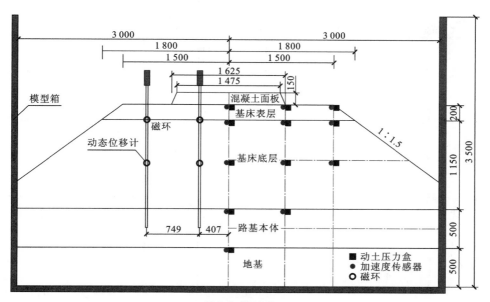

（b）横向传感器布设

图 5-13 传感器布设图（单位：mm）

1. 扫频激振试验

路基结构自振特性是土体的固有特性，与基床土类、密实度、含水量、厚度等因素有关，是动力响应分析的基础和出发点。为了获得每次动态激振试验前后各试验断面频响情况，分析其动力学参数，需在每次动态激振试验前后进行扫频试验。综合考虑模型路基情况和激振器性能，本次试验扫频范围为 0～35 Hz，通过扫频激振试验测试数据，对路基结构自振频率和阻尼进行测试分析。

2. 动态激振试验

为了模拟高速列车在不同轴重及运营速度下的动荷载，测试路堤结构不同层位的动态响应，拟模拟单个轮对进行加载。路基结构一般受到的最高频率是过轴频率，其他更高频率作用荷载通过轨道后已基本衰减。通过调整激振力、激振频率，分别对模型路基断面进行循环激振试验，模拟高速列车的动载作用，研究路基不同层位在动载作用下的动变形、动应力的变化规律。本次试验激振波形采用半正弦波，激振器作用应力为 60 kPa，加载频率分别为 5 Hz、10 Hz、15 Hz 和 20 Hz，采用中间激振器进行加载。

5.1.3　大比例模型激振试验结果

1. 路基动应力响应规律

1）动应力时程曲线

本次试验研究激振器不同频率加载作用下路基的动态响应规律。图 5-14 为激振频率为 5 Hz、10 Hz、15 Hz 路基中心线下不同层位处土体的动应力时程曲线图。

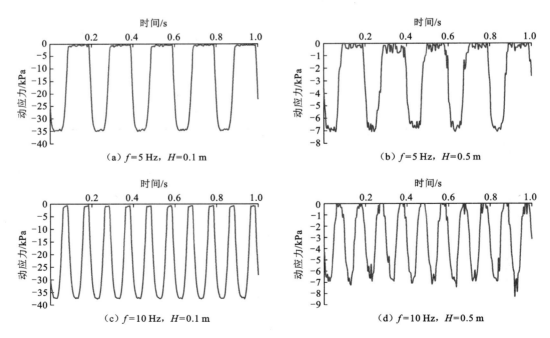

（a）$f=5$ Hz，$H=0.1$ m　　　　　　（b）$f=5$ Hz，$H=0.5$ m

（c）$f=10$ Hz，$H=0.1$ m　　　　　　（d）$f=10$ Hz，$H=0.5$ m

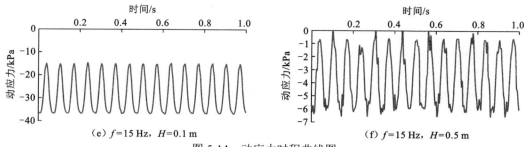

(e) $f=15\,\text{Hz}$，$H=0.1\,\text{m}$ (f) $f=15\,\text{Hz}$，$H=0.5\,\text{m}$

图 5-14 动应力时程曲线图

由图 5-14 得出以下结论。

（1）不同频率激振力作用下，实测的动应力波形曲线均呈半正弦波形，具有明显的周期性，随着路基深度的增加，动应力时程曲线波动越明显。测试获得的动应力时程曲线较好地反映了激振作用下基床土体的受力状态。

（2）低频作用下，路基土体的动应力曲线比较相似，激振频率越低，动土压力盒的反应滞后性越明显。

（3）相同频率作用下，路基土体中动应力随深度衰减较快，这是由土体的阻尼作用造成的；而在不同频率作用下，同一层位土体的动应力变化并不明显。

2）动应力沿深度方向分布规律

不同频率、不同深度处路基土体的动应力如表 5-1 所示。路基土体的动应力随深度的变化如图 5-15 所示。

表 5-1 路基土体动应力随深度变化统计表

深度/m	动应力/kPa		
	$f=5\,\text{Hz}$	$f=10\,\text{Hz}$	$f=15\,\text{Hz}$
0.1	34.45	36.41	36.89
0.5	9.07	7.85	6.10
0.8	3.09	2.85	1.93
1.2	1.70	1.23	0.76
1.7	1.02	0.92	—

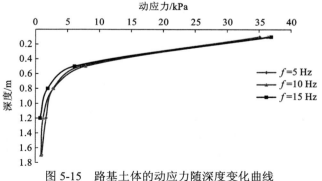

图 5-15 路基土体的动应力随深度变化曲线

由图 5-15 得出以下结论。

（1）不同频率作用下，路基土体中动应力沿深度方向不断减小。基床表面下 0.1 m 处，动应力为 34.5～36.9 kPa；基床表面下 0.5 m 处动应力为 6.1～9.1 kPa，是最大动应力的 14.9%～21.5%；基床表面下 0.8 m 处动应力为 1.9～3.1 kPa；基床表面下 1.2 m 处动应力为 0.8～1.7 kPa；基床表面下 1.7 m 处的动应力已衰减到 1 kPa 以内，这是由土体中能量的消散和阻尼作用造成的。

（2）低频作用下，激振频率对土体的动应力影响不大。

3）衰减率沿深度方向分布规律

高速铁路运行过程中，随着路基深度的增加，相应部位的土体动应力 σ_H 的衰减率 η 定义为

$$\eta = \frac{\sigma_H}{\sigma_{\max}} \times 100\% \tag{5-1}$$

式中：η 为衰减率；σ_H 为深度 H 处的动应力；$\sigma_{\max}$ 为最大动应力。

根据式（5-1），计算得到不同频率下不同深度土体的衰减率，见表 5-2，衰减率随深度的变化曲线如图 5-16 所示。

表 5-2　动应力衰减率统计表

深度/m	动应力幅值衰减率/%		
	f=5 Hz	f=10 Hz	f=15 Hz
0.1	57.41	60.68	61.49
0.5	15.11	13.08	16.50
0.8	5.15	7.74	5.23
1.2	2.83	2.05	2.07
1.7	1.70	1.53	—

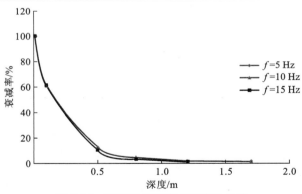

图 5-16　衰减率沿深度方向变化曲线

由表 5-2 和图 5-16 可知，动应力在基床部分衰减较快，基床表面下 0.5 m 范围内，动应力幅值已衰减 84% 左右。随着基床深度的进一步增加，动应力幅值的衰减速率趋于平缓，到基床表面下 0.8 m 时，已衰减 92% 左右，最终到达地基层时，动应力已衰减 98% 以上，此处的动应力可以忽略不计。

4）与理论计算值的比较

对于路基附加应力，经典的理论计算方法主要有 4 种：Boussinesq 理论[13]、平面应变弹性理论[14]、Bourmister 多层弹性体理论[15-17]和应力锥模型法[18]。Boussinesq 理论假定土体为各向同性半无限空间体，轨枕与道砟间的接触应力一般利用等效集中力代替，该理论还适用于砂土路基变形的计算。根据 Boussinesq 理论，在长方形均布荷载作用下，荷载中心下 H 处的垂直应力 σ 的计算公式为

$$\sigma = \frac{2P_{\text{o}}}{\pi} \left[\frac{mn}{\sqrt{1+m^2+n^2}} \frac{1+m^2+2n^2}{(1+m^2)(1+n^2)} + \arctan \frac{m}{n\sqrt{1+m^2+n^2}} \right] \qquad （5-2）$$

式中：$m=a/b$，$n=H/b$，a、b 为长方形荷载的边长的 1/2；H 为路基深度；P_{o} 为荷载强度。

利用 MATLAB 软件求得动应力沿深度方向的理论计算结果，如表 5-3 所示。将模型试验数据与理论计算值做进一步的对比分析，模型试验实测动应力与理论计算值对比如图 5-17 所示，模型试验实测衰减率与理论计算值对比如图 5-18 所示。

表 5-3　动应力与衰减率实测值与理论值对比表

深度/m	动应力/kPa		衰减率/%	
	试验实测值	理论计算值	试验实测值	理论计算值
0.1	36.41	32.93	60.68	54.88
0.5	7.85	2.49	13.08	4.15
0.8	2.85	0.99	7.74	1.65
1.2	1.23	0.44	2.05	0.73
1.7	0.92	0.22	1.53	0.37

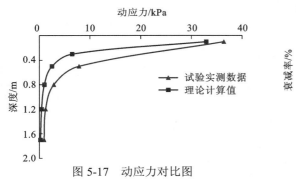

图 5-17　动应力对比图

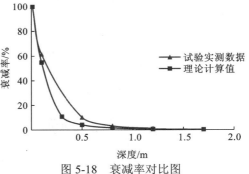

图 5-18　衰减率对比图

由表 5-3 和图 5-17 可知，路基深度 0.1 m、0.5 m、0.8 m 处，理论计算得到的动应力分别为 32.93 kPa、2.49 kPa 和 0.99 kPa，衰减率分别为 54.88%、4.15%和 1.65%；模型试验测得对应的动应力分别为 36.41 kPa、7.85 kPa、2.85 kPa，衰减率分别为 60.68%、13.08%和 7.74%。理论计算得出的路基动应力幅值比模型试验实测数据略小，沿深度的衰减速率较快，二者规律较为一致，但具有一定的差异性。经过综合对比分析，造成上述差异的原因主要有：①理论计算方法是基于 Boussinesq 理论计算路基不同深度的动应力值，该理论假设路基填料为各向同性半无限空间体，忽略了填料的分层特性和不同填料的物理指标差异性；②理论计算方法为静力计算方法，忽略了土体的阻尼特性，导致路基各层的动应力衰减率与实测值差别较大。

2. 路基速度响应规律

1）速度时程曲线规律

本小节研究激振器不同频率加载作用下路基的速度分布规律。试验测得激振频率为 5 Hz、10 Hz、15 Hz 路基中心线下不同层位处土体的速度时程曲线，如图 5-19 所示。

由图 5-19 可知，不同频率的激振力作用下，路基土体的速度时程曲线具有明显的周期性峰值。激振频率越大，速度时程曲线波动性越大，这是因为室内模型试验存在很多不确定性和误差，加速度传感器的反应速率和外界环境的噪声都会有一定的影响。对于同一层位，路基土体的速度峰值受频率的影响不大。相同频率的激振力作用下，路基土体中速度幅值沿深度衰减较快。

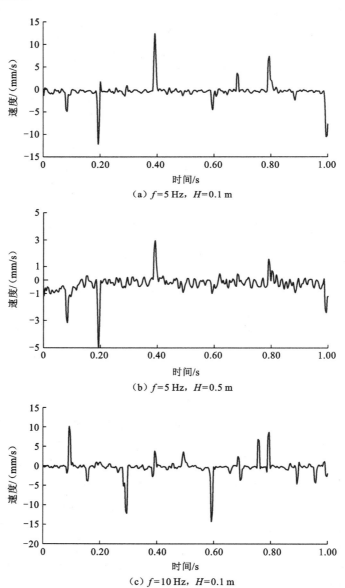

（a）f=5 Hz，H=0.1 m

（b）f=5 Hz，H=0.5 m

（c）f=10 Hz，H=0.1 m

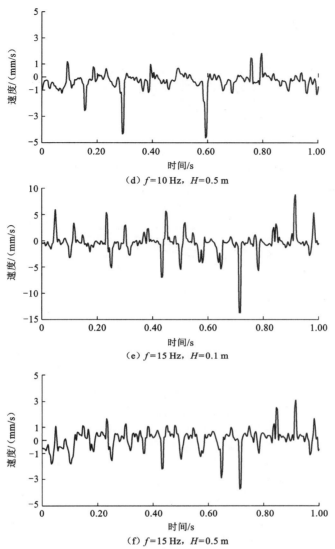

（d）$f=10$ Hz，$H=0.5$ m

（e）$f=15$ Hz，$H=0.1$ m

（f）$f=15$ Hz，$H=0.5$ m

图 5-19　不同激振频率下路基中心线下不同层位处土体的速度时程曲线

2）速度沿深度方向衰减规律

统计得到不同频率激振力作用下不同深度处路基土体的速度如表 5-4 所示，路基土体的速度沿深度方向衰减规律如图 5-20～图 5-22 所示。

表 5-4　速度统计表　　　　　　　　　　　（单位：mm/s）

浓度/m	$f=5$ Hz			$f=10$ Hz			$f=15$ Hz		
	$L=0$ m	$L=0.5$ m	$L=2.0$ m	$L=0$ m	$L=0.5$ m	$L=2.0$ m	$L=0$ m	$L=0.5$ m	$L=2.0$ m
0.1	8.41	5.84	2.14	8.61	6.21	1.80	8.74	5.54	1.22
0.5	4.53	2.80	0.68	2.45	1.47	0.60	3.72	1.22	0.60
0.8	1.06	0.88	0.57	1.16	0.72	0.52	1.91	0.68	0.48
1.2	0.64	0.62	0.46	0.82	0.66	0.39	0.84	0.58	0.37
1.7	0.41	0.38	0.35	0.36	0.32	0.33	0.30	0.30	0.32

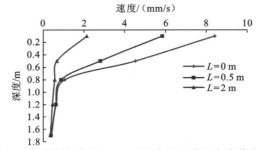

图 5-20　激振频率为 5 Hz 时速度沿深度方向变化曲线

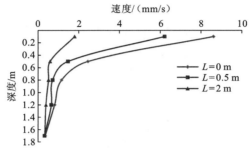

图 5-21　激振频率为 10 Hz 时速度沿深度方向变化曲线

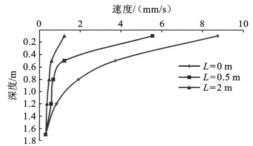

图 5-22　激振频率为 15 Hz 时速度沿深度方向变化曲线

对比分析图 5-20～图 5-22，可得以下结论。

（1）在不同频率的激振力作用下，路基同一深度土体的速度沿路基深度方向的分布规律与动应力沿路基深度方向的分布规律基本一致，呈指数关系。路基中心线处振动产生的最大速度为 8.41～8.74 mm/s。在基床表面下 0.5 m 处，速度为最大速度的 28.5%～53.9%；基床表面下 0.8 m 处，速度为最大速度的 13% 左右；基床表面下 1.2 m 处，速度为最大速度的 7% 左右，可以忽略不计。随着深度的增加，路基土体速度的衰减速率相应变小。

（2）沿纵向方向，对于同一层位的路基土体，距激振器越远，速度越小，且沿深度方向衰减越缓慢。同一频率下，路基土体同一层位的速度衰减较动应力衰减慢。

3）速度沿纵向分布规律

不同频率激振力作用下，路基土体不同深度处的速度沿纵向分布规律如图 5-23～图 5-25 所示。

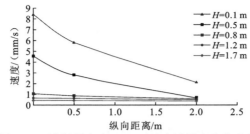

图 5-23　激振频率为 5 Hz 时速度沿纵向变化曲线

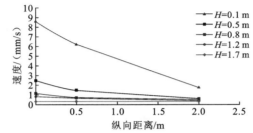

图 5-24　激振频率为 10 Hz 时速度沿纵向变化曲线

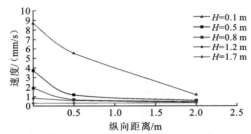

图 5-25　激振频率为 15 Hz 时速度沿纵向变化曲线

由图 5-23～图 5-25 可得出以下结论。

（1）在不同频率的激振力作用下，速度沿纵向的衰减规律类似。同一深度的路基土体的速度随着纵向距离的增加呈减小的趋势，沿纵向 0.5 m 范围内，速度衰减很快，在 0.5～2.0 m，衰减率越来越慢。

（2）随着路基深度的增加，速度变化范围越小，路基深度 1.2 m 左右，由于路基阻尼的作用，速度较小，此时速度沿纵向的衰减规律并不明显。相同频率激振力作用下，路基土体的速度沿纵向衰减率比沿深度方向衰减得慢。

4）速度沿横向分布规律

图 5-26 为 5 Hz 激振力作用下路基土体不同深度处的速度沿横向变化曲线。

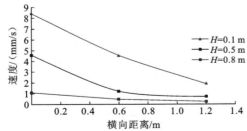

图 5-26　激振频率为 5 Hz 时速度沿横向变化曲线

从图 5-26 可以看出，速度沿横向的衰减规律与沿纵向的衰减规律类似，均比沿深度方向衰减得慢。在同一频率的激振力作用下，同一层位路基土体的速度随横向距离的增加不断减小，且随着路基深度的增加，这种趋势越来越缓慢，到路基深度 1.2 m 左右，速度相差不大，变化不明显。

5.2 高铁路基动力响应原位激振试验

5.2.1 原位激振试验装置

1. 加载系统

为解决实现路基动力响应功能需求，作者团队研制了 ZDJ20 型机械式振动试验机（图 5-27），该加载系统由反力装置、激振器、液压泵、限位装置组成，激振器能够提供的激振参数如表 5-5 所示。

（a）激振器　　　　　　　　　　　　　　（b）活动液压泵

图 5-27　ZDJ20 型机械式振动试验机

表 5-5　ZDJ20 型机械式振动试验机的激振参数表

值	振动频率/Hz	激振力/kN	板底动应力/kPa	对应的承压板/mm
最小值	5	10	10	1 000（方板）
最大值	40	60	93.75	800（圆板）

为了能够尽量模拟不同时速、不同轴重的列车动荷载，ZDJ20 型机械式振动试验机作为路基动力响应原位试验的加载装置，其主要优点有以下几方面。

（1）振动部分采用液压马达作为动力源体，可以很好地解决激振体发热问题，可提供高达 43 Hz 的激振频率。

（2）可以提供稳定的竖向简谐激励以达到模拟相同时速下的长期动载作用。

（3）加载频率可人为控制，并可以连续、适时地改变。

（4）可以在相同的激振频率下改变动应力以达到模拟相同时速、不同轴重下的列车动荷载，可以输出不同的激振波形，如正弦波、半正弦波。

2. 数据采集系统

试验配备了完整的数据采集系统，最大采样频率为 1 000 Hz，能完整地测出路基中动态响应的波形，同时监测动土压力、振动速度、弹性变形、累积变形、加速度及孔隙水压力等多个指标。

激振器的振动以波的形式在路基土中传播，在描述振动特征时动土压力和加速度是两个重要指标。为了实时测定路基土中不同层位的动土压力和加速度，作者团队开发了数据采集系统，该系统可以对动态数据进行实时采集、示波和存储。数据采集系统采集流程如图 5-28 所示。

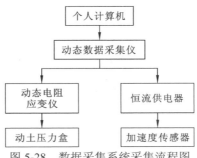

图 5-28　数据采集系统采集流程图

数据采集系统采用 XL3402C 动态应变数据采集分析仪，它是由 A/D 转换速度为 100 kHz 的 USB 接口高速采集器及相应动态信号分析软件组成，具有对荷载随时间变化及因构件运动产生的动态应变信号进行实时示波、采集、信号电压与应变折算，信号回放及频谱分析等功能。XL3402C 动态应变数据采集分析仪、XL2102 系列动态电阻应变仪及 GD-2 恒流供电器共同组成先进的数据采集分析系统，该系统可与计算机连接，对动态信号进行实时采集、存储、显示。动态应变数据采集系统如图 5-29 所示。

（a）数据采集器　　　　　　　　　　（b）数据采集计算机

图 5-29　动态应变数据采集系统照片

5.2.2　原位激振试验方案

原位激振试验研究红黏土地基在动荷载作用下的动力响应规律，首先要确定传感器布设范围和方式，以及激振力和激振频率的选择。这两方面试验参数直接影响试验的监测结果和对实际工况的模拟情况。

1. 动力响应监测范围与元器件的布设

大量实测资料表明路基面以下 0～2 m 是动应力衰减的主要范围，这个范围也应该是动应力测试的主要区域。另外，在水平方向上动应力的衰减也有类似的规律，但水平方向上动应力衰减得更快。本次激振试验选择 2 m 作为监测动力响应的最大深度，水平方向上监测距激振中心 1 m 范围内动力响应。具体元器件布设如图 5-30 所示，实际元器件埋设如图 5-31 所示。

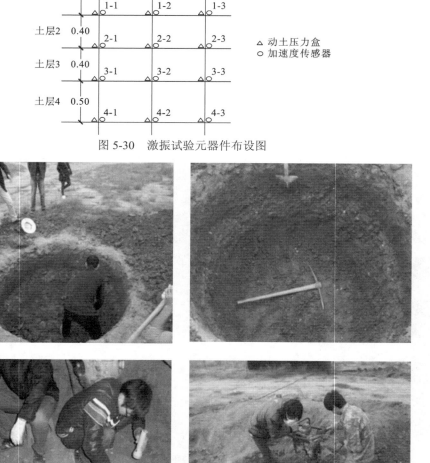

图 5-30　激振试验元器件布设图

图 5-31　实际元器件埋设照片

2. 激振力与频率的确定

大量动应力测试结果表明，铁路列车运行产生的最大动应力与车速相关。研究表明，车速为 150~300 km/h 时，动应力变化较大，超过这个范围，动应力基本保持不变。通常认为铁路列车对路基产生的最大动应力在 20~100 kPa 变化，车速越高，动应力越大。

结合激振试验仪器的特点，激振试验仅模拟在路基面产生一个轮对的动应力，即模拟一个轮对的动载。本次激振试验采取 17 Hz、26 Hz 和 35 Hz 作为激振频率。3 种激振频率下，仪器可产生的动应力分别为 22.7 kPa、51.0 kPa 和 90.7 kPa，分别可模拟车速为 153 km/h、234 km/h、315 km/h 时的工况。

5.2.3 原位激振试验结果

1. 动应力响应规律

1）动应力时程曲线分析

本试验激振体振动可近似为正弦波简谐振动，可选取任意一段时间内动应力时程曲线进行分析。图 5-32 为激振频率为 17 Hz、26 Hz、35 Hz 时的承压板中心线下相同时段内的动应力时程曲线。

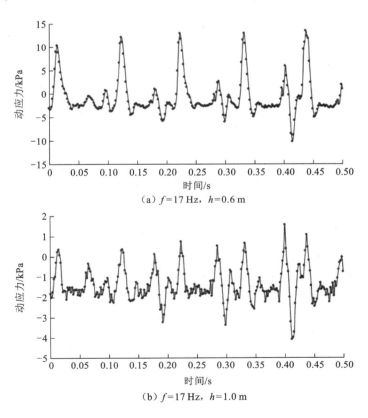

（a）f=17 Hz，h=0.6 m

（b）f=17 Hz，h=1.0 m

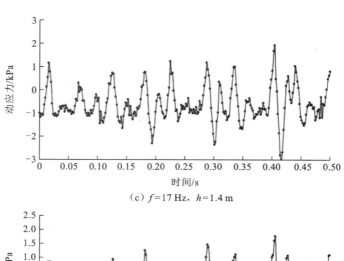

（c）$f=17$ Hz，$h=1.4$ m

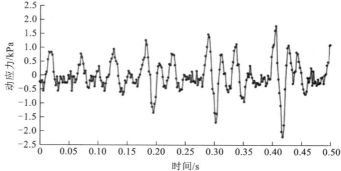

（d）$f=17$ Hz，$h=1.9$ m

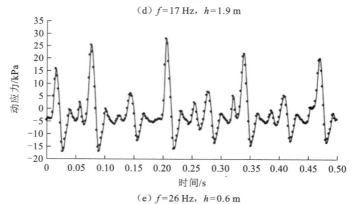

（e）$f=26$ Hz，$h=0.6$ m

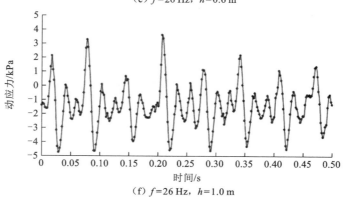

（f）$f=26$ Hz，$h=1.0$ m

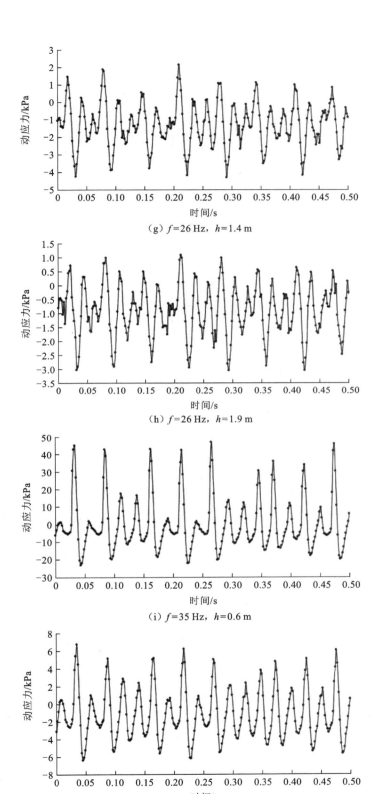

（g）$f=26$ Hz，$h=1.4$ m

（h）$f=26$ Hz，$h=1.9$ m

（i）$f=35$ Hz，$h=0.6$ m

（j）$f=35$ Hz，$h=1.0$ m

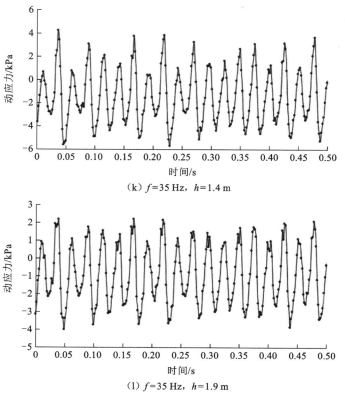

（k）$f = 35\ \text{Hz}$，$h = 1.4\ \text{m}$

（1）$f = 35\ \text{Hz}$，$h = 1.9\ \text{m}$

图 5-32　激振频率为 17 Hz、26 Hz、35 Hz 时的承压板中心线下相同时段内的动应力时程曲线

为了采集到激振过程中附加动应力随时间变化的数据，将激振设备置于指定位置后，将数据采集系统进行归零处理，去除测试元件上层土体及激振设备的静压力对测试数据的影响，并方便对其进行幅频曲线分析。图 5-32 给出的动应力时程曲线为整体偏移后的数据，动应力时程曲线中的负值并非拉应力，而是数据偏移的结果。

从图 5-32 中可以看出，路基各层位中实测动应力时程曲线具有明显的周期性，动应力波形中有明显的谷值和峰值。对比相同频率下不同层位的动应力时程曲线可知，不同层位的动应力时程曲线存在明显的相位差，这是由于振动波在土体中传播有一定的速度，其波峰和波谷随深度的增加有明显的滞后现象。相同频率、不同层位动应力幅值随深度增加而明显减小；且在相同层位处，频率越高其动应力越大，具有明显的规律性。

2）动应力幅频曲线分析

图 5-33 为动应力时程曲线经快速傅里叶变换后的动应力幅频曲线。

从图 5-33 中可以看出，振动频率为 17 Hz、26 Hz、35 Hz 时，经土体传递后的作用力频率在 80 Hz 以内，高阶频率由于土体阻尼作用而消失。同一激振频率下土体不同层位频率结构基本一致，只是在幅值上有所区别。从图中还可以看出，当激振频率为 17 Hz 时，土体的主要作用频率约为 10 Hz、19 Hz、28 Hz 和 37 Hz；当激振频率为 26 Hz 时，土体的主要作用频率约为 15 Hz、30 Hz 和 45 Hz；当激振频率为 35 Hz 时，土体的主要作用频率约为 20 Hz 和 39 Hz。

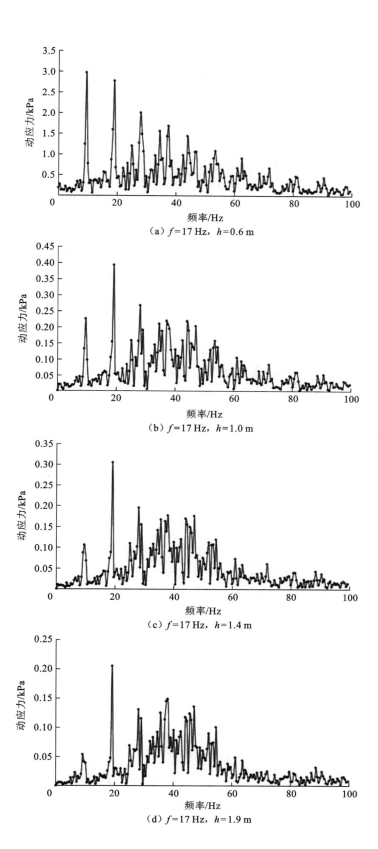

（a）f=17 Hz，h=0.6 m

（b）f=17 Hz，h=1.0 m

（c）f=17 Hz，h=1.4 m

（d）f=17 Hz，h=1.9 m

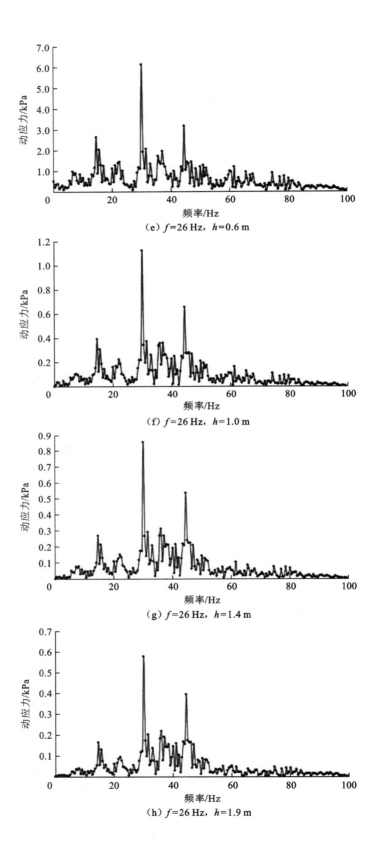

（e）$f=26\,\mathrm{Hz}$，$h=0.6\,\mathrm{m}$

（f）$f=26\,\mathrm{Hz}$，$h=1.0\,\mathrm{m}$

（g）$f=26\,\mathrm{Hz}$，$h=1.4\,\mathrm{m}$

（h）$f=26\,\mathrm{Hz}$，$h=1.9\,\mathrm{m}$

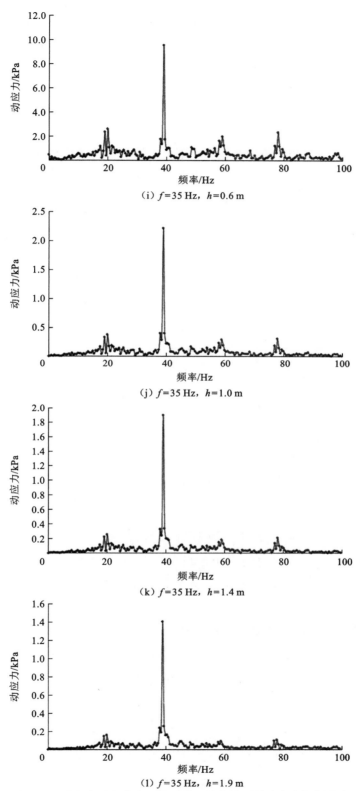

（i）$f=35\,\mathrm{Hz}$，$h=0.6\,\mathrm{m}$

（j）$f=35\,\mathrm{Hz}$，$h=1.0\,\mathrm{m}$

（k）$f=35\,\mathrm{Hz}$，$h=1.4\,\mathrm{m}$

（l）$f=35\,\mathrm{Hz}$，$h=1.9\,\mathrm{m}$

图 5-33　动应力时程曲线经快速傅里叶变换后的动应力幅频曲线

对比相同频率下不同层位的动应力幅频曲线可以发现，在相同激振频率下土体动应力幅频曲线有一个明显的峰值点，该峰值点即为土体在相应激振频率下的主振频率。由图 5-33 可以明显看出，当激振频率为 17 Hz、26 Hz、35 Hz 时，土体的主振频率分别为19 Hz、30 Hz、39 Hz。因此相应激振频率下动应力幅频曲线的峰值点与激振频率有很好的对应关系。

3）红黏土地基阻尼比分析

依据半功率带宽法，根据不同激振频率下土体的功率谱函数曲线可计算出不同层位土体对应主振频率的阻尼系数。不同激振频率下主振频率与相应阻尼系数计算结果见表 5-6。

表 5-6　主振频率和阻尼系数统计表

点位编号	17 Hz		26 Hz		35 Hz	
	主振频率/Hz	阻尼系数	主振频率/Hz	阻尼系数	主振频率	阻尼系数
1-1	19	0.97	30	0.62	39	0.45
2-1	19	0.93	30	0.63	39	0.45
3-1	19	0.92	30	0.63	39	0.45
4-1	19	0.88	30	0.63	39	0.45

图 5-34 为不同主振频率下阻尼系数沿深度变化曲线。

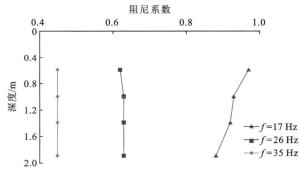

图 5-34　不同主振频率下阻尼系数沿深度变化曲线

从表 5-6 和图 5-34 中可以看出，相同激振频率下不同层位土体的阻尼系数相同或略有差别，但差别不大，同一土体在不同激振频率下测得的阻尼系数不同，且激振频率越高阻尼系数越小。

4）荷载板中心线下动应力沿深度衰减规律分析

不同频率、不同层位的动应力见表 5-7。图 5-35 为激振体下方动应力随深度的变化曲线。

表 5-7　动应力统计表　　　　　　　　　　　　　　　　（单位：kPa）

土层	f=17 Hz			f=26 Hz			f=35 Hz		
	1	2	3	1	2	3	1	2	3
1	13.8	9.8	4.1	27.8	8.8	2.5	47.0	27.4	2.9
2	2.6	2.5	2.5	3.6	1.9	1.0	6.7	2.9	1.5
3	1.9	1.7	1.6	2.2	1.4	2.5	4.2	2.4	2.7
4	1.8	1.5	0.3	1.1	1.0	0.5	2.2	1.6	0.6

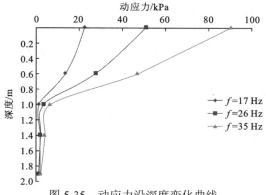

图 5-35　动应力沿深度变化曲线

　　从表 5-7 和图 5-35 中可以看出,激振体在 17 Hz、26 Hz、35 Hz 下振动时产生的最大动应力分别为 22 kPa、51 kPa、90 kPa。由统计数据可以看出,0.6 m 层位处动应力是最大动应力的 50%~60%,1.0 m 层位处动应力是最大动应力的 7%左右,1.4 m 层位处动应力是最大动应力的 4%左右,1.9 m 层位处动应力是最大动应力的 2%左右。可见,动应力在 1.0 m 内衰减迅速,已衰减 90%左右,随着深度增加,动应力衰减率相应减小,这是由土体的阻尼作用及土压力扩散造成的。

5)动应力沿横向分布规律分析

　　图 5-36 为不同深度处动应力沿横向分布曲线。

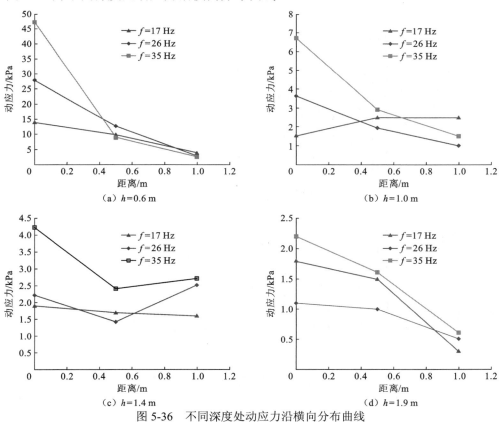

图 5-36　不同深度处动应力沿横向分布曲线

从图 5-36 中可以看出，动应力沿横向的测试数据具有一定的规律，但由于土体的不均匀性及现场试验的不确定性，个别点位数据具有一定的离散性，并且开挖土体与原状土的交界面对应力波的折射与反射对测试数据也有一定的影响。从整体趋势上可以看出，动应力在同一层位的水平方向上离激振体越远，其动应力越小，且衰减速率越低。0.6 m 层位处规律性较明显。由于土体的阻尼作用和土压力扩散，层位越深，动应力的横向衰减规律越不明显。将图 5-35 与图 5-36 对比可知，动应力在水平方向上的衰减速度较纵向快。

2. 加速度响应规律

1）加速度时程曲线分析

图 5-37 为频率为 17 Hz、26 Hz、35 Hz 时承压板中心线下不同层位实测加速度时程曲线。

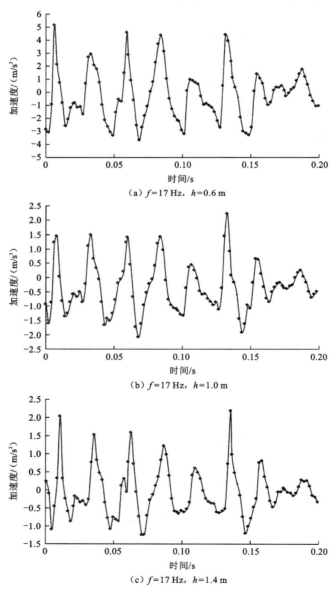

（a）f=17 Hz，h=0.6 m

（b）f=17 Hz，h=1.0 m

（c）f=17 Hz，h=1.4 m

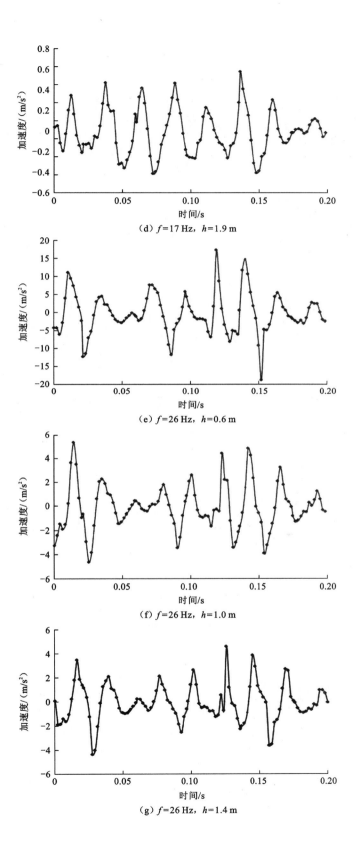

（d）$f=17$ Hz，$h=1.9$ m

（e）$f=26$ Hz，$h=0.6$ m

（f）$f=26$ Hz，$h=1.0$ m

（g）$f=26$ Hz，$h=1.4$ m

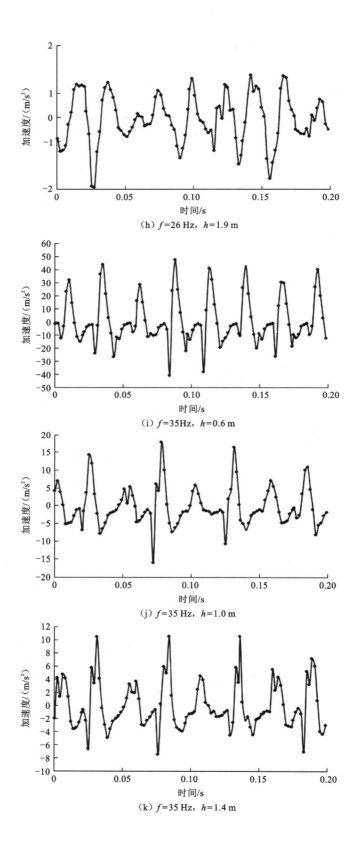

（h）$f=26$ Hz，$h=1.9$ m

（i）$f=35$ Hz，$h=0.6$ m

（j）$f=35$ Hz，$h=1.0$ m

（k）$f=35$ Hz，$h=1.4$ m

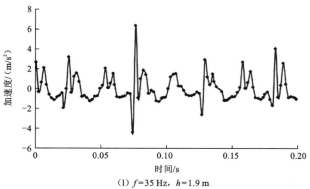

（1）$f=35\,\mathrm{Hz}$，$h=1.9\,\mathrm{m}$

图 5-37　不同频率时承压板中心线下不同层位实测加速度时程曲线

从图 5-37 中可以看出，相同频率、不同层位的加速度时程曲线形状大致相似，只是在幅值上有所差别。相同频率、不同层位的加速度随深度增加而减小，相同层位、不同频率的加速度随频率增加而增大。

2）加速度幅频曲线分析

为得到地基土振动频率特征，对加速度时程曲线进行快速傅里叶变换，绘制幅频曲线。图 5-38 为经快速傅里叶变换后的加速度幅频曲线。

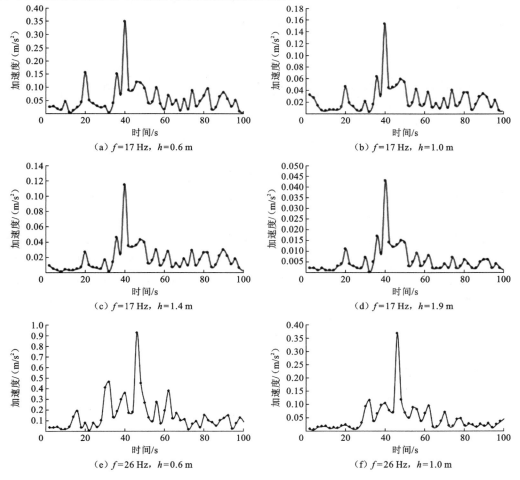

（a）$f=17\,\mathrm{Hz}$，$h=0.6\,\mathrm{m}$　　　　　　（b）$f=17\,\mathrm{Hz}$，$h=1.0\,\mathrm{m}$

（c）$f=17\,\mathrm{Hz}$，$h=1.4\,\mathrm{m}$　　　　　　（d）$f=17\,\mathrm{Hz}$，$h=1.9\,\mathrm{m}$

（e）$f=26\,\mathrm{Hz}$，$h=0.6\,\mathrm{m}$　　　　　　（f）$f=26\,\mathrm{Hz}$，$h=1.0\,\mathrm{m}$

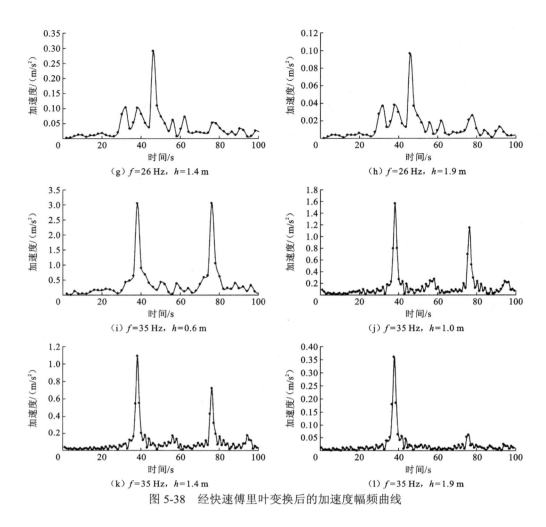

图 5-38　经快速傅里叶变换后的加速度幅频曲线

从图 5-38 中可以看出，激振频率为 17 Hz、26 Hz 时，不同层位地基土中加速度测试数据所得主振频率分别为 40 Hz、47 Hz。振动频率为 35 Hz 时，不同层位土体中加速度测试数据所得主振频率为 38 Hz。

由动应力幅频曲线得出的主振频率分别为 19 Hz、30 Hz、39 Hz，对比发现，当激振频率为 35 Hz 时，动应力幅频曲线与加速度幅频曲线基本一致；当激振频率为 17 Hz、26 Hz 时，动应力幅频曲线与加速度幅频曲线有较大的差异性。这是因为土体作为散粒材料，其振动是多模态的，在振动传递过程中，对不同模态下主振频率的能量具有复杂的扩大或消减效应；并且加速度传感器与动土压力盒本身的刚度不同，与土体相互作用时的振动反应也有一定的差异。

3）荷载板中心线下加速度沿深度衰减规律分析

对不同层位土体加速度幅值进行统计，统计结果见表 5-8。

表 5-8　加速度统计表　　　　　　　　　　　　　　　（单位：m/s²）

土层	f=17 Hz			f=26 Hz			f=35 Hz		
	1	2	3	1	2	3	1	2	3
1	8.82	5.15	5.24	17.20	14.87	7.65	47.7	17.2	8.62
2	3.40	2.25	—	5.34	5.33	—	17.9	8.44	—
3	2.27	2.18	2.03	4.63	4.40	3.44	10.70	6.21	5.44
4	0.71	0.58	0.92	1.49	1.22	0.88	6.36	5.38	3.40

注：2-3 点位的加速度传感器在埋设过程中已被破坏，无法测出该点位加速度

图 5-39 为承压板中心线下加速度沿深度变化曲线。激振频率为 17 Hz、26 Hz、35 Hz 时产生的最大加速度分别为 35 m/s²、78 m/s²、139 m/s²。从图 5-39 中可以看出，0.6 m 层位处加速度是最大加速度的 20%～35%，1.0 m 层位处加速度是最大加速度的 6%～13%，1.4 m 层位处加速度是最大加速度的 6%～8%，1.9 m 层位处加速度是最大加速度的 1%～5%。可见，加速度在 1.0 m 内衰减迅速，已衰减 90% 以上，随着深度增加，加速度衰减率相应减小。

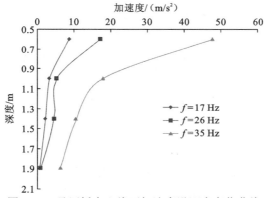

图 5-39　承压板中心线下加速度沿深度变化曲线

4）加速度沿横向分布规律分析

图 5-40 为承压板中心线下加速度沿横向变化曲线，由于 2-3 点位处加速度因仪器损坏未测出，只列出深度为 0.6 m、1.4 m、1.9 m 处加速度沿横向变化曲线。

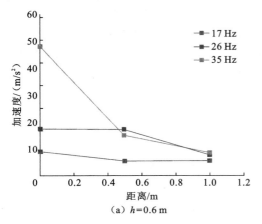

（a）h=0.6 m

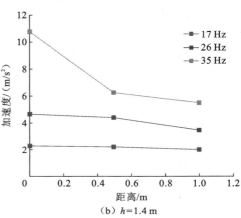

（b）h=1.4 m

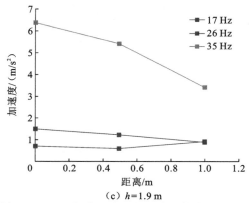

（c）h=1.9 m

图 5-40 承压板中心线下加速度沿横向变化曲线

从图 5-40 中可以看出，加速度在同一层位的水平方向上离激振体越远，其加速度越小，且衰减率越慢。0.6 m 层位处规律性较明显，由于土体的阻尼作用，层位越深，加速度的横向衰减规律越不明显。将图 5-39 与图 5-40 对比可知，加速度在水平方向上的衰减速度较纵向慢。

5.3 高铁路基动力响应三维数值

5.3.1 高铁路基静动本构模型

剑桥模型具有形式简单、参数较少、应用较为方便的特点，是当前土力学中研究和应用最为广泛的模型之一[19]。但剑桥模型是在饱和软黏土三轴试验结果的基础上提出的，而在描述重塑黏土力学特性时需加以改进。

1. 改进剑桥模型

剑桥模型由于采用了 Drucker-Prager 强度准则而不能较好地反映出重塑非饱和土在偏平面上的屈服轨迹和强度。这主要是由于在 p-q 平面内直线形式的 Drucker-Prager 强度准则不能较好地拟合重塑非饱和土体的强度。根据黏土三轴剪切试验的结果，对于非饱和土，当平均应力 p 较小时，随着 p 的增加，土体强度提高较快；而当平均应力 p 增大到一定程度后，土体强度提高的速度变慢。因此，采用直线形式的临界状态线不能反映这种变化。本小节根据黏土三轴剪切试验的结果，对剑桥模型进行修正，使它能较好地反映非饱和土的力学特性。

1）重塑黏土的临界状态

广义塑性力学的理论认为，土体内部状态的变化主要体现在塑性状态的发展过程。根据三轴剪切试验结果，可得到土体内部塑性状态到破坏状态的发展过程。

分别取轴向塑性应变为 3%、5%、7%、9%、11%和破坏时的平均应力 p 和广义剪应力 q 值，通过曲线拟合，可得到其在 p-q 应力空间中的状态线（塑性等势面）的变化，如图 5-41 所示。

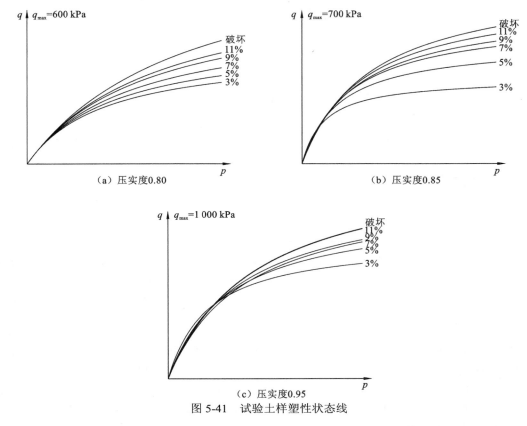

图 5-41 试验土样塑性状态线

从图 5-41 可以看出，在 p-q 应力空间中，黏土的状态线呈双曲线变化，随着轴向塑性应变的发展，双曲线开口越来越大。在土体遭到破坏时，其临界状态线便不再变化，固定为一条双曲线。图 5-42 为压实度分别为 0.80、0.85 和 0.95 土样的试验结果，可以看出，黏土的临界状态线均为双曲线形式。此时如采用直线形式的临界状态线，则不能较好地拟合土体临界状态点，如图 5-43（以压实度 0.95 数据为例）所示。若选取的 M 值过大（图中 M_1），则会造成平均应力 p 较大，土体强度过高；而若选取的 M 值较小（图中 M_2），则会造成平均应力 p 较小，土体强度较低。因此，传统的剑桥模型不能较好地描述黏土的强度。但双曲线形式的临界状态线，则可较好地拟合土体的临界状态点。

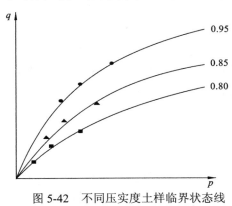

图 5-42 不同压实度土样临界状态线

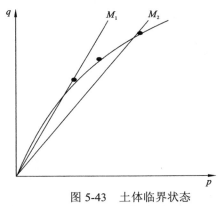

图 5-43 土体临界状态

双曲线临界状态线的形式可由下式表示：

$$\frac{q}{p} = \frac{1}{ap+b} \tag{5-3}$$

式中：a、b 为土体的临界状态曲线参数。

表 5-9 所示为不同压实度条件下土体临界状态曲线参数。

表 5-9   土体临界状态曲线参数

压实度	a	b
0.80	0.000 9	0.687 4
0.85	0.000 8	0.358 1
0.95	0.000 7	0.284 3

从表 5-9 可以看出，随着土体压实度的提高，重塑黏土强度相应提高，其临界状态曲线变化表现为初始切线斜率增大，曲线开口增大。随着压实度的提高，a 和 b 值同时减小，但其中 b 值变化较显著。

2）临界状态的改进

鉴于传统的剑桥模型不能较好地反映黏土的强度特性，根据试验结果，将传统剑桥模型中的临界状态线由直线改为双曲线，三轴压缩状态下，其形式可表示为式（5-3）。

由式（5-3）可知，三轴压缩应力状态下，改进后的临界状态线方程中的 M 值不再是一个定值，而是一个与平均应力 p 有关的变量，因此，在计算中要不断对 M 值进行更新，使临界状态线不断变化。

改进后的剑桥模型屈服面形式为

$$F = Q = q^2 + \left(\frac{1}{ap+b}\right)^2 p(p-p_c) \tag{5-4}$$

式中：F 为屈服函数；Q 为塑性势函数；p_c 为硬化参数。

为方便描述，将临界状态函数 M' 定义为

$$M' = \frac{1}{ap+b} \tag{5-5}$$

所以，式（5-4）变为

$$F = Q = q^2 + M'^2 p(p-p_c) \tag{5-6}$$

另外，剑桥模型在偏平面上并不能反映土体全部的屈服轨迹。在偏平面上，土体强度存在拉压不等的效应，即土体强度在偏平面与罗德角相关。因此，若想改进的剑桥模型能全面地反映非饱和土的屈服轨迹和强度，则必须将罗德角的影响考虑进来。偏平面上黏土的屈服轨迹，可采用如下的曲线形式：

$$M'(\theta_d) = \frac{2mM_c}{(1+m)-(1-m)\sin 3\theta_d} \frac{1}{ap+b} \tag{5-7}$$

式中：m 为拉伸破坏值 M_e 与压缩破坏值 M_c 的比值，即 $m = \dfrac{M_e}{M_c}$，为了保证边界的外凸性，m 的取值为 $0.7 \leqslant m \leqslant 1.0$；$M_e$ 为拉伸破坏值，即轴对称拉伸破坏时的剪应力 q_e 和体积应力

p_e 的比值， $M_e = \dfrac{q_e}{p_e}$ ； M_c 为压缩破坏值，即轴对称压缩破坏时的剪应力 q_c 和体积应力 p_c 的比值， $M_c = \dfrac{q_c}{p_c}$ 。

因此，改进的剑桥模型最终形式为

$$F = Q = q^2 + [M'(\theta_d)]^2 p(p - p_c) \tag{5-8}$$

模型采用相关联的流动法则。

2. 模型验证

1）模型参数标定

改进的剑桥模型以传统修正的剑桥模型为基础，通过修改其中临界状态线以达到可以合理预测黏土的效果。改进的剑桥模型中参数的标定可参照剑桥模型理论。其中，初始模量可通过三轴试验获取；压缩和回弹指数可以通过压缩和回弹试验得到；初始孔隙比可根据所制土样确定。唯一不同的是，改进的剑桥模型中，临界状态线可根据以下方式获得。

（1）针对每一种土样，分别进行围压不同的三轴试验，根据试验结果获取试验土样的强度参数。

（2）根据试验得到的土样强度所对应的三个主应力，可计算相应的平均应力 p 和广义剪应力 q。

（3）在 p-q 应力空间中，用最小二乘的方法对应力空间中的临界应力状态进行曲线拟合，进而可得到参数 a 和 b 的值。

2）三轴不排水数值模拟试验

为验证改进剑桥模型的合理性，本次数值试验对压实度为 0.80 的土样开展初始静水压力和固结压力为 500 kPa 的试验，同时对压实度分别为 0.80、0.85 和 0.95 的土样开展初始静水压力和固结压力分别为 50 kPa、100 kPa 和 200 kPa 的初始静水压力和固结压力试验，参数如表 5-10 所示。

表 5-10　数值模拟参数表

压实度	参考压力 p_1/kPa	参考比体积 V_1	压缩指数 λ	回弹指数 κ	体积模量 K/MPa
0.80	10	2.21	0.19	0.026	16.7
0.85	10	1.92	0.15	0.18	33.3
0.95	10	1.43	0.13	0.014	60.2

压实度	初始静水压力 p_0/kPa	初始固结压力 p_c/kPa	a	b	泊松比 ν
0.80	50	50	0.000 9	0.687 4	0.3
0.85	50/100/200	50/100/200	0.000 8	0.358 1	0.28
0.95	50/100/200	50/100/200	0.000 7	0.284 3	0.26

计算模型参照真实试验建立，共 32 个单元，其尺寸为 38 mm×76 mm。具体试验步骤：在模型周边施加固定围压 σ_3 并保持不变；在模型中用初始命令施加初始固结压力 p_c；固定模型轴向位移，并以每步 $0.5×10^{-4}$ 的速度施加位移增量，直至模型不能再承受更大荷载。具体计算模型见图 5-44。

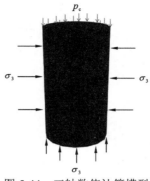

图 5-44　三轴数值计算模型

计算参数均按照试验标定。其中，参考压力 p_1、参考比体积 V_1、压缩指数 λ 和回弹指数 κ 通过压缩试验换算后得到；体积模量 K 和临界状态参数 a、b，由三轴剪切试验数据得到；泊松比可由 K_0 固结试验得到。模型中土体参数见表 5-10。

不同压实度土样计算结果如图 5-45～图 5-47 所示。

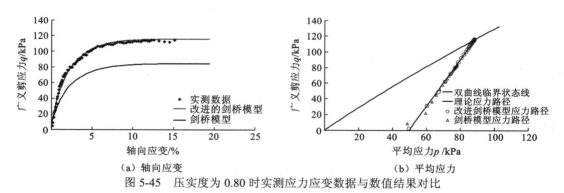

（a）轴向应变　　　　　　　　　　　（b）平均应力

图 5-45　压实度为 0.80 时实测应力应变数据与数值结果对比

从图 5-45（a）、图 5-46 和图 5-47 可以看出，改进的剑桥模型可以较好地反映黏土土样应力-应变关系的非线性，以及其塑性流动的特性。

由图 5-45（b）可知，改进的剑桥模型计算得到的应力路径可以很好地与理论应力路径相对应，达到了双曲线临界状态线；而剑桥模型得到的应力路径比理论应力路径短，主要是由于 M 取值较小。且 FLAC3D 软件内置的剑桥模型计算得到的应力路径在初期与理论应力路径有些差异，而改进的剑桥模型则较好地对应了理论应力路径，这主要是因为 FLAC3D 软件计算初期会产生不平衡力，而改进的剑桥模型算法较为精确，即使在计算初期，系统不平衡力也较小，其结果也与理论匹配得较好。

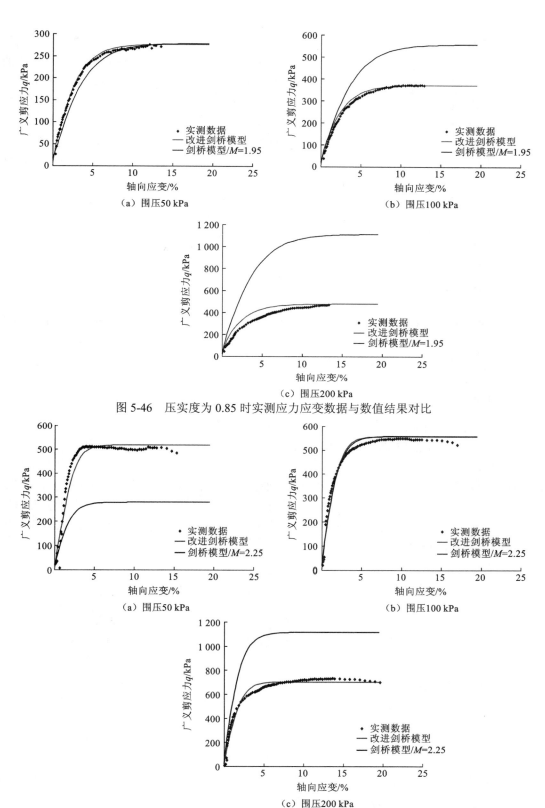

（a）围压50 kPa

（b）围压100 kPa

（c）围压200 kPa

图 5-46 压实度为 0.85 时实测应力应变数据与数值结果对比

（a）围压50 kPa

（b）围压100 kPa

（c）围压200 kPa

图 5-47 压实度为 0.95 时实测应力应变数据与数值结果对比

由图 5-46 和图 5-47 可知，剑桥模型中通过调整 M 取值，使临界状态线通过某一围压条件下的土体临界状态，也可以模拟黏土的力学特性。但是，由图 5-46 可知，直线形式的临界状态线不能全面反映黏土在不同围压条件下的临界状态，因此，即便在某一围压条件下的模拟计算结果合理，但在其他围压条件下则得不到理想的结果。图 5-46 中，通过调整 M 值，使 50 kPa 围压条件下剑桥模型的模拟结果合理，但由于非饱和土在围压较小的条件下，强度较高，而随着围压的提高，强度提高的幅度减小，此时若仍采用线性提高的趋势，则会造成模型预测的土体强度较高的结果，如图 5-46（b）和（c）所示。图 5-47 中，通过调整 M 值，使 100 kPa 围压条件下剑桥模型的模拟结果合理，但在 50 kPa 围压条件下预测的土体强度较低；而 200 kPa 围压条件下预测得到的土体强度较高，跟试验结果相差较大。因此，剑桥模型不能较好地模拟重塑非饱和黏土的力学特性。相反，采用双曲线临界状态的改进剑桥模型则克服了这一缺陷，可较好地反映各状态下土体的力学特性。

5.3.2 黏土动力本构模型

边界面模型具有相对简单的数学形式、在实际计算时对计算机的性能要求较低的特点，因此，边界面模型被广泛应用[20]。本小节在单面边界面模型理论的基础上，尝试建立一种与黏土动力特性相适应的边界面模型。

1. 单面边界面模型的缺陷

边界面模型也存在一定缺陷，主要表现为以下几个方面。

（1）单面边界面模型采用了弹性卸载的概念，卸载模量与初始加载时的弹性模量相同，可见这种情况下模型计算得到的应力-应变曲线不能表现出滞回性，也无法模拟出土体在卸载条件下的弹塑性。图 5-48 为采用单面边界面模型弹性卸载的概念模拟得到的应力-应变关系曲线，可以看出，单面边界面模型不能模拟土体在循环荷载作用下应力-应变表现出的滞回性，且由于模拟曲线没有滞回性，得到的累积塑性应变必然比试验值大，当滞回性越大时，模型结果的误差就越大。

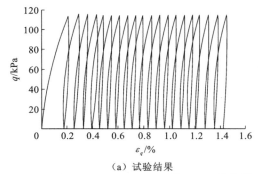
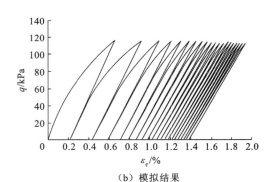

（a）试验结果 （b）模拟结果

图 5-48 单向循环荷载作用下土体应力-应变曲线

（2）需要预先提出边界面的形式，即在单面边界面模型中要预先给定 R 值，这说明 R 的取值对模型模拟土体力学特性是有影响的。

2. 黏土边界面模型

针对单面边界面模型存在的一些问题，在借鉴边界面模型优点的基础上，进行一定的改进，使其能较好地模拟循环荷载作用下黏土的动力特性。

1）边界面形式

本小节提出的模型不采用预先给定的边界面，而是采用在土样初始加载的过程中形成的最大屈服面作为边界面，这样就避免了模型应用过程中需要对 R 的取值预先确定的缺点，简化模型参数的标定，使模型的应用更为方便。具体边界面的形式，采用改进剑桥模型的形式：

$$F = Q = \bar{q}^2 + [M'(\theta_\sigma)]^2 \, \bar{p}(\bar{p} - \bar{p}_c) \tag{5-9}$$

$$M'(\theta_\sigma) = \frac{2mM_c}{(1+m) - (1-m)\sin 3\theta_\sigma} \frac{1}{ap+b} \tag{5-10}$$

式中：θ_σ 为罗德角，并且有

$$-\frac{\pi}{6} \leqslant \theta_\sigma = \frac{1}{3}\sin^{-1}\left(\frac{3\sqrt{3}J_2}{2J_2^{3/2}}\right) \leqslant \frac{\pi}{6}$$

式中：J_2 为应力偏量的第二不变量。

2）映射规则和映射中心

改进边界面模型没有弹性核，弹性域退化为一点，即应力空间坐标的原点，而映射中心固定在这一点。加载时，土样仅在初始加载开始的瞬间才表现出弹性性质。映射中心和映射规则见图 5-49。

由于映射中心为原点，映射规则可表示为

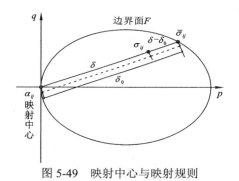

图 5-49 映射中心与映射规则

$$\bar{\sigma}_{ij} = b\bar{\sigma}_{ij}, \quad b = \frac{\delta_0}{\delta_0 - \delta} \tag{5-11}$$

式中：δ_0 为映射中心 σ_{ij} 至虚应力点 $\bar{\sigma}_{ij}$ 之间的距离；δ 为真实应力点 σ_{ij} 至虚应力点 $\bar{\sigma}_{ij}$ 之间的距离。

3）塑性流动法则和硬化法则

采用与改进剑桥模型相同的塑性流动法则和硬化法则，具体可表示为

$$\varepsilon_{ij}^p = \lambda \frac{\partial F}{\bar{\sigma}_{ij}} \tag{5-12}$$

$$\dot{p}_c = p_c \frac{\nu}{\lambda - \kappa} \dot{\varepsilon}_v^p \tag{5-13}$$

式中：ε_{ij}^p 为塑性应变；$\dot{\varepsilon}_v^p$ 为塑性应变增量；$\dot{p}_c$ 为硬化参数增量；ν 为泊松比。

硬化法则决定了模型是否可以较好地描述土体在循环荷载作用下的弹塑性应力-应变关系。观察土体应力-应变关系（图 5-50），可以发现：①由 O 点加载至 A 点时的割线模量与由 A 点卸载至 B 点时的割线模量相似；②后一个荷载周期内的应力-应变关系曲线与前一个荷载周期内的曲线具有相似性，不同的是，后一个荷载周期内的应力-应变关系比前一个周期更陡；③Masing 发现卸载时应力-应变曲线的曲率降到初始加载时曲线的一半，说

明卸载时应力-应变曲线的塑性模量比初始加载时更为平缓，且与其有相似性。这个规律被称为 Masing 准则；④土体卸载和再加载的初期，应力-应变关系的弹塑性并不明显，但超过应变轴后，应力-应变关系表现出明显的弹塑性。由以上 4 点发现可知，单面边界面模型不能反映土体在循环荷载作用下的弹塑性应力-应变关系，这主要是因为单面边界面模型中卸载和再加载过程中，边界面保持不变，即采用了弹性卸载的概念。若要反映出卸载过程和再加载过程中的弹塑性关系，则必须使边界面在整个加卸载过程中保持不断变化，即采用适当的硬化法则。

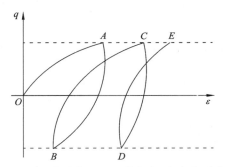

图 5-50　循环荷载作用下土体应力-应变关系曲线

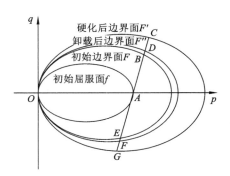

图 5-51　边界面硬化曲线

　　硬化法则采用的规则：土体在加卸载过程中，根据映射法则求解新一步应力状态对应的"像应力点 $\overline{\sigma}_{ij}$"，将 $\overline{\sigma}_{ij}$ 代入边界面方程中，如果超过边界面方程，即 $F>0$，则该步状态下边界面发生硬化，此时边界面扩大；如果应力状态没有超过边界面方程，即 $F<0$，则该步状态下没有塑性应变发生，但要让此应力状态保持在边界面上，此时边界面发生收缩。具体硬化规则如图 5-51 所示。

　　从图 5-51 可以看出改进边界面模型的硬化法则，应力路径为 $A\rightarrow B\rightarrow C\rightarrow D\rightarrow E\rightarrow F\rightarrow G$。土体由等向固结应力点 A 加载至 B 的过程中，初始屈服面 f 随塑性应变硬化至初始边界面 F；如果此时继续加载至 C，则边界面发生硬化，此时伴随硬塑应变发生，边界面变为 F'；而后卸载至 D，此过程中如果不发生塑性应变，则边界面发生收缩，使得应力状态保持在边界面上，边界面变为 F''；应力卸载至 A 点后，继续卸载至 E 点，该过程中发生弹塑性行为，边界面发生硬化，扩大变为边界面 F；如继续卸载至 G 点，则边界面继续硬化，变为 F'。

4）塑性模量求解

　　塑性模量 K_p 和 $\overline{K}_p$ 的求解，参考 Manzari 等[21]提出的插值函数：

$$K_p = \overline{K}_p + H_0 \frac{16M^4\nu}{9(\lambda-\kappa)} \overline{p}^3 \left(\frac{b-1}{b}\right) \tag{5-14}$$

　　根据模型中对边界面上塑性模量 $\overline{K}_p$ 取值的规定，可按照映射准则确定边界面上塑性模量的 $\overline{K}_p$ 值。$\overline{K}_p$ 的表达式为

$$\overline{K}_p = -\frac{\partial F}{\partial \overline{p}_c} \overline{p}_c \frac{\nu}{\lambda-\kappa} \frac{\partial F}{\partial \overline{p}} = \left[M'(\theta_\sigma)\right]^4 (2\overline{p}-\overline{p}_c) \overline{p}\overline{p}_c \frac{\nu}{\lambda-\kappa} \tag{5-15}$$

3. 模型验证

1）模型参数标定

边界面模型参数的标定与改进剑桥模型参数标定方法相同，模型参数仅多出 H_0。关于 H_0 的标定，通常采用试算的方法得到。

2）疲劳循环三轴数值模拟试验

为验证改进边界面模型的合理性，特选取压实度为 0.80、固结比 3.0 的试样，进行疲劳循环三轴数值模拟试验。具体计算模型见图 5-52，模型数值模拟土体参数见表 5-11。

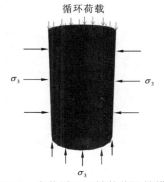

图 5-52 疲劳循环三轴数值计算模型

表 5-11 数值模拟土体参数表

参数	值
压实度	0.80
固结比 k_c	3.0
初始比体积 v	2.21
压缩指数 λ	0.19
回弹指数 κ	0.026
体积模量 K/MPa	16.7
H_0	20
初始固结压力 p_c/kPa	150
a	0.000 9
b	0.687 4
泊松比 v	0.3

疲劳循环三轴试验应力-应变及累积塑性应变实测与数值模拟结果如图 5-53 和图 5-54 所示。

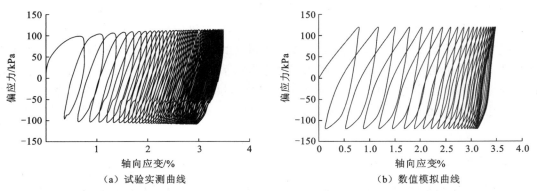

（a）试验实测曲线 　　　　（b）数值模拟曲线

图 5-53 循环荷载 $\sigma_d = 120$ kPa 疲劳循环三轴试验实测曲线与数值模拟曲线

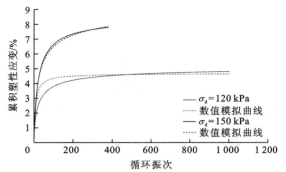

图 5-54　疲劳循环三轴试验实测累积塑性应变曲线与数值模拟曲线

从图 5-53 和图 5-54 可以看出，数值模拟曲线与试验实测曲线表现出了较好的一致性。对于动应力较小的情况，数值模拟计算的结果前期累积塑性应变发展稍快，后期趋于稳定。对于动应力较大的工况，数值模拟计算的结果前期与试验实测曲线更为接近，总体趋势上可能略大于实测曲线。但总体上看，改进边界面模型还是可以较好地描述循环荷载条件下土体的动应力-应变关系及累积塑性应变的发展趋势，计算结果表现出了较好的数值稳定性，计算效率较高。

5.3.3　三维数值模拟方法与计算方案

1. 计算模型

连续介质快速拉格朗日分析法（fast Lagrangian analysis of continua，FLAC）动力计算中，合理选取计算模型的几何尺寸和单元网格宽度，是获得符合实际结果的前提。由于动力计算的时间步需遍历所有单元，且计算过程中涉及波的传递和反射，模型尺寸的确定和单元网格的划分相对静力计算较为复杂，网格边界对边界的影响比较明显。对于动力计算，计算模型尺寸的范围越大，分析结果越好，但较大的计算模型会耗时较长，造成较大的计算负担，若模型尺寸选择不够，波在模型中的反射会影响计算精度，易导致计算结果不收敛。单元密度不够、高宽比和网格边界区域控制不合理，模型的计算精度和计算结果将会受到较大的影响。

本小节高铁路基动力响应的数值模型是在室内模型试验的尺寸基础上建立起来的。数值模型在横向（x 方向）宽度取 7.1 m，沿线路方向（即纵向，y 方向）取 3 m，深度方向（即 z 方向）取 2.5 m（其中基床厚度取 1.2 m，路基本体厚度取 0.5 m，地基层厚度取 0.8 m）。室内模型激振试验结果表明，基床表面以下 1 m 处路基动应力已衰减 90%左右，1.7 m 处路基动应力的影响可以忽略不计。基床部分作为路基动力响应的主要影响部分，网格单元设置较密，网格宽度为 0.05 m，地基部分的网格宽度设为 0.2 m，基床、路基及地基层本体均采用实体单元进行模拟。计算模型由 20 944 个单元和 26 945 个节点组成，如图 5-55所示。

2. 本构模型、屈服准则选取

要想获得贴近实际的路基结构模型数值分析结果，必须在建模全过程（包括动荷载模拟、参数选取、模型建立、边界处理、本构模型选择）中完善仿真模型。一般动力模型中，

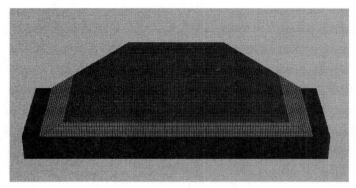

图 5-55　计算模型示意图

列车荷载最初被看作直接加载于轨道板（道床）上。列车荷载的形式有单个集中荷载、两个集中荷载、正弦激振荷载等。高速列车随机激励荷载的模拟是列车诱发环境振动分析中一个较复杂的环节。

土体的动力本构模型的选取，需综合考虑动荷载作用下土体的物理力学性质和变形机理特征、所选模型中参数的实际物理意义和可靠性及计算机配置情况。根据路基模型激振试验中路基土体的变形特征，假定移动荷载作用下土体材料颗粒之间的连接未发生破坏，土体结构的变形可以恢复，不同颗粒间的相互错动和摩擦所消耗的能量忽略不计。莫尔-库仑强度准则能很好地描述大多数岩土材料的强度特性，在 FLAC3D 计算中应用最为广泛。考虑土体的非线性特点，数值模拟中路基层及地基层土体均采用莫尔-库仑弹塑性模型及强度准则。

莫尔-库仑强度准则表达式为

$$F = \frac{1}{3}I_1\sin\varphi + \left(\cos\theta_d - \frac{1}{\sqrt{3}}\sin\theta_d\sin\varphi\right)\sqrt{J_2} - c\cos\varphi = 0 \qquad (5\text{-}16)$$

式中：I_1、J_2 分别为应力张量的第一不变量、应力偏量的第二不变量；c、φ 分别为岩土体的黏聚力和内摩擦角。

3. 模型计算参数选取

模型计算参数的选取一直是数值模拟能否反映实际工程状况与形态最为关键的因素之一。为正确获取计算结果，计算参数是在室内试验和路基填筑过程中质量检测得到的试验数据的基础上选取的，计算参数见表 5-12。

表 5-12　模型计算参数

填土类型	密度 ρ/（kg/m³）	弹性模量 E/MPa	泊松比 ν	黏聚力 c/kPa	内摩擦角 φ/（°）
路基基床	248 4	260	0.35	81.1	22.13
路基本体	224 9	260	0.3	59.1	21.15
地基层	203 8	100	0.3	38.5	21.26

4. 静力计算与边界处理

利用 FLAC3D 软件进行动力计算之前，需对初始应力场平衡进行计算，以此模拟原始应力状态。在进行静力计算之前，需设置相应的静力边界条件，本小节计算模型在横向约束 X 方向的变形，纵向方向两边界约束 Y 方向的变形，模型的底部约束 X、Y、Z 方向的变形。

在计算路基结构的动力学问题时，如何有效模拟能量的消散，是获得贴近实际的路基结构模型数值分析结果的关键。动力分析中，振动波向无限远处传播，静力边界条件无法有效解决这个问题，而在无限远处设置边界条件，使振动在到达边界之前被消耗，需要采用相当大的计算模型和很长的计算时间。考虑土体的非线性、波在边界上的反射和透射，计算模型的边界处理非常重要。

FLAC3D 软件主要提供两种边界条件，即静止边界和自由场边界，来减少模型边界上波的反射。静止边界又称为黏性边界或吸收边界，在模型的法向和切向分别设置自由阻尼器吸收振动波，使振动波不发生反射。自由场边界是在模型周围生成二维和一维网格，用来模拟没有地面结构的自由场运动，同时土体网格的侧边界通过阻尼器与自由场网格进行耦合，该边界可以实现与无限场地相同的效果。进行动力计算时，将模型四周设置为自由场边界，底部设置成静止边界，图 5-56 为计算模型的具体边界条件。

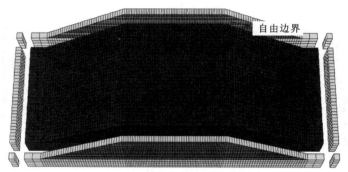

图 5-56　计算模型的具体边界条件

5. 阻尼选取

土体阻尼是指土体振动过程中能量的损耗现象，与土体内部颗粒间的摩擦和表面滑动有关。在高铁路基动态计算中，阻尼的合理取值直接影响动力分析结果的可靠性，是数值计算中的重要参数。

FLAC3D 软件主要提供瑞利阻尼、局部阻尼和滞回阻尼三种阻尼[22]。其中瑞利阻尼理论与常规动力分析方法类似，最初用于结构和弹性体计算中。瑞利阻尼矩阵与刚度矩阵和质量矩阵有关，计算得到的加速度响应规律比较符合实际，但瑞利阻尼的计算时间步太小，导致动力计算时间很长。滞回阻尼能反映土动力学中岩土体的滞后性和非线性，能直接采用动力试验中的模量衰减曲线。但目前可供参考的资料较少，滞回阻尼的使用有较多的限制，且很难得到满意的分析结果。

本小节数值模拟计算采用局部阻尼，原理是将局部阻尼加到式（5-17）中，当结构单元节点改变时增加质量，当速度达到最大值（最小值）时减少质量，使系统保持质量守恒，以达到收敛的目的。

$$F_i^{(l)} + L_i^{(l)} = M_i^{(l)} \left(\frac{\mathrm{d}v_i}{\mathrm{d}t} \right)^{(l)}, \quad l = 1, 2, \cdots, n \tag{5-17}$$

式中：$F_i^{(l)}$为广义不平衡力；$M_i^{(l)}$为广义质量；v_i为广义速度；$L_i^{(l)}$为局部阻尼，由局部阻尼系数α_L确定，计算公式为

$$L_i^{(l)} = -\alpha_L \mid F_i^{(l)} \mid \text{sign}(v_i^{(l)}) \qquad (5\text{-}18)$$

式中：α_L为局部阻尼系数，定义为损失的能量ΔW与最大瞬时应变能W的比值，$\alpha_L = \pi D$，D为临界阻尼比；$\text{sign}(x)$为

$$\text{sign}(x) = \begin{cases} +1, & x > 0 \\ -1, & x < 0 \\ 0, & x = 0 \end{cases}$$

局部阻尼的优点是与频率无关，不用求解系统的自振频率，且在动力计算中不会减少时间步，能有效地节省计算时间，但设置局部阻尼不能有效地衰减复杂波形的高频部分，在高频计算时得到的结果波动性较大，所以适用于低频计算。

6. 路基结构动力响应与模型激振试验结果对比

1）动应力时程曲线

图 5-57 为数值计算得到的不同频率激振力作用下，路基深度 0.1 m、0.5 m 和 0.8 m 处的动应力时程曲线，以及相应模型试验的实测结果。从图中可以得出以下结论。

（1）数值计算得到的动应力时程曲线呈半正弦波形，表现出明显的周期性。低频作用下，对不同频率的激振力作用，动应力时程曲线区别不大，但频率越高，时程曲线波动性越明显。对于不同频率，动应力均沿路基土体深度方向衰减较快，这与实测的数据比较吻合。

（2）数值计算结果与实测结果较为一致，但前者的周期性更加明显，曲线更加平滑。这是由于模型试验不确定性因素较多，受动土压力盒测试精度、反应速度和填筑路基土体的不均匀性和非线性的影响较大。对于同一频率、同一深度的路基土体，二者的动应力相差不大，在路基土体深度 0.5 m 处的差别略明显。这是由于模型试验路基填筑过程中各层填料湿度和夯实程度控制得不均匀，阻尼系数为不确定值，数值计算过高估计了该层土体的阻尼作用，使得振动荷载在该部分的能量衰减较快，计算出来的动应力略高于实测值。

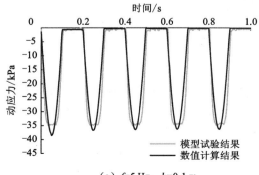

（a）$f = 5$ Hz，$h = 0.1$ m

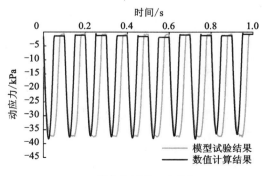

（b）$f = 10$ Hz，$h = 0.1$ m

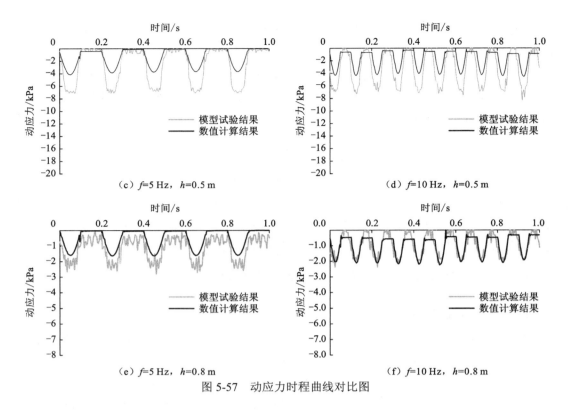

（c）f=5 Hz，h=0.5 m   （d）f=10 Hz，h=0.5 m

（e）f=5 Hz，h=0.8 m   （f）f=10 Hz，h=0.8 m

图 5-57 动应力时程曲线对比图

2）动应力衰减曲线

激振频率分别为 5 Hz 和 10 Hz 时，实测和数值计算得到路基中心线下的动应力及衰减率沿路基土体深度方向的变化曲线如图 5-58 和图 5-59 所示。

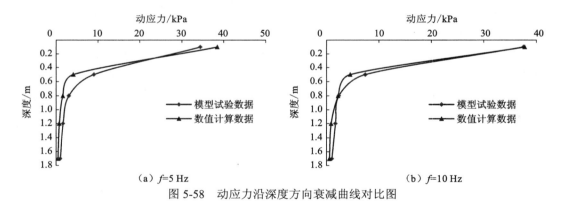

（a）f=5 Hz   （b）f=10 Hz

图 5-58 动应力沿深度方向衰减曲线对比图

由图 5-58 和图 5-59 可得出以下结论。

（1）数值计算得到的动应力沿深度方向呈指数型衰减，且受激振频率的影响不明显。动应力沿深度方向衰减较快，距路基基床表层 0.1 m 处，动应力为 37.83～38.51 kPa，是最大动应力的 63.05%～64.19%；距路基基床表层 0.5 m 处，动应力为 4.15～4.55 kPa，是最大动应力的 6.92%～7.58%；距路基基床表层超过 0.8 m 后，动应力的衰减趋于缓慢，动应力可以忽略不计。

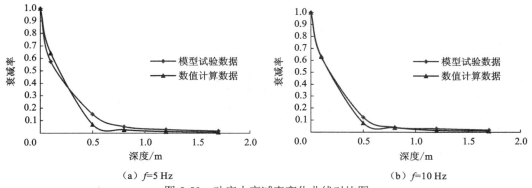

| (a) *f*=5 Hz | (b) *f*=10 Hz |

图 5-59　动应力衰减率变化曲线对比图

（2）对于不同频率激振力作用，数值计算得到的动应力及衰减率与实测结果基本一致，但数值计算结果衰减比实测结果快。这是由于数值计算中采用的阻尼系数较难准确模拟路基填筑土体的实际阻尼特性。

3）速度时程曲线

由图 5-60 可知，数值计算得到的速度时程曲线具有明显的周期性，低频作用下，对于不同频率的激振力作用，速度时程曲线差别较大，但频率越高，时程曲线差别越小。总体而言，对于不同频率激振力作用，速度幅值均沿路基土体深度方向衰减较快，这与实测数据的规律比较吻合。

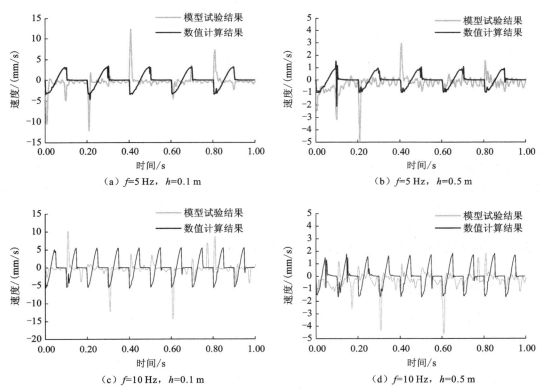

| (a) *f*=5 Hz，*h*=0.1 m | (b) *f*=5 Hz，*h*=0.5 m |
| (c) *f*=10 Hz，*h*=0.1 m | (d) *f*=10 Hz，*h*=0.5 m |

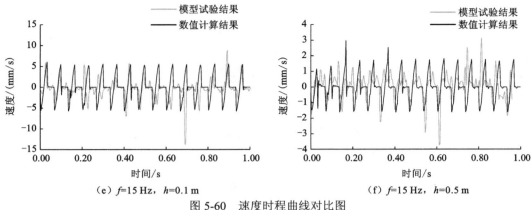

（e）f=15 Hz，h=0.1 m　　　　　　　（f）f=15 Hz，h=0.5 m

图 5-60　速度时程曲线对比图

4）速度衰减曲线

采用 FLAC3D 软件进行数值模拟得到激振频率为 5 Hz 和 10 Hz 时路基土体的速度时程曲线，如图 5-61 所示。

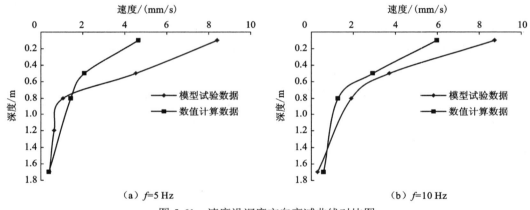

（a）f=5 Hz　　　　　　　（b）f=10 Hz

图 5-61　速度沿深度方向衰减曲线对比图

由图 5-61 可知，数值计算得到的速度及衰减率与实测结果较为吻合，数值计算得到的速度比模型试验测得的数据略小，前者的衰减率比后者快，这与数值计算中采用的阻尼系数有关。数值计算得到的速度沿深度方向呈指数型衰减，且受激振频率的影响不大。

5.3.4　不同动荷载作用下路基动力响应规律

1. 不同轮对叠加作用下路基的动力响应

根据文献[23]中现场试车的动力响应实测结果，列车在运行过程中，同一节车厢前后转向架产生的动力响应存在叠加效应。为了弄清其中叠加的原理，本小节将列车荷载简化为相邻三个轮对的叠加作用，计算该种工况下路基的动力响应情况，与单个轮对作用下的情况进行比较。图 5-62～图 5-64 为路基结构的动力响应沿深度方向的衰减规律曲线。

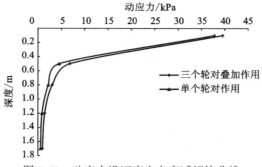
图 5-62　动应力沿深度方向衰减规律曲线

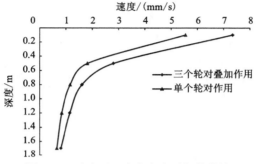
图 5-63　速度沿深度方向衰减规律曲线

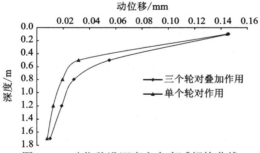
图 5-64　动位移沿深度方向衰减规律曲线

由图 5-62～图 5-64 可知，三个轮对动荷载作用下路基结构的动力响应存在一定的叠加作用，相对于单个轮对作用，各层路基的动力响应均有明显的增加。

（1）路基结构动应力。0.1 m 层位时，动应力增加了 1.7 kPa，增幅为 5%，0.5 m 和 0.8 m 层位时，动应力增幅分别为 51.4% 和 38.7%，路基结构表层的叠加效应比较弱，随着深度的增加，叠加效应比较明显，这是由于分布激振力在散粒体中沿应力扩散角进行传递，离开激振力一定距离后，路基结构表面的土体已经不在参振范围内，所以叠加效应不明显，随着路基深度的增加，该层路基结构的土体在参振范围内，存在一定的叠加影响。

（2）路基结构振动速度。三个轮对动荷载作用下路基结构的振动速度存在一定的叠加。0.1 m 层位时，速度幅值增幅为 32.3%，0.5 m 和 0.8 m 层位时，速度幅值增幅分别为 54.2% 和 38.4%，与动应力相比，路基表层振动速度的叠加效应更明显，随着深度的增加，叠加效应相差不大。

（3）路基结构动位移。路基结构的动位移存在一定的叠加效应，但不明显。0.1 m 层位时，动位移基本没有变化，0.5 m、0.8 m、1.2 mm 和 1.7 mm 层位时，动位移分别增加 0.023 mm、0.008 mm、0.007 mm 和 0.002 mm，随着深度的增加，动位移差别越小。

2. 不同列车速度下路基的动力响应

随着列车运行速度的不断提高，轮轨之间相互作用力不断增加，路基结构系统振动不断加剧，列车对路基结构的动力影响将随其运行速度的提高而不断增加。选取列车运行速度 100 km/h、200 km/h、300 km/h 三种工况进行数值模拟计算，分析列车运行速度对路基结构的动力作用的影响。图 5-65 和图 5-66 为转向架下路基 0.1 m 层位处动应力时程曲线和速度时程曲线。

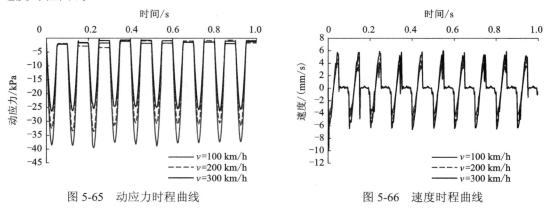

图 5-65 动应力时程曲线   图 5-66 速度时程曲线

由图 5-65 和图 5-66 可知，转向架下路基表面的动应力和振动速度呈周期性变化规律。

表 5-13 为不同速度下路基结构不同层位的动应力和振动速度最大值的统计结果，转向架下路基不同层位处动应力、振动速度和动位移随列车运行速度的变化曲线如图 5-67～图 5-69 所示。

表 5-13 不同速度下路基结构动应力和振动速度统计表

深度/m	动应力/kPa			振动速度/（mm/s）		
	100 km/h	200 km/h	300 km/h	100 km/h	200 km/h	300 km/h
0.1	26.0	33.1	37.8	6.80	8.32	9.84
0.5	3.5	4.7	5.6	1.71	2.16	2.55
0.8	2.0	2.4	2.8	1.26	1.54	2.17
1.2	0.9	1.2	1.4	0.78	1.07	1.26
1.7	0.6	0.8	0.9	0.60	0.69	0.85

由图 5-67～图 5-69 可知，列车运行速度对路基结构系统的动力响应的影响作用特征如下。

（1）路基结构动应力。路基结构动应力幅值受列车运行速度影响较大，当列车运行速度从 100 km/h 增至 300 km/h 时：0.1 m 层位处动应力从 26 kPa 增至 37.8 kPa，增幅为 45.4%；0.5 m 层位处动应力从 3.5 kPa 增至 5.6 kPa，增幅为 60%；0.8 m 层位处动应力从 2.0 kPa 增至 2.8 kPa，增幅为 40%；超过 0.8 m 后，路基结构的动应力基本保持不变，约为 1 kPa；且随着列车运行速度的提高，动应力的增长趋势更加明显。

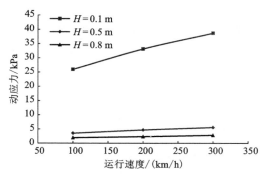

图 5-67　动应力随列车运行速度的变化曲线

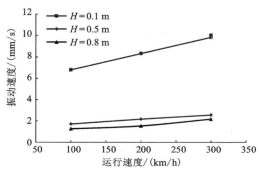

图 5-68　振动速度随列车运行速度的变化曲线

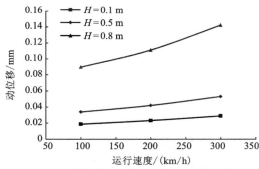

图 5-69　动位移随列车运行速度的变化曲线

（2）路基结构振动速度。列车运行速度从 100 km/h 增至 300 km/h 时，0.1 m、0.5 m、0.8 m 层位处振动速度范围分别为 6.80～9.84 mm/s、1.71～2.55 mm/s 和 1.26～2.17 mm/s，都呈现出随列车运行速度提高而增大的趋势，且随着深度的增加，路基结构的振动速度增长趋势越来越缓慢。

（3）路基结构动位移。动位移随列车运行速度的变化规律与动应力和振动速度类似，当运行速度从 100 km/h 增至 200 km/h 时，0.1 m 层位处动位移从 0.089 mm 增至 0.111 mm，增幅为 24.7%，0.5 m 层位处动位移从 0.033 mm 增至 0.042 mm，增幅为 27.3%，列车动位移的增幅随运行速度的增加而增加。

图 5-70～图 5-72 分别为不同行车速度下路基结构的动应力、振动速度和动位移沿深度方向的变化曲线。

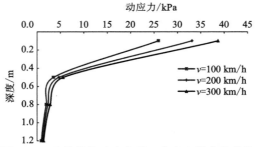

图 5-70 路基结构动应力沿深度方向的变化曲线

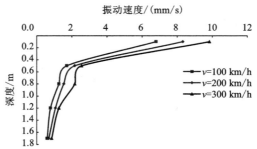

图 5-71 路基结构振动速度沿深度方向的变化曲线

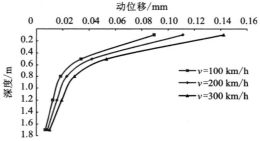

图 5-72 路基结构动位移沿深度方向的变化曲线

从图 5-70～图 5-72 可看出，列车荷载对铁路路基的影响主要体现在路基的基床部分，路基结构各项动力指标随深度衰减程度有一定差异，动应力的衰减最快，振动速度衰减次之，动位移衰减最慢。各项动力指标对列车运行速度的敏感程度也略有不同，其中振动速度和动位移对列车运行速度变化较为敏感，在高铁路基设计过程中应加强对路基结构上部分的设计，在该部分采取一定的减振隔振措施。

图 5-73～图 5-75 分别为不同列车运行速度下路基结构动应力、振动速度和动位移沿线路横向的变化曲线。

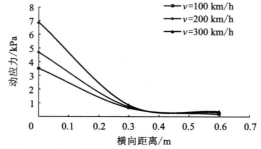

图 5-73 路基结构动应力沿线路横向的变化曲线

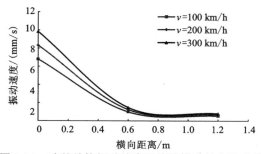

图 5-74 路基结构振动速度沿线路横向的变化曲线

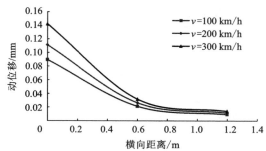

图 5-75 路基结构动位移沿线路横向的变化曲线

由图 5-73～图 5-75 可知,路基结构各项动力参数沿线路横向的变化规律与沿深度方向的变化规律类似,总体衰减趋势较深度方向缓慢。动应力的衰减速率比振动速度和动位移的衰减速率要慢,当横向距离达到 0.6 m 时,路基的动力响应已不明显。

3. 不同列车轴重下路基的动力响应

国内大量现场试车结果[24-29]表明,不同轴重的行车车组基床表层轨下的最大动应力差异较大,列车轴重对路基动应力的影响远大于对行车速度的影响,随着路基表面动应力的增大,对路基下部结构的不利影响迅速增加,进而影响行车的安全性,所以日本等国也在研究低轴重动力分散型列车,以减少高速列车轴重的影响。为了研究列车轴重对路基结构动力响应的影响,本小节选取三种不同轴重列车荷载进行计算,得到了转向架下路基不同层位处动应力和振动速度随列车轴重的变化曲线,如图 5-76～图 5-78 所示。表 5-14 为不同轴重下路基结构不同深度的动应力和振动速度的统计结果。

表 5-14 不同轴重下路基结构动应力和振动速度统计表

深度/m	动应力/kPa			振动速度/(mm/s)		
	轴重 12 t	轴重 16 t	轴重 20 t	轴重 12 t	轴重 16 t	轴重 20 t
0.1	38.50	51.70	60.0	3.87	5.63	6.53
0.5	4.46	5.73	6.96	1.73	2.32	3.87
0.8	1.78	2.56	3.03	0.99	1.31	1.83
1.2	0.78	1.04	1.30	0.59	0.78	0.99
1.7	0.45	1.06	0.77	0.29	0.38	0.49

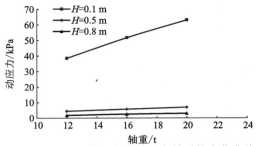

图 5-76　路基结构动应力随列车轴重的变化曲线

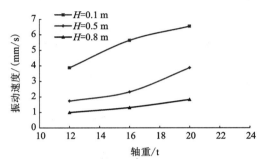

图 5-77　路基结构振动速度随列车轴重的变化曲线

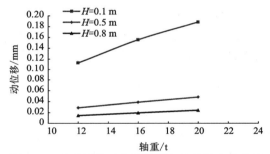

图 5-78　路基结构动位移随列车轴重的变化曲线

由图 5-76～图 5-78 可得出以下结论。

（1）路基结构动应力。列车轴重对路基结构系统的动力响应的影响较大，当列车轴重从 12 t 增至 20 t 时：0.1 m 层位处动应力从 38.5 kPa 增至 60 kPa，增幅为 55.8%；0.5 m 层位处动应力从 4.46 kPa 增至 6.96 kPa，增幅为 56.1%；0.8 m 层位处动应力从 1.78 kPa 增至 3.03 kPa，增幅为 70.2%；超过 0.8 m 后，路基结构的动应力基本维持在 1 kPa 左右，且随着路基深度的增加，路基结构的动应力增长趋势越来越缓慢。

（2）路基结构振动速度。列车轴重从 12 t 增至 20 t 时，0.1 m、0.5 m、0.8 m 层位处振动速度范围分别为 3.87～6.53 mm/s、1.73～3.87 mm/s 和 0.99～1.83 mm/s，都呈现出随列车轴重增加而增大的趋势，且随着列车轴重的增加，动应力的增长趋势更加明显。

（3）路基结构动位移。动位移随列车速度的变化规律与动应力和振动速度类似，当列车轴重从 12 t 增至 20 t 时，0.1 m 层位处动位移从 0.113 mm 增至 0.188 mm，增幅为 66.4%，0.5 m 层位处动位移从 0.029 mm 增至 0.048 mm，增幅为 65.5%，动位移的最为明显。

图 5-79～图 5-81 为不同列车轴重荷载作用下路基结构的动应力、振动速度和动位移沿深度方向的变化曲线。

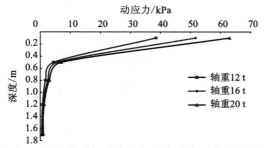

图 5-79　路基结构动应力沿深度方向的变化曲线

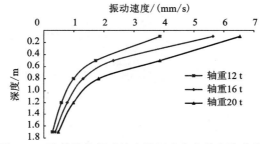

图 5-80　路基结构振动速度沿深度方向的变化曲线

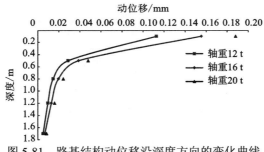

图 5-81　路基结构动位移沿深度方向的变化曲线

从图 5-79～图 5-81 可得出以下结论。

（1）路基表层 0.5 m 范围内，列车轴重对铁路路基动应力的影响明显。路基结构的动应力沿深度方向衰减速率最快，在 0.5 m 层位处已衰减 95%左右。

（2）列车轴重对路基结构振动速度的影响最大，动位移次之，列车轴重越大，路基结构产生的振动速度和动位移越大，到达 1.2 m 层位后，这种差距变小，可以忽略不计。

图 5-82～图 5-84 为不同列车轴重荷载作用下路基结构动应力、振动速度和动位移沿线路横向的变化规律。

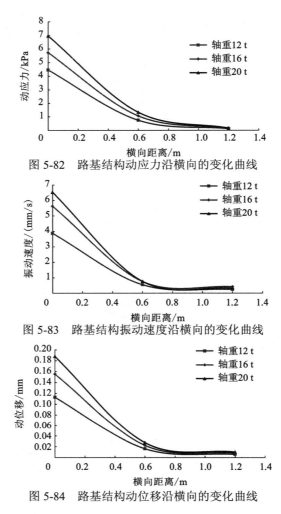

图 5-82　路基结构动应力沿横向的变化曲线

图 5-83　路基结构振动速度沿横向的变化曲线

图 5-84　路基结构动位移沿横向的变化曲线

从图 5-82～图 5-84 可以看出,路基结构各项动力参数沿横向的变化规律与沿深度方向的变化规律类似,总体衰减趋势较深度方向缓慢,其衰减的主要区域集中在离线路中心线 0～0.6 m 内,且列车轴重越大,动力参数衰减越快。各项动力参数的衰减程度有一定的差异,振动速度和动位移衰减比动应力快,当横向距离达到 0.6 m 时,路基的动力响应已经衰减 90%左右。

5.4　高铁路基灾变过程多尺度分析

5.4.1　高铁路基灾变过程多尺度分析方法

高铁路基动力响应及灾变过程的多尺度分析方法可理解为:准确把握高铁路基在受列车动荷载作用时关键的动态响应参数,并结合相关规范要求掌握能反映高铁路基结构性状的关键静态物理量,按照多方面、多角度、多评价指标的原则来评价高铁路基动力响应及灾变过程。

综合既有的研究成果，高铁路基动力响应及灾变过程的多尺度分析要做到以下几点。

（1）做好高铁路基土体物理力学性质（包括静动力学特性）的研究与评价工作。高铁路基土体物理力学性质是研究高铁路基动力稳定性的基础，它可以作为评价高铁路基质量好坏的标准，也可作为模型参数直接决定高铁路基动力响应计算结果的合理性。

（2）通过试验和模拟计算掌握高铁路基的动力响应规律及多种响应指标。通过原位激振试验、大比例模型激振试验、路基三维模拟计算等方法，并结合文献调研，获得不同状态下（无灾变和有灾变）高铁路基的动力响应规律和多种响应指标，作为评价高铁路基形状的依据。

（3）利用多种评价指标，从多方面、多角度评价高铁路基动力响应及灾变。多种指标包括动态指标和静态指标，其中动态指标包括动土压力、加速度、动应变等，静态指标指列车动荷载作用下的工后沉降。多方面、多角度评价路基动力响应和灾变过程是指：一方面，对比不同状态下（无灾变和有灾变）高铁路基的动力响应，得到"无灾变-有灾变"过程中的动力响应规律，可以从动态角度评价高铁路基的动力响应；另一方面，利用计算得到的关键动静态物理量，如动应变、工后沉降等作为评价高铁路基动力稳定性的标准，可以从静态角度评价高铁路基的状态。

5.4.2　高铁路基灾变过程数值分析方案

基于对高铁路基动力响应及灾变过程多尺度分析方法的认识可知，三维数值模拟研究是一种研究高铁路基动力响应及灾变过程的重要手段。三维数值模拟研究可以设置条件多样的计算模型，不受计算条件的限制，还可得到多种动静态指标，可较好地运用多尺度分析方法研究高铁路基动力响应和灾变过程及机理。本小节在前面室内试验的基础上，运用本书构建的高铁路基三维连续介质计算方法，研究长期列车动荷载作用下的高铁路基动力响应和灾变机理。

1. 数值模拟设计

1）分析模型

高铁黏土地基沉降数值模拟将建立与真实高铁路基形式相同的分析模型。由于高铁路基纵向方向较长，模拟计算中可将实际问题认为是平面应变问题，取路基的一个断面进行平面应变计算分析。另外，由于动力模拟计算耗时较长，如分析模型中节点、单元数量较多时，分析时间显著延长，而将实际问题转化为平面应变问题分析，可有效减少模型单元数量，有效缩短分析时间。因此，数值模拟计算取高铁路基的一个断面进行循环荷载作用下地基沉降的变形分析。

具体分析模型分为地基层、路基本体、基床底层和基床表层 4 个部分，如图 5-85 所示。其中，h_1 为地基层厚度，h_2 为路基本体厚度，h_3 为基床底层厚度，h_4 为基床表层厚度，L 为路基表面宽度，a 为路基模型向两边延伸宽度。按照高铁路基设计规范，模型中基床表层和基床底层的厚度是一定的，即 $h_3 = 2.3\,\mathrm{m}$、$h_4 = 0.7\,\mathrm{m}$。对于路基表面宽度，按照单轨路基建模，L 取 10 m。

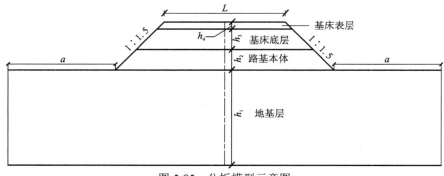

图 5-85　分析模型示意图

2）列车动荷载简化与确定

根据大量高铁路基动荷载监测成果，实际高速列车运行时的动荷载波形如图 5-86 所示，可将实际动荷载波形做如图 5-86 所示的简化，以方便进行室内动力试验及数值模拟研究。

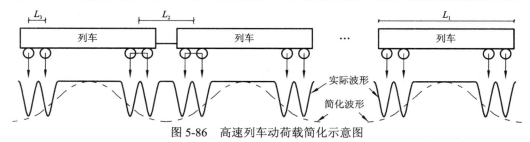

图 5-86　高速列车动荷载简化示意图

从图 5-86 可以看出，简化后的列车动荷载波形以列车车长 L_1 和转向架长度 L_2 之和为一个波长，我国 CH2 型动车组列车单节车厢长度 L_1 一般为 25 m，转向架固定轴距长度 L_3 为 2.5 m。因此，确定列车时速后即可根据式（5-19）求得列车动荷载的频率。

$$f = \frac{1}{T} = \frac{v_{车}}{L_1 + L_2 - L_3} \tag{5-19}$$

列车运行状态下，对路基造成的动荷载主要来自列车车身的重量在轨道不平顺的条件下造成的激振力，根据大量铁路动荷载监测结果，铁路路基中动荷载幅值为 20～100 kPa，但不同学者得到的结果不尽相同。中国铁道科学研究院在北京东郊环形铁道实验基地、广深线等进行了列车运行试验。通过数据分析和理论计算，提出了路基面设计动应力经验计算公式，如式（5-20）所示。本次模拟参考其成果确定动荷载幅值的大小。

$$\sigma_{d} = 0.26 p (1 + \alpha v) \tag{5-20}$$

式中：σ_{d} 为路基面设计动应力；p 为单节车厢静轴重；$1 + \alpha v$ 为冲击系数，高速铁路无缝线路 $\alpha = 0.003$，准高速铁路无缝线路 $\alpha = 0.004$。高速铁路最大的冲击系数为 1.9，即列车运行速度在 300 km/h 以内时，按式（5-20）计算，列车运行速度超过 300 km/h 时，按 300 km/h 计算。

2. 数值模拟方案

1）计算模型及边界条件

计算模型根据分析模型建立，地基厚度 h_1、路基本体厚度 h_2 等参数根据不同工况具体确定。为消除人工阶段边界对动力分析的影响，模型沿坡脚点向外延伸 10 m，即 $a=10$ m，路基坡比为 1:1.5。具体数值模拟计算模型见图 5-87。模型网格间距为 0.5 m。计算过程中在模型各层位设置了监测点，以监测其沉降、速度及动应力的状态。

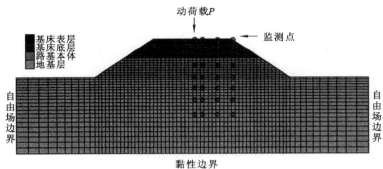

图 5-87　数值模拟计算模型

扫描封底二维码看彩图

模型在静力状态下固定左右边界的水平位移，底部位移固定，固定全部模型垂直于该平面的水平位移。静力状态主要求解路基及地基在自重状态下的应力场。

动力状态下，仍然限制模型垂直于该平面的水平位移，模型左右边界采用自由场边界，底部采用黏性边界。

2）本构模型及参数

对于高铁路基，若其土体参数达到了高铁路基规范的要求，则可发生的压缩变形量值很小，而路基顶面沉降主要由地基土体压缩造成。另外，本次计算主要研究非饱和红黏土作为高铁地基，其在动力荷载作用下可发生的沉降变形是否满足规范要求。本次数值模拟计算认为其在动荷载作用下可发生的压缩变形很微小，可忽略，所以将路基土体看作弹性体，用弹性模型模拟其动力特性。将地基土看作弹塑性模型，用改进边界面模型模拟其动力特性。具体路基本体、基床底层、基床表层和地基层的模型参数见表 5-15 和表 5-16。

表 5-15　弹性模型参数

位置	密度 ρ/（kg/m³）	弹性模量 E/MPa	泊松比 ν
路基本体	2 140	120	0.25
基床底层	2 190	160	0.22
基床表层	2 350	230	0.2

表 5-16　地基层模型参数表

压实度	初始比体积 ν/（m³/kg）	压缩指数 λ	回弹指数 κ	体积模量 K/MPa	泊松比 ν	H_0	a	b
0.8	2.61	0.21	0.024	30	0.30	20	9×10^{-4}	0.69
0.85	2.31	0.19	0.028	50	0.28	20	8×10^{-4}	0.36
0.95	1.85	0.17	0.034	90	0.25	20	7×10^{-4}	0.29

3）动荷载形式

根据上一小节的分析，可将铁路列车引起的动荷载进行适当简化，将其看作具有正弦波形式，具体波形如图 5-88 所示。

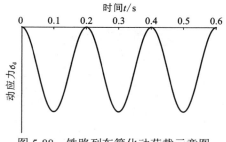

图 5-88　铁路列车简化动荷载示意图

动应力的频率 f 和幅值 σ_d 的确定以我国 CRH2A 型动车组列车为例，单节车厢长度为 25 m，转向架固定轴距为 2.5 m，车体轴重不超过 14 t，一般约为 12 t。按照上一小节列车应力的简化方法，可确定动应力的频率 f 和幅值 σ_d。

对于时速为 300 km/h 的 CRH2A 型列车，按照经验公式（5-20）确定的动应力频率为 3.5 Hz 和幅值为 60 kPa 左右。考虑实际工况条件下，列车振动荷载频率比简化后的频率高，对于一般工况，本次模拟取振动频率 f 为 5 Hz，动应力幅值 σ_d 为 60 kPa。

3. 工况设计

高铁列车动荷载与列车运营时速成正比，我国高速铁路最高运行时速为 300 km/h，因此对应的列车动荷载也是最大的。本小节重点研究 300 km/h 时速条件下重塑红黏土作为高铁地基土的适宜性。另外，本小节还设计了其他较低时速条件下的工况，方便进行对比分析。

对于土体压实度，根据高铁设计规范的要求，路基填土压实度必须达到 0.92 以上，因此，本小节主要研究压实度为 0.95 的重塑红黏土作为高铁地基土适宜性的问题。为全面分析黏土作为高铁地基土的适用性条件，还计算了压实度降低条件下的实际工况。数值模拟计算工况如表 5-17 所示。

表 5-17　数值模拟计算工况

工况	压实度	动应力/kPa	路基高度/m
1	0.80、0.85、0.95	60	4、5
2	0.95	20、40、60、80	3
3	0.95	60	3、4、5

5.4.3　高铁路基灾变过程中力学响应变化规律

1. 动应力在路基中的衰减

图 5-89 为路基高度为 3.0 m 时（路基只包含基床，没有路基本体），不同车速条件下（路基面动应力不同），路基和地基中动应力衰减曲线。图 5-90 为相同动应力（60 kPa）、

不同路基高度条件下（路基本体高度不同），路基面和地基中动应力衰减曲线。图中深度为 0 m 处表示地基面水平，深度为正值表示路基高出地基的高度，深度为负值表示地基面以下不同深度。

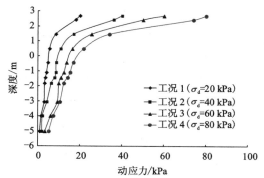

图 5-89　路基高度 3.0 m 动应力衰减曲线

不同动应力

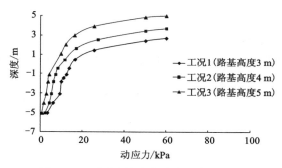

图 5-90　不同路基高度动应力衰减曲线

动应力为 60 kPa

分析图 5-89，可得以下结论。

（1）路基高度为 3 m 时（只有基床），尽管作用于路基面的动应力不同，但动应力在路基中的衰减规律是基本相同的，衰减速度较快，路基面以下约 1.3 m 的位置，动应力衰减了 50%以上。当动应力传递至地基面时，其已经衰减了约 75%。

（2）动应力在地基中的衰减速度比在路基中慢，这符合动应力沿深度的传播规律。地基面以下 5 m 处，路基面的动应力已经衰减了 95%左右，其动应力也较小，且相对列车动荷载小得多，因此可以认为，列车振动引起的动荷载在地基中的作用范围约为 5 m，发生沉降变形的地基土体集中在这个区域范围内。

分析图 5-90，可得以下结论。

（1）当动应力相同时（60 kPa），路基高度越高，动应力传递至地基面上越小。当路基高度为 3 m 时，动应力传递至地基面时，其幅值衰减了约 75%；当路基高度为 4 m 时，其幅值衰减了约 85%；而当路基高度为 5 m 时，其幅值衰减了约 90%。

（2）动应力在地基中的衰减速度较慢，路基高度越高，动应力在地基中越小。尽管路基高度越高，地基中的动应力越小，但整体上看，仍然可以认为动应力在地基中的作用深度为 0～5 m。

2. 动应力作用下路基附加沉降

1）不同动荷载作用下路基沉降

图 5-91 为路基高度一定（路基高度为 3.0 m，低路基）、不同动荷载（动应力分别为 20 kPa、40 kPa、60 kPa 和 80 kPa）作用下，高铁路基面的沉降曲线。

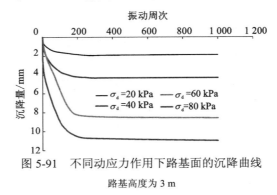

图 5-91　不同动应力作用下路基面的沉降曲线
路基高度为 3 m

分析图 5-91，可得以下结论。

（1）随着长期动荷载的作用，路基面上的累积沉降量由初期的增加较快到逐渐趋于稳定，说明在动荷载作用下，土体逐渐被压密，抵抗变形的能力逐渐提高，且由于动应力没有达到土体的临界动强度，沉降量逐渐趋于平缓。但不同的动荷载条件下，其沉降量趋于稳定的循环振次不同，随着动应力的增大，土体沉降趋于稳定所需要的振次也相应增加。

（2）动荷载逐渐增大，路基面在长期动荷载作用下的最终累积沉降值逐渐增大。当动应力为 60 kPa 和 80 kPa 时，路基面最终的累积沉降量分别达到了 8 mm 和 11 mm，此时已经不满足高铁路基设计规范对高铁路基在长期动荷载作用下所允许的变形值（允许值为不超过 5 mm）。因此在路基高度为 3.0 m 的条件下（没有路基本体），当动应力超过 40 kPa 后，列车时速超过 150 km，红黏土就已经不适合作为铁路地基填土了。

2）不同路基高度条件下路基沉降

图 5-92 为动应力为 60 kPa，即动车时速为 300 km/h 时，不同路基高度条件下，路基面在长期动荷载作用下的沉降曲线。

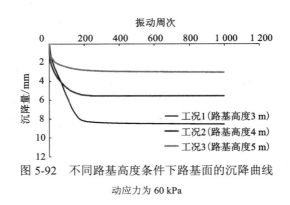

图 5-92　不同路基高度条件下路基面的沉降曲线
动应力为 60 kPa

分析图 5-92，可得以下结论。

（1）随着路基高度的增加，一方面在长期动荷载作用下，路基面累积沉降量逐渐减少，另一方面路基面达到稳定所需要的振次也逐渐减少。结合图 5-90 可知，这主要是路基高度增加后，动应力在路基中衰减较快，路基高度越高，传递至地基的动应力越小，因此累积沉降量越小。

（2）对于时速 300 km/h 的高铁路基，当路基高度超过 4 m 时（路基本体厚度超过 1 m），红黏土作为高铁地基填土就可以满足规范对长期动荷载作用下高铁路基沉降量的要求。因此，若红黏土作为高铁地基填土，则路基高度需超过 4 m，即路基本体厚度超过 1 m。

（3）提高路基高度可有效降低传递至地基土体的动应力，因而可以降低动荷载作用下地基土体发生的永久变形。

3）不同压实度条件下路基沉降

图 5-93 和图 5-94 分别为动应力为 60 kPa（对应列车时速 300 km/h）、路基高度分别为 4 m（路基本体厚度为 1 m）和 5 m（路基本体厚度为 2 m）时，不同压实度的黏土地基条件下的路基面沉降曲线。

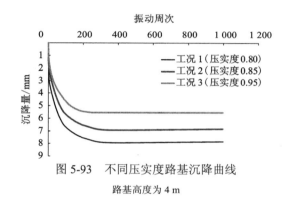

图 5-93　不同压实度路基沉降曲线

路基高度为 4 m

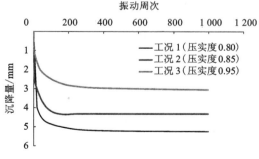

图 5-94　不同压实度路基沉降曲线

路基高度为 5 m

分析图 5-93 和图 5-94，可得以下结论。

（1）从图 5-93 可以看出，当路基本体高度为 1 m，即路基高度为 4 m 时，只有压实度为 0.95 的红黏土地基可以满足规范对动荷载作用下路基沉降的要求（沉降量约 5.0 mm），而压实度为 0.85 和 0.80 的红黏土地基均不能满足这一要求。

（2）从图 5-94 可以看出，为了降低地基在动荷载作用下的永久变形，可提高路基本体的高度。当路基本体高度为 2 m 时，即路基高度为 5 m 时，压实度为 0.80 的红黏土地基可基本满足规范的要求，而压实度为 0.85 的红黏土地基完全满足规范的要求。

（3）在压实度降低的条件下，必须通过提高路基高度的方法，才能使长期动荷载作用下路基面永久沉降满足规范的要求。

第6章 高速铁路浸水软化路基动力响应及灾变过程数值模拟

6.1 浸水软化路基动力响应及灾变过程数值模拟

6.1.1 分析模型

分析模型按照标准高铁路基形式构建，鉴于高铁路基纵向方向较长，模拟计算中可将实际问题看作平面应变问题。

此外，模拟计算的重点在于分析高铁路基动力响应规律及其变化，为减少动力模拟计算的时间，将路基表面轨道结构层简化为均布荷载作用于路基表面。对于动荷载的模拟，根据大量研究成果，将其简化为具备实际波形的动荷载施加于路基顶面。

具体分析模型分为地基层、路基本体、基床底层和基床表层 4 个部分，见图 6-1。其中，地基层厚度取 10.0 m，路基本体厚度取 3.0 m，基床底层厚度取 2.5 m，基床表层厚度取 0.5 m。

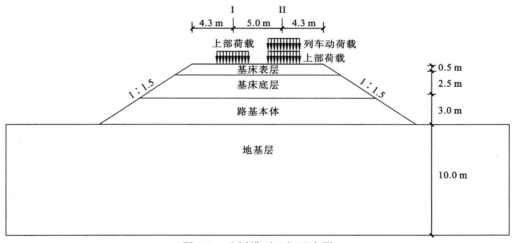

图 6-1 分析模型几何示意图

6.1.2 数值模拟方案

1. 计算模型

计算模型根据分析模型建立，如图 5-85 所示。为消除人工边界对动力分析的影响，模型沿坡脚点向外延伸 5.0 m。模型网格间距为 0.5 m。计算过程中设置了监测点，用来监测高铁路基在动荷载作用下的沉降量、振动速度、加速度及动应力状态。

2. 高铁路基力学模型及参数

首先确定正常状态下（无浸水）的高铁路基力学参数，在此基础上考虑浸水饱和对路基土体力学参数的弱化作用，将正常状态的力学参数进行折减，得到浸水饱和时高铁路基的计算参数。大量研究成果表明，在浸水饱和状态下，土体的力学参数将显著减小，不同类型土体力学参数减小的程度不同，对于孔隙率较大的土体，其力学参数折减范围为70%～80%，并且阻尼系数也成倍增加。因此浸水饱和状态下，路基土体的力学参数按80%进行折减，阻尼参数按5倍增大。另外，本次计算中还设置了初步软化和中等软化工况，其力学参数在正常工况与浸水饱和工况参数间插值得到。具体数值计算参数如表6-1所示。

表6-1　数值计算参数表

参数	基床表层	基床底层（未软化）	基床底层（初步软化）	基床底层（中等软化）	基床底层（浸水饱和）	路基本体	地基层
重度/（kg/m³）	2 200	2 200	2 200	2 200	2 200	1 800	1 700
弹性模量/MPa	200	160	112	80	32	100	80
泊松比 ν	0.31	0.33	0.35	0.38	0.42	0.33	0.32
黏聚力/kPa	80.0	81.0	56.7	40.5	16.2	25.0	25.0
内摩擦角/（°）	40	23	16.1	11.5	5	22	22
阻尼比（正常）/%	5	5	12.5	18	25	10	15

3. 工况设计

为研究浸水造成的软化层对高铁路基动力响应的影响，本小节分别从软化程度、软化层深度、厚度等角度设计了27个工况，详细研究软化层变化下高铁路基动力响应的变化规律。

软化层深度表示软化层顶面距离路基顶面的深度。根据大量高铁路基动力响应研究成果，高速列车动荷载在路基中的传递深度是有限的，集中在0～5.0 m，特别是0～2.0 m，且考虑软化层厚度条件，本小节分别设计了软化层深度0.5 m、1.0 m和1.5 m三种条件的工况。

对于软化层厚度的研究，根据高速列车动荷载的影响范围，本小节分别设计了0.5 m、1.0 m和2.0 m三种条件的工况。具体工况见表6-2～表6-4。

表6-2　计算工况1参数及浸水状态

工况序号	软化层深度/m	软化层厚度/m	动应力条件（幅值/频率）	浸水状态
1-1		0.5		
1-2	0.5	1.0		
1-3		2.0		
1-4		0.5		
1-5	1.0	1.0	60 kPa/26 Hz	初步软化
1-6		2.0		
1-7		0.5		
1-8	1.5	1.0		
1-9		2.0		

表 6-3　计算工况 2 参数及浸水状态

工况序号	软化层深度/m	软化层厚度/m	动应力条件（幅值/频率）	浸水状态
2-1		0.5		
2-2	0.5	1.0		
2-3		2.0		
2-4		0.5		
2-5	1.0	1.0	60 kPa/26 Hz	中等软化
2-6		2.0		
2-7		0.5		
2-8	1.5	1.0		
2-9		2.0		

表 6-4　计算工况 3 参数及浸水状态

工况序号	软化层深度/m	软化层厚度/m	动应力条件（幅值/频率）	浸水状态
3-1		0.5		
3-2	0.5	1.0		
3-3		2.0		
3-4		0.5		
3-5	1.0	1.0	60 kPa/26 Hz	浸水饱和
3-6		2.0		
3-7		0.5		
3-8	1.5	1.0		
3-9		2.0		

6.2　浸水软化路基动应力响应规律及变化

6.2.1　正常路基动应力衰减规律

图 6-2 为正常工况条件下高铁路基动应力衰减曲线。分析图 6-3，可以得出以下结论。

（1）动应力在正常路基中的影响深度为 4～5 m，动应力在浅部（1.5 m 范围内）的衰减略快，呈直线衰减趋势，在 0.5 m 处动应力衰减了约 20%，在 1.0 m 处动应力衰减了约 40%，而 1.5 m 处动应力衰减了约 60%。

（2）当路基深度超过 1.5 m 时，动应力的衰减速度较浅部（1.5 m 范围内）有所减缓，动应力在 2.0 m 处衰减了约 70%，在 2.5 m 处衰减了约 80%，在 3.0 m 处衰减了约 85%，这种衰减规律增加了动应力在路基中的影响深度。

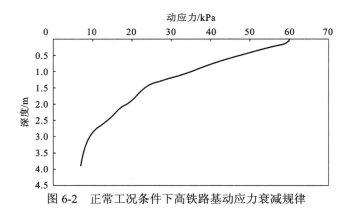

图 6-2　正常工况条件下高铁路基动应力衰减规律

6.2.2　不同软化厚度下路基动应力衰减及变化规律

图 6-3~图 6-5 分别为相同软化程度、软化层深度，不同软化层厚度条件下，高速列车动荷载作用下路基动应力衰减曲线。

分析图 6-3~图 6-5，可得以下结论。

（1）在没有发生浸水软化的区域内，浸水路基动应力与未浸水工况的动应力基本相同，但是从浸水软化层表面开始，随着浸水软化深度的增加，浸水路基动应力衰减较为迅速。

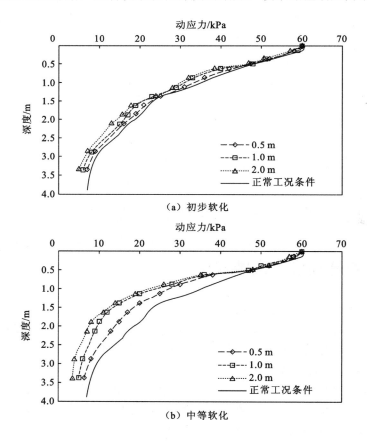

（a）初步软化

（b）中等软化

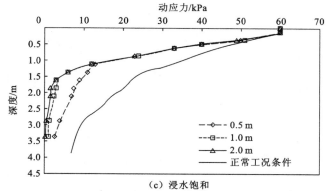

（c）浸水饱和

图 6-3　相同软化程度、不同软化层厚度下路基动应力衰减曲线

软化层深度为 0.5 m

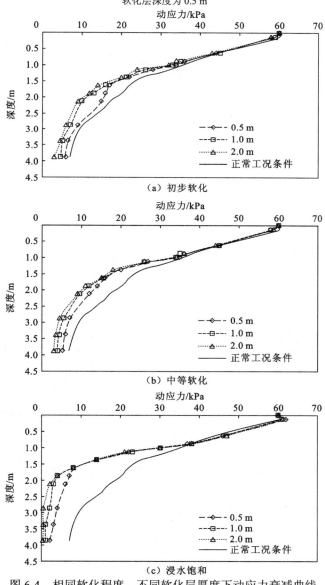

（a）初步软化

（b）中等软化

（c）浸水饱和

图 6-4　相同软化程度、不同软化层厚度下动应力衰减曲线

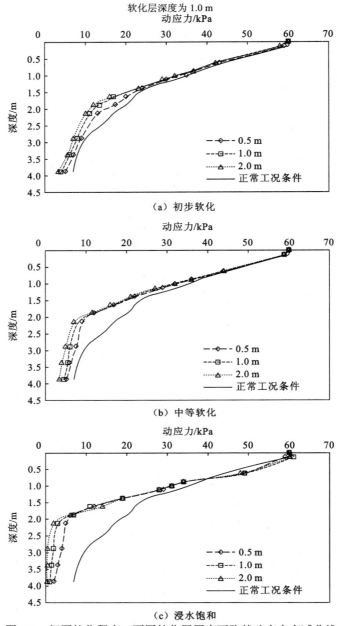

（a）初步软化

（b）中等软化

（c）浸水饱和

图 6-5　相同软化程度、不同软化层厚度下路基动应力衰减曲线

软化层深度为 1.5 m

（2）软化程度和软化层深度相同时，在不同软化层厚度条件下，浸水路基动应力衰减规律与加速度衰减规律一致。

（3）横向对比软化层厚度为 0.5 m、1.0 m 和 2.0 m 的三条动应力衰减曲线规律，与加速度衰减曲线规律一致。

6.2.3 不同软化层深度下路基动应力衰减及变化规律

图 6-6～图 6-8 分别为相同软化程度、软化层厚度，不同软化层深度条件下，高速列车动荷载作用下路基动应力衰减曲线。

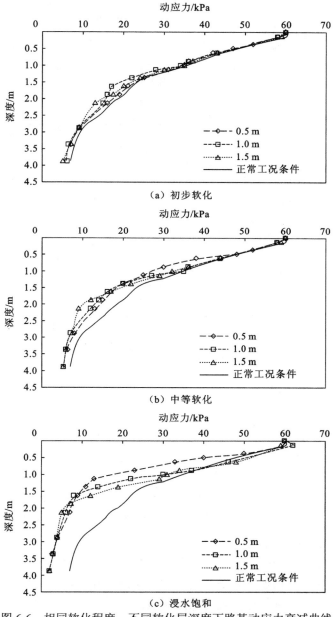

（a）初步软化

（b）中等软化

（c）浸水饱和

图 6-6　相同软化程度、不同软化层深度下路基动应力衰减曲线

软化层厚度为 0.5 m

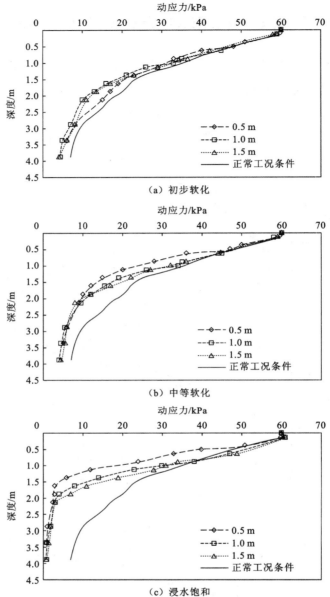

图 6-7　相同软化程度、不同软化层深度下路基动应力衰减曲线
软化层厚度为 1.0 m

分析图 6-6～图 6-8，可得以下结论。

（1）当软化层深度不同时，可以明显看出，3 种工况的曲线在深度方向上是分开的，说明浸水路基中动应力的迅速衰减是从浸水软化层顶面开始，特别是在软化程度较大（如浸水饱和）的情况下，这种规律表现得更加明显。

（2）比较不同的软化层深度工况可以看出，尽管浸水软化层厚度相同，但是动应力在软化层中的衰减速度很快，对于不同的软化层深度的工况，动应力的衰减范围并不相同，软化层深度越大，动应力的衰减范围越小，图中表现为当深度为 2.0 m 或者 2.5 m 时，不同浸水深度工况的动应力衰减曲线集中在一起。

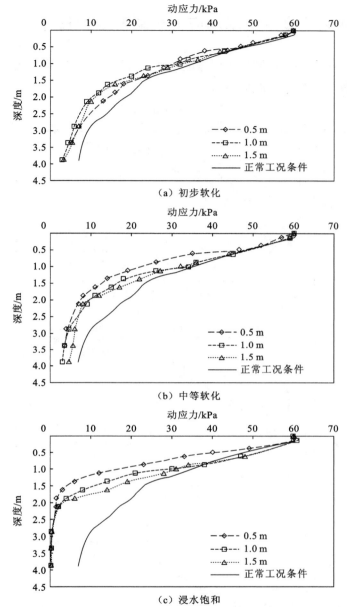

图 6-8 相同软化程度、不同软化层深度下路基动应力衰减曲线
软化层厚度为 2.0 m

（3）相同软化程度、相同软化厚度条件下，对比不同软化深度的 3 条动应力衰减曲线可以看出，软化深度为 1.0 m 和 1.5 m 的两条曲线较深度为 0.5 m 和 1.0 m 的两条曲线靠得更近，这主要是软化深度增大时，动应力已经衰减了一定程度，此时尽管在软化层中的衰减速度更快，但量值已经较小，衰减范围也较小，因此，后两条曲线靠得更近。

6.2.4 不同软化程度下路基动应力衰减及变化规律

图 6-9～图 6-11 分别为相同软化层深度、软化层厚度，不同软化程度条件下，高速列车动荷载作用下路基动应力衰减曲线。

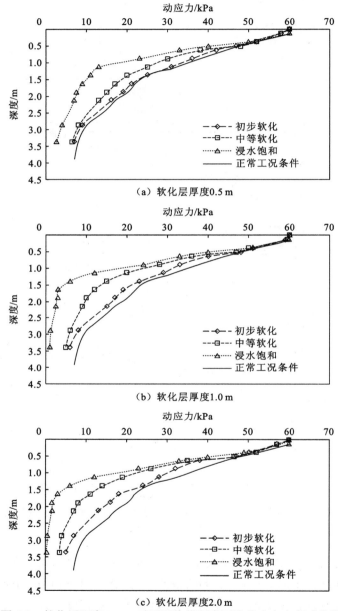

（a）软化层厚度0.5 m

（b）软化层厚度1.0 m

（c）软化层厚度2.0 m

图 6-9　软化层深度 0.5 m 时不同软化程度下路基动应力衰减曲线

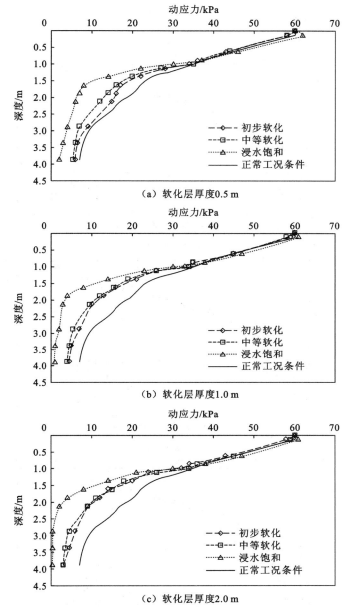

图 6-10　软化层深度 1.0 m 时不同软化程度下路基动应力衰减曲线

分析图 6-9～图 6-11，可得以下结论。

（1）当浸水路基软化程度不同时，对比相同软化厚度和软化层深度的动应力衰减曲线可以发现，无论浸水路基软化程度如何，路基中动应力迅速衰减都是从软化层顶面开始的。

（2）当浸水软化程度越大时，相同软化厚度和软化层深度条件下，浸水路基中动应力衰减速度越快，衰减程度越高，说明浸水软化程度对动应力的衰减影响显著，路基越软，动应力的衰减越快，其影响范围越小。

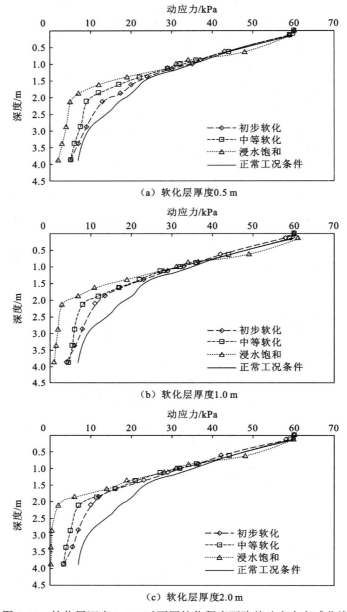

图 6-11　软化层深度 1.5 m 时不同软化程度下路基动应力衰减曲线

6.2.5　浸水软化路基动应力衰减程度

　　表 6-5 为不同浸水软化条件下路基中不同层位的动应力较正常工况的衰减率。表 6-5 中不同的工况编号对应了不同的软化条件，用双线将数据划分为 9 个子块。

表 6-5 不同软化工况下路基中不同层位的动应力较正常工况衰减率　　　（单位：%）

深度/m	工况 1-1	工况 1-2	工况 1-3	工况 1-4	工况 1-5	工况 1-6	工况 1-7	工况 1-8	工况 1-9
0	0	0	0	0	0	0	0	0	0
0.625	4.55	9.09	13.64	2.27	2.27	2.27	2.27	4.55	4.55
1.125	4.13	9.38	12.50	12.50	18.75	25.00	6.25	9.38	9.38
1.625	4.55	13.64	18.18	22.73	27.27	36.36	9.09	22.73	27.27
2.125	5.88	11.76	23.53	11.76	41.18	47.06	23.53	35.29	41.18
3.375	12.50	25.00	37.50	18.75	37.50	43.75	12.50	25.00	31.25
深度/m	工况 2-1	工况 2-2	工况 2-3	工况 2-4	工况 2-5	工况 2-6	工况 2-7	工况 2-8	工况 2-9
0	0	0	0	0	0	0	0	0	0
0.625	13.64	18.18	20.45	0	2.27	2.27	0	0	0
1.125	21.88	37.50	40.63	15.63	18.75	18.75	9.38	15.63	15.63
1.625	22.73	45.45	50.00	27.27	29.55	31.82	22.73	22.73	27.27
2.125	23.53	47.06	58.82	29.41	44.12	47.06	47.06	52.94	58.82
3.375	20.00	37.50	56.25	25.00	43.75	56.25	25.00	31.25	50.00
深度/m	工况 3-1	工况 3-2	工况 3-3	工况 3-4	工况 3-5	工况 3-6	工况 3-7	工况 3-8	工况 3-9
0	0	0	0	0	0	0	0	0	0
0.625	25.00	25.00	25.00	31.82	31.82	31.82	29.55	−38.64	−9.09
1.125	59.38	62.50	62.50	56.25	56.25	56.25	40.63	−6.25	12.50
1.625	59.09	86.36	86.36	68.18	81.82	81.82	68.18	−27.27	36.36
2.125	58.82	85.29	90.59	76.47	88.24	97.65	76.47	35.29	88.24
3.375	67.50	87.50	96.25	75.00	87.50	96.25	75.00	62.50	96.25

根据前述工况编号的意义，数据遵循以下规则比较。

（1）表中不同的子块可以比较相同软化程度和软化深度、不同软化厚度条件下动应力的衰减率，例如比较表中工况 1-1、1-2 和 1-3 的数据可以了解初步软化、软化层深度为 0.5 m 条件下，不同软化厚度时，动应力的衰减率变化；比较表中工况 2-4、2-5、2-6 的数据可以了解中等软化、软化深度为 1.0 m 条件下，不同软化厚度时，动应力的衰减率变化。

（2）横向比较 3 个子块的数据，可以比较相同软化程度和软化厚度、不同软化层深度条件下动应力的衰减率。例如，横向比较工况 1-1、1-4、1-7 的数据，可以了解初步软化、软化厚度为 0.5 m 条件下，不同软化层深度时，动应力的衰减率变化；横向比较工况 1-2、1-5、1-8 的数据，可以了解初步软化，软化厚度为 1.0 m 条件下，不同软化层深度时，动应力的衰减率变化。

（3）竖向比较 3 个子块的数据，可以比较相同软化深度和厚度、不同软化程度条件下动应力的衰减率。例如，竖向比较工况 1-1、2-1、3-1 的数据，可以了解软化层深度 0.5 m、软化厚度 0.5 m 条件下，不同软化程度时，动应力衰减率的变化；竖向比较工况 1-4、2-4、3-4 的数据，可以了解软化层深度 1.0 m、软化厚度 0.5 m 条件下，不同软化程度时，动应力衰减率的变化。

分析表 6-5 的数据，可得以下结论。

（1）在相同软化程度和深度、不同的软化厚度条件下，软化厚度越大，路基中相同层位的动应力幅值减小得越快，衰减率较正常工况下越大。例如，比较工况 1-1、1-2、1-3 的数据，在深度为 0.625 m 时，路基中的动应力衰减率分别为 4.55%、9.09% 和 13.64%；再如，比较工况 1-7、1-8、1-9 的数据，在深度为 2.125 m 时，路基中动应力衰减率分别为 23.53%、35.29%、41.18%。

（2）在相同软化程度和厚度、不同软化层深度条件下，软化层深度越大，路基中相同层位的动应力减小得越慢，衰减率较正常工况越小。例如，比较工况 2-2、2-5、2-8 的数据，在深度为 1.125 m 时，路基中动应力衰减率分别为 37.5%、18.75% 和 15.63%；再如，比较工况 2-3、2-6、2-9 的数据，当深度为 1.625 m 时，路基中动应力衰减率分别为 50.00%、31.82% 和 27.27%。

（3）在相同软化深度和厚度、不同软化程度条件下，路基软化程度越高，路基中相同层位的动应力减小得越快，衰减率较正常工况越大。例如，比较工况 1-1、2-1、3-1 的数据，当深度为 1.125 m 时，路基中动应力衰减率分别为 4.13%、21.88% 和 59.38%；再如，比较工况 1-4、2-4、3-4 的数据，当深度为 1.125 m 时，路基中动应力减小量分别为 12.50%、15.63% 和 56.25%。

（4）从软化工况条件下不同层位动应力较正常工况的衰减率数据分析可知，这些数据的变化很好地反映了动应力的衰减变化规律。

6.3 浸水软化路基加速度响应规律及变化

6.3.1 正常路基加速度衰减规律

图 6-12 为正常工况条件下高铁路基加速度衰减曲线。分析图 6-12，可以得出以下结论。

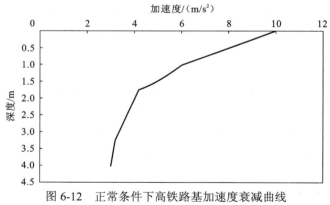

图 6-12 正常条件下高铁路基加速度衰减曲线

（1）加速度在正常路基中的传递深度将超过 5.0 m，加速度在浅部（1.5 m 范围内）的衰减略快，呈直线衰减趋势，在 0.5 m 处加速度衰减了约 20%，在 1.0 m 处加速度衰减了约 40%，而 1.5 m 处加速度衰减了约 50%。

（2）当路基深度超过 1.5 m 时，加速度的衰减速度较浅部（1.5 m 范围）有所减缓，加速度在 2.0 m 处衰减了约 60%，在 2.5 m 处衰减了约 55%，在 3.0 m 处衰减了约 57%。加速度在路基深部的衰减速度比动应力慢，这也是加速度在正常路基中传递深度超过动应力的原因。

6.3.2 不同软化厚度下路基加速度衰减及变化规律

图 6-13～图 6-15 分别为相同软化程度、软化层深度，不同软化层厚度条件下，高速列车动荷载作用下路基加速度衰减曲线。

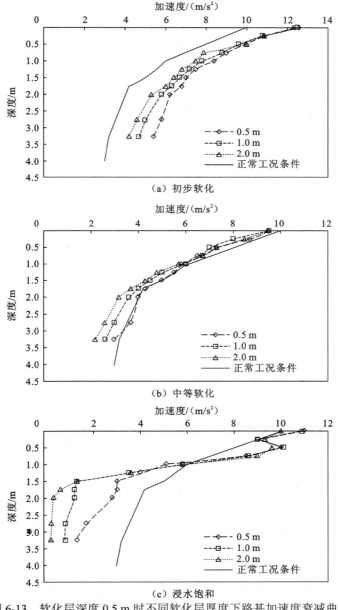

图 6-13 软化层深度 0.5 m 时不同软化层厚度下路基加速度衰减曲线

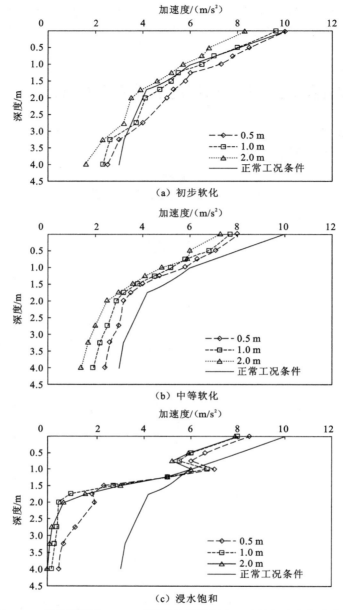

图 6-14　软化层深度 1.0 m 时不同软化层厚度下路基加速度衰减曲线

分析图 6-13～图 6-15，可得出以下结论。

（1）与动应力的衰减规律相似，由于浸水软化的作用，加速度在浸水软化层内的衰减速度比其他层快，且加速度迅速衰减的起点在软化层表面。图中表现为自软化层顶面开始，加速度的衰减曲线斜率比浅部未浸水软化层大，这种规律在软化程度较大时（浸水饱和）体现得更加明显。

（2）软化程度和软化层深度相同时，在不同软化层厚度条件下，浸水路基中的加速度衰减规律是基本一致的，但是衰减率不同，可以看出，软化层越厚，加速度的衰减率越大。

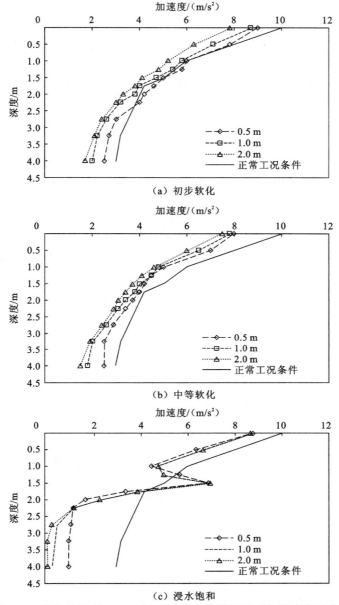

图 6-15　软化层深度 1.5 m 时不同软化层厚度下路基加速度衰减曲线

（3）横向对比软化层厚度为 0.5 m、1.0 m 和 2.0 m 的三条加速度衰减曲线可以看出，软化层厚度 0.5 m 的曲线与 1.0 m 的曲线之间的差别比 1.0 m 的曲线与 2.0 m 的曲线之间的差别大，这主要是因为加速度在软化层中衰减速度较快，软化层厚度超过 0.5 m 后，加速度已经衰减较多，软化层继续加厚，加速度的衰减作用已不甚明显。

6.3.3　不同软化层深度下路基加速度衰减及变化规律

图 6-16～图 6-18 分别为相同软化程度、软化层厚度，不同软化层深度条件下，高速列车动荷载作用下路基加速度衰减曲线。

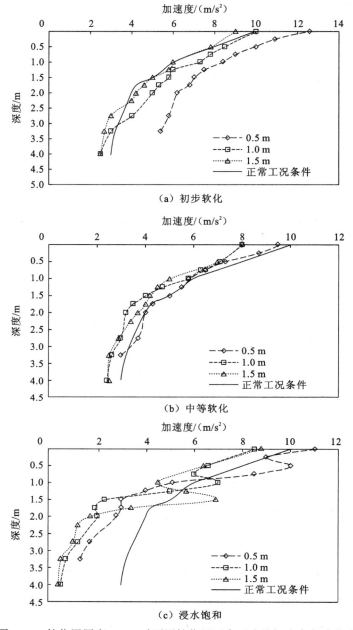

图 6-16　软化层厚度 0.5 m 时不同软化层深度下路基加速度衰减曲线

分析图 6-16～图 6-18，可得出以下结论。

（1）当软化层厚度相同、软化程度较小时（初步软化和中等软化工况），软化深度越小，浸水软化路基中的加速度越大，图中表现为深度为 0.5 m、1.0 m 和 2.0 m 的三条加速度衰减曲线从右向左排开。但是，当软化程度较大（浸水饱和）时，软化层与软化层之间界面上有一个加速度突然增大点，而加速度在软化层中衰减迅速，导致在软化层中加速度衰减曲线的排列顺序是相反的。

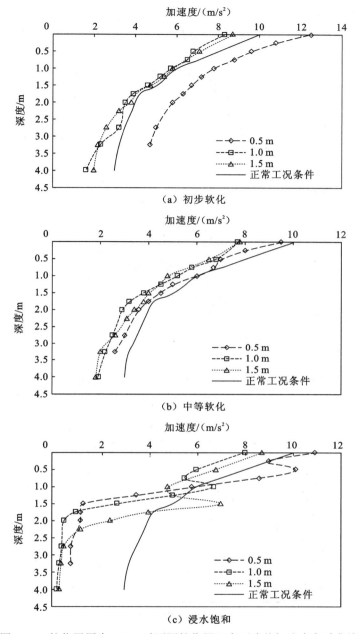

图 6-17 软化层厚度 1.0 m 时不同软化层深度下路基加速度衰减曲线

（2）当软化层厚度和软化程度相同时，浸水软化路基中加速度迅速衰减的起点位于浸水软化层的顶面，尽管这一规律在软化程度较小的工况中表现得不甚明显，但当软化程度较高（浸水饱和的工况）时，这一规律就凸显出来，图中表现为软化层中加速度的衰减曲线斜率增大。

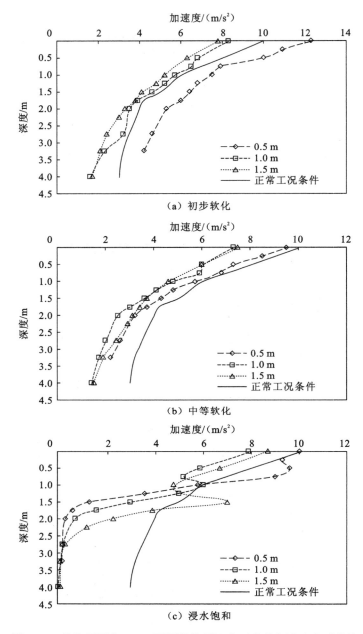

图 6-18　软化层厚度 2.0 m 不同软化层深度下路基加速度衰减曲线

6.3.4　不同软化程度下路基加速度衰减及变化规律

图 6-19～图 6-21 为相同软化深度、软化层厚度，不同软化程度条件下，高铁列车动荷载作用下路基中的加速度衰减曲线。

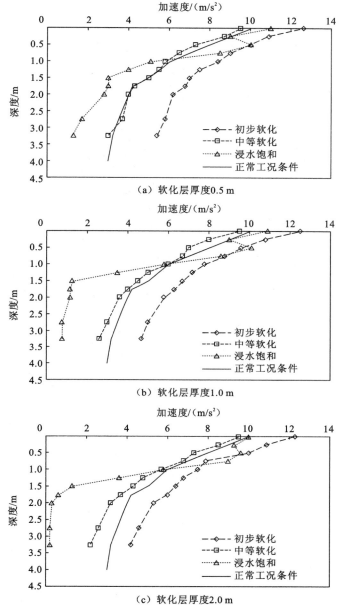

图 6-19　软化层深度 0.5 m 时不同软化程度下路基加速度衰减曲线

分析图 6-19～图 6-21，可得以下结论。

（1）当软化程度较低（初步软化）、软化层深度较小时，浸水路基中加速度有一定的放大效应，图中表现为初步软化的加速度衰减曲线在正常工况条件加速度衰减曲线的右侧。但是，当软化程度提高时（中等软化和浸水饱和），加速度衰减曲线向左平移至正常工况条件加速度衰减曲线的左侧。这主要是因为当软化程度较低时，软化层对振动更加敏感，在动荷载作用下振动会加剧，加速度不会衰减得太快，所以当软化程度较低时（初步软化），加速度表现出放大效应。但是，当软化程度提高时，由于软化层软弱，加速度在软化层中衰减迅速，进而导致加速度整体比正常工况衰减率小。

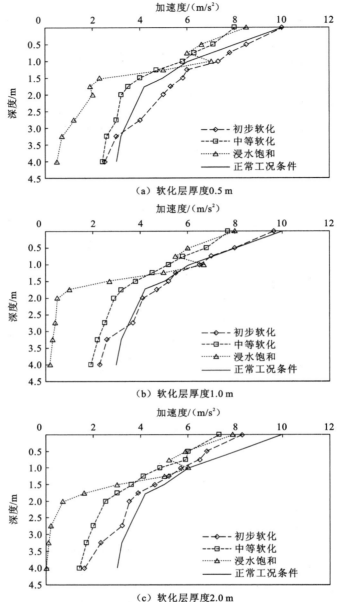

（a）软化层厚度0.5 m

（b）软化层厚度1.0 m

（c）软化层厚度2.0 m

图6-20　软化层深度 1.0 m 时不同软化程度下路基加速度衰减曲线

　　（2）当软化程度提高时（浸水饱和），可以看出，在未软化层和浸水软化层交界面上出现了加速度突然增大的效应，这主要是由于上下两层填料之间存在较大的刚度差异，动荷载产生的振动剪切波在交界面处发生了较强的反射效应，在入射波和反射波的叠加作用下，交界面处的加速度出现了突然增大的现象。

　　（3）当软化程度提高时，加速度在软化层中的衰减速率不断加快，说明土体越软，加速度的传递范围越小，这主要是因为软弱层中的软化程度越大，其吸收能量的作用越强，当动荷载的振动能量被表层软土吸收后就难以传递至更深处的路基。

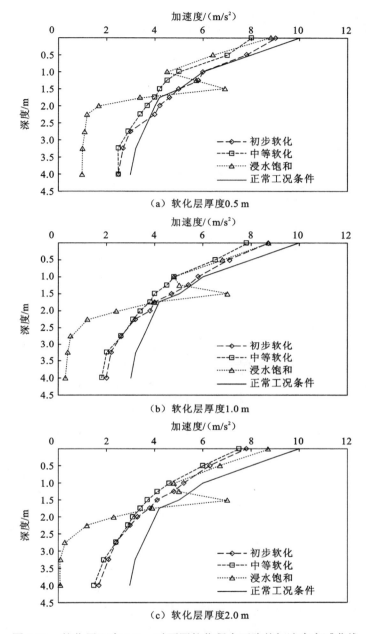

图 6-21 软化层深度 1.5 m 时不同软化程度下路基加速度衰减曲线

6.3.5 浸水软化路基加速度衰减程度

表 6-6 为不同浸水软化条件下路基中不同层位的加速度较正常工况的衰减率,表中不同的工况编号对应了不同的软化条件。

表 6-6　不同软化工况下路基中不同层位加速度较正常工况的衰减率　　（单位：%）

深度/m	工况 1-1	工况 1-2	工况 1-3	工况 1-4	工况 1-5	工况 1-6	工况 1-7	工况 1-8	工况 1-9
0	−26.00	−25.00	−23.00	0	3.60	17.00	10.00	13.00	22.00
0.5	−25.00	−20.00	−25.00	−6.25	0	15.00	2.50	11.25	21.25
1.0	−40.00	−30.00	−25.00	−21.67	−8.33	5.00	0	3.33	13.33
1.5	−40.00	−34.00	−28.00	−16.00	−4.00	8.00	0	6.00	18.00
2.0	−55.00	−45.00	−32.50	−25.00	−2.50	12.50	2.50	5.00	17.50
3.25	−68.75	−46.88	−31.25	6.25	18.75	28.13	15.63	31.25	34.38
深度/m	工况 2-1	工况 2-2	工况 2-3	工况 2-4	工况 2-5	工况 2-6	工况 2-7	工况 2-8	工况 2-9
0	5.00	5.00	5.00	20.00	23.00	27.00	20.00	22.00	25.00
0.5	8.75	12.50	8.75	11.25	15.00	25.00	12.50	18.75	25.00
1.0	3.33	0	5.00	3.33	13.33	20.00	16.67	20.00	23.33
1.5	0	10.00	14.00	20.00	24.00	28.00	16.00	20.00	26.00
2.0	0	10.00	20.00	20.00	27.50	37.50	7.50	15.00	22.50
3.25	6.25	18.75	31.25	18.75	31.25	46.88	21.88	37.50	40.63
深度/m	工况 3-1	工况 3-2	工况 3-3	工况 3-4	工况 3-5	工况 3-6	工况 3-7	工况 3-8	工况 3-9
0	−10.00	−9.00	0	15.00	20.00	21.00	12.00	13.00	13.00
0.5	−25.00	−26.25	−20.00	17.50	25.00	26.25	20.00	15.00	16.25
1.0	15.00	23.33	33.33	−16.67	−11.67	0.00	25.00	20.00	20.00
1.5	40.00	74.00	74.00	54.00	46.00	40.00	−38.00	−40.00	−40.00
2.0	30.00	70.00	92.50	50.00	87.50	82.50	57.50	40.00	42.50
3.25	59.38	75.00	93.75	78.13	90.63	96.88	68.75	87.50	96.88

分析表 6-6 的数据，可以得出以下结论。

（1）在相同软化程度和软化层深度、不同的软化层厚度条件下，软化层厚度越大，路基中相同层位的加速度衰减得越快，衰减率较正常工况下越大。例如，比较工况 2-4、2-5、2-6 的数据，在深度为 0.5 m 时，路基中的加速度衰减率分别为 11.25%、15.00% 和 25.00%；再如，比较工况 1-7、1-8、1-9 的数据，在深度为 0.5 m 时，路基中加速度衰减率分别为 2.50%、11.25%、21.25%。同时可以看到，在路基软化程度不高且软化层深度较浅时（如工况 1-1、1-2、1-3），路基中的加速度有所增大，大于正常工况，但是随着深化软化增加后，加速度又小于正常工况。这主要是由于软化层对振动的敏感程度较高，在软化程度不高时，软化层放大了振动状态，另外，振动荷载在软硬交界面发生入射波反射，入射波和反射波叠加，造成了加速度增大。随着软化深度增加，加速度在路基中逐渐衰减，振动状态放大的作用减弱，当加速度在软化层中迅速衰减后，加速度就小于正常工况。

（2）在相同软化程度和软化层厚度、不同软化层深度条件下，软化层深度越大，路基中相同层位的加速度衰减得越快，衰减率较正常工况越大。例如，比较工况 2-2、2-5、2-8

的数据，在深度为 0.5 m 时，路基中加速度衰减率分别为 12.50%、15.00% 和 18.75%；再如，比较工况 2-3、2-6、2-9 的数据，当深度为 1.0 m 时，路基中加速度衰减率分别为 5.00%、20.00% 和 23.33%。

（3）分析相同软化程度和软化层厚度、不同软化层深度条件下加速度衰减率数据还可以发现，在软化程度较高时（浸水饱和），加速度在软硬土体交界面上有一个突然增大点，数据表现在加速度衰减率变小或者超过正常工况。例如，查看工况 3-1 数据可以发现，软化层顶面位于路基表面 0.5 m 处，路基顶面（0 m）处加速度较正常工况增大了 10%，而在深度 0.5 m 处，加速度较正常工况增大了 25%，而在 1.0 m 处加速度较正常工况减小了 15%，说明在 0.5 m 处有一个加速度增大点。再观察工况 3-2～3-9 可以得到相同的结论。这主要是软硬土体交界面处，振动荷载的入射波发生了反射，入射波和反射波叠加，增大了软硬土体交界面上的加速度。

（4）在相同软化层深度和厚度、不同软化程度条件下，路基软化程度越高，路基中相同层位的加速度减小越快，衰减率较正常工况越大。例如，比较工况 1-6、2-6、3-6 的数据，当深度为 1.5 m 时，路基中加速度衰减率分别为 8.00%、28.00% 和 40.00%；再如，比较工况 1-8、2-8、3-8 的数据，当深度为 2.0 m 时，路基中加速度衰减率分别为 5.00%、15.00% 和 40.00%。

（5）从软化工况条件下不同层位加速度较正常工况的衰减率数据分析可知，这些数据的变化很好地反映了加速度的衰减变化规律。

6.4 浸水软化路基振动速度响应规律及变化

6.4.1 正常路基振动速度衰减规律

图 6-22 为正常工况条件下高铁路基振动速度衰减曲线。分析图 6-22，可以得出以下结论。

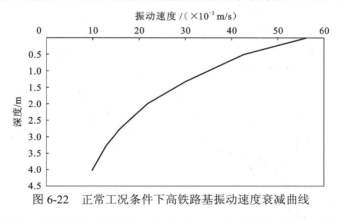

图 6-22　正常工况条件下高铁路基振动速度衰减曲线

（1）振动速度在正常路基中的传递深度约为 5.0 m，与加速度衰减曲线相比，振动速度不仅在路基浅部（1.5 m 范围）衰减得较快，在路基深度的衰减速度仍然较快。但与动应力相比，振动速度衰减得要慢一些，这也是振动速度传递深度超过动应力的原因。

（2）振动速度在浅部（1.5 m 范围内）的衰减得较快，呈直线衰减趋势，在深度 0.5 m

处振动速度衰减了 22%，在 1.0 m 处振动速度衰减了 36%，而在 1.5 m 处振动速度衰减了 50%。当路基深度超过 1.5 m 时，振动速度的衰减速度较浅部（1.5 m 范围）略有减缓，振动速度呈向左凸出的曲线衰减，振动速度在 2.0 m 处衰减了约 60%，在 2.5 m 处衰减了约 68%，在 3.0 m 处衰减了约 75%。

6.4.2　不同软化厚度下路基振动速度衰减及变化规律

图 6-23～图 6-25 分别为相同软化程度、软化层深度，不同软化层厚度条件下，高速列车动荷载作用下路基振动速度衰减曲线。

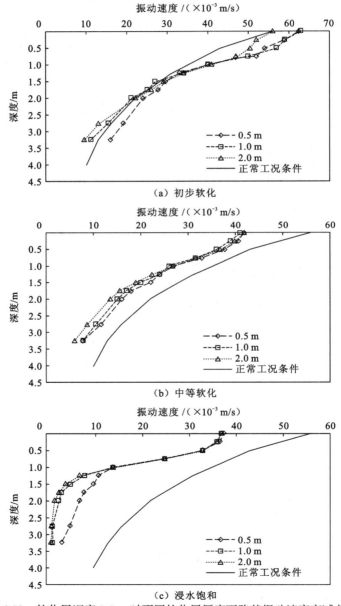

图 6-23　软化层深度 0.5 m 时不同软化层厚度下路基振动速度衰减曲线

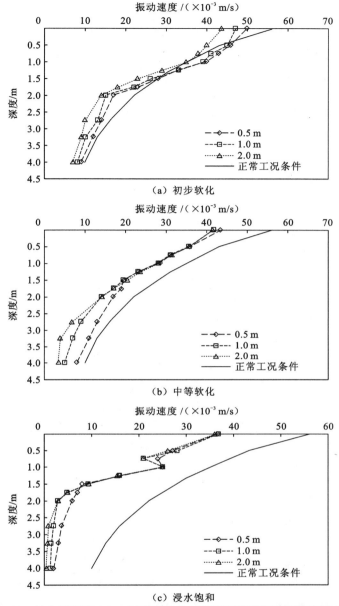

（a）初步软化

（b）中等软化

（c）浸水饱和

图 6-24　软化层深度 1.0 m 时不同软化层厚度下路基振动速度衰减曲线

分析图 6-23～图 6-25，可得出以下结论。

（1）由于浸水软化的作用，路基振动速度在浸水软化层内的衰减速度较未软化层内的快，且路基振动速度迅速衰减的起点在软化层表面，图中表现为自软化层顶面开始。路基振动速度的衰减曲线斜率较浅部未浸水软化层大，这种规律在软化层深度和软化程度较小的工况上表现得更明显（图 6-23 和图 6-24）。当软化层深度较大时（图 6-25），由于路基振动速度本身在土体中的衰减速度较快，这种规律尽管表现得不是很明显，但与正常工况相比，这种规律仍然是存在的，图中表现为软化层中路基振动速度衰减曲线偏离正常工况衰减曲线越来越远。

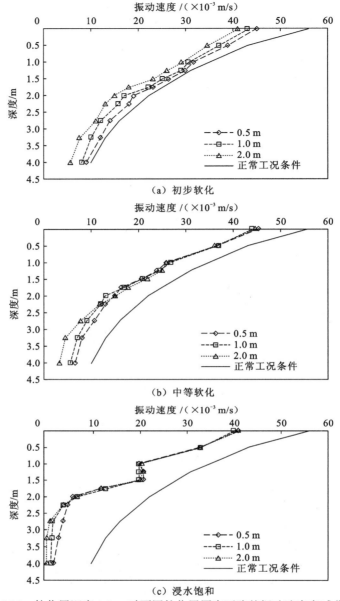

图 6-25 软化层深度 1.5 m 时不同软化层厚度下路基振动速度衰减曲线

（2）在相同的软化层深度和软化程度条件下，软化层厚度越大，路基振动速度衰减率越大，深部的路基振动速度越小，图中表现为路基深部振动速度衰减曲线之间是分开的。

（3）横向对比软化层厚度为 0.5 m、1.0 m 和 2.0 m 的三条路基振动速度衰减曲线可以看出，软化层厚度 0.5 m 的曲线与 1.0 m 的曲线之间的差别比 1.0 m 的曲线与 2.0 m 的曲线之间的差别大，这主要是因为路基振动速度在软化层中衰减速度较快，软化层厚度超过 0.5 m 后，路基振动速度已经衰减较多，软化层继续加厚，路基振动速度的衰减作用已不甚明显。

6.4.3 不同软化层深度下路基振动速度衰减及变化规律

图 6-26～图 6-28 分别为相同软化程度、软化层厚度，不同软化层深度条件下，高速列车动荷载作用下路基振动速度衰减曲线。

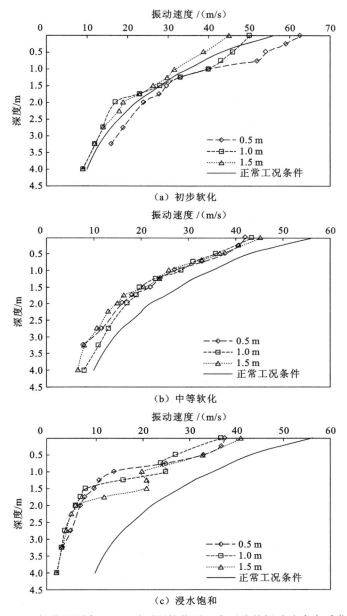

（a）初步软化

（b）中等软化

（c）浸水饱和

图 6-26　软化层厚度 0.5 m 时不同软化层深度下路基振动速度衰减曲线

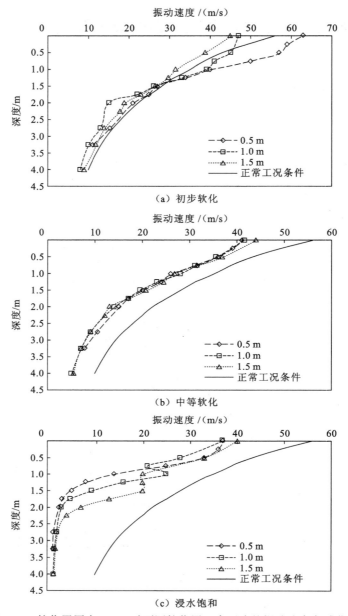

图 6-27　软化层厚度 1.0 m 时不同软化层深度下路基振动速度衰减曲线

分析图 6-26～图 6-28，可得出以下结论。

（1）当软化层厚度相同、软化程度较小时（初步软化），软化层深度越小，浸水软化路基中的振动速度越大，图中表现为深度为 0.5 m、1.0 m 和 2.0 m 的三条振动速度次速度衰减曲线从右向左排开[图 6-26～图 6-28（a）]。但是，在软化程度提高时[图 6-26～图 6-28（b）]，由于阻尼对振动能量的吸收作用，不同软化层深度的路基振动速度衰减曲线之间的差别并不明显。当软化程度继续提高（浸水饱和），如图 6-26～图 6-28（c）所示，未软化层与软化层之间界面上存在一个振动速度突然增大点，而振动速度在软化层中衰减迅速，导致软化层中振动速度衰减曲线的排列顺序是相反的。

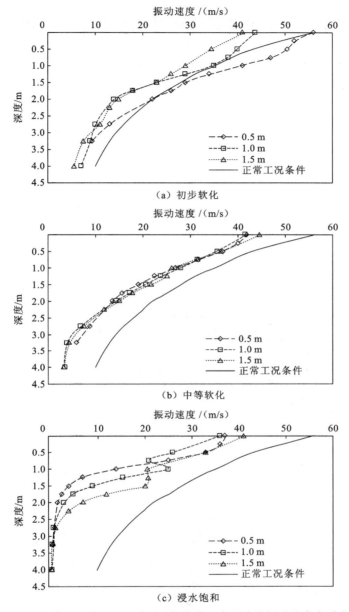

图 6-28 软化层厚度 2.0 m 时不同软化层深度下路基振动速度衰减曲线

（2）在软化程度较大时（浸水饱和），如图 6-26～图 6-28（c）所示，软化深度为 1.0 m 和 1.5 m 的路基振动速度衰减曲线在未软化层和软化层的交界面上出现了突然增大点，主要是由于软硬土体交界面上，动荷载产生的剪切波发生了反射，入射波和反射波叠加，造成了交界面上振动速度突然增大。而且，软化层深度较大时，振动速度已经衰减了很多，此时，反射波和入射波的叠加效应就凸显出来。0.5 m 的振动速度衰减曲线没有出现这一规律，但是曲线上出现了曲率较大的部分，说明软化层深度较浅时，振动速度还较大，振动速度在软硬土体交界面上没有来得及增大，就在软化层中迅速衰减了。

6.4.4 不同软化程度下路基振动速度衰减及变化规律

图 6-29～图 6-31 分别为相同软化层深度、软化层厚度，不同软化程度条件下，高速列车动荷载作用下路基振动速度衰减曲线。

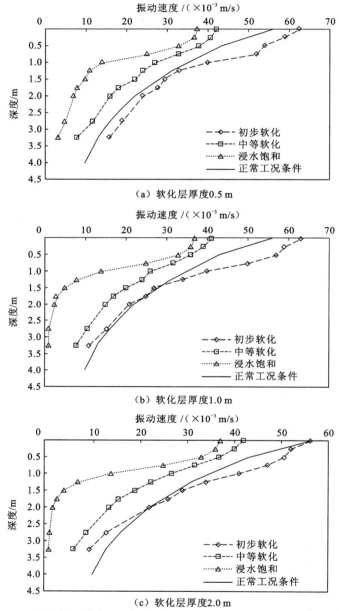

（a）软化层厚度0.5 m

（b）软化层厚度1.0 m

（c）软化层厚度2.0 m

图 6-29 软化层深度为 0.5 m 时不同软化程度下路基振动速度衰减曲线

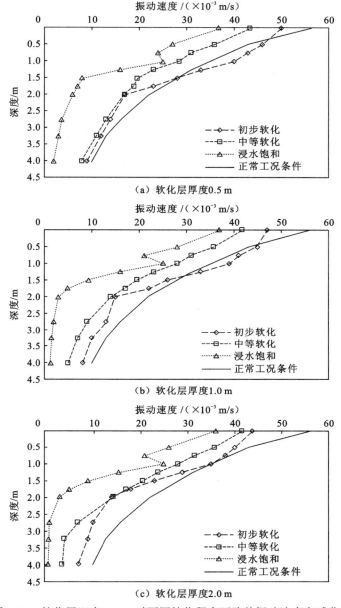

图 6-30 软化层深度 1.0 m 时不同软化程度下路基振动速度衰减曲线

分析图 6-29～图 6-31，可得出以下结论。

（1）当软化程度较小（初步软化）、软化层厚度较小时（图 6-29），浸水路基中振动速度有一定的放大效应，图中表现为软化程度为 0.5 的振动速度衰减曲线在正常工况振动衰减曲线的右侧。但是，当软化程度增大时（中等软化和浸水饱和），振动速度衰减曲线向左平移至正常工况衰减曲线的左侧。这主要是因为当软化程度较小时，软化层对振动更加敏感，在动荷载作用下振动会加剧，因此当软化程度较小时路基振动速度出现了放大的效应。但是，当软化程度提高时，由于软化层软化，路基振动速度在软化层中衰减迅速，进而导致了路基振动速度整体较正常工况衰减率小。

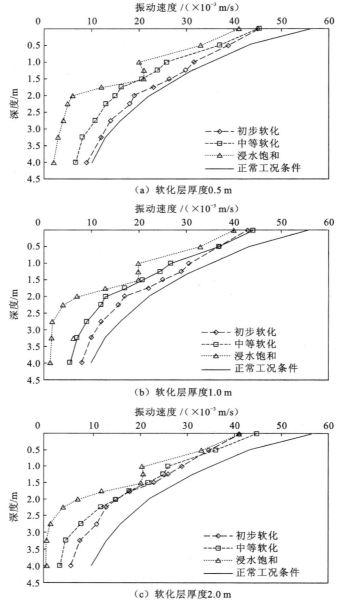

图 6-31　软化层深度 1.5 m 时不同软化程度下路基振动速度衰减曲线

（2）当软化程度提高时（软化程度从初步软化提高至浸水饱和），可以看出，在未软化层和浸水软化层交界面上出现了路基振动速度突然增大的效应，这主要是因为上下两层填料之间存在较大的刚度差异，动荷载产生的振动剪切波在软硬土体交界面处发生了较强的反射效应，在入射波和反射波的叠加作用下，交界面处的路基振动速度便出现了突然增大的现象。这种规律在软化层深度较大的工况（图 6-31）表现得更加明显。

（3）当软化程度提高时（软化程度由初步软化提高至浸水饱和），从图中可以看出，路基振动速度在软化层中的衰减速率不断加快，说明土体越软，路基振动速度的传递范围越小，这主要是因为软弱层中的阻尼越大，其吸收能量的作用越强，当动荷载的振动能量被表层软土吸收后就难以传递至更深处的路基，图中表现为软化层中的软化程度大的路基振动速度衰减曲线向左远离正常工况衰减曲线。

6.4.5 浸水软化路基振动速度衰减程度

表 6-7 为不同浸水软化条件下路基中不同层位的振动速度较正常工况的衰减率。表中不同的工况编号对应了不同的软化条件。表 6-7 中用双线将数据划分为 9 个子块。

表 6-7 不同软化工况下路基中不同层位振动速度较正常工况的衰减率 （单位：%）

深度/m	工况 1-1	工况 1-2	工况 1-3	工况 1-4	工况 1-5	工况 1-6	工况 1-7	工况 1-8	工况 1-9
0	−11.61	−12.50	0	10.71	16.07	21.96	19.64	23.21	26.79
0.5	−25.58	−32.56	−17.44	−6.98	−4.65	6.98	9.77	13.95	19.77
1.0	−14.29	−14.29	−17.14	−14.29	−11.43	7.50	9.71	12.86	17.14
1.5	−5.36	3.57	−3.57	0	7.14	17.86	5.71	10.71	17.86
2.0	−9.09	4.55	0	22.73	31.82	36.36	13.64	22.73	31.82
3.25	−23.08	14.62	27.69	7.69	23.08	30.77	7.69	23.08	42.31
深度/m	工况 2-1	工况 2-2	工况 2-3	工况 2-4	工况 2-5	工况 2-6	工况 2-7	工况 2-8	工况 2-9
0	25.00	26.79	25.18	22.50	25.54	25.89	19.11	21.43	20.36
0.5	12.09	16.28	14.42	16.51	17.21	16.98	14.19	18.19	18.28
1.0	22.86	25.71	23.43	18.57	20.00	20.00	26.29	23.43	25.71
1.5	21.43	28.57	32.14	30.00	30.36	26.79	26.43	25.71	22.14
2.0	27.27	31.82	38.18	22.73	36.36	35.00	31.82	40.91	31.82
3.25	40.77	40.00	53.85	15.38	46.15	69.23	38.46	46.15	65.38
深度/m	工况 3-1	工况 3-2	工况 3-3	工况 3-4	工况 3-5	工况 3-6	工况 3-7	工况 3-8	工况 3-9
0	33.04	33.93	33.93	34.46	34.29	35.71	26.79	28.57	26.79
0.5	23.26	23.26	23.26	37.21	34.88	39.53	23.26	23.26	23.26
1.0	60.00	60.00	60.00	28.57	28.57	28.57	42.86	42.86	41.14
1.5	64.64	82.14	85.71	71.43	66.79	67.86	25.00	28.57	27.50
2.0	68.18	88.64	92.27	72.73	86.82	86.36	72.73	68.18	68.18
3.25	75.38	90.77	93.08	76.92	88.46	94.62	76.92	86.92	96.15

分析表 6-7 的数据，可以得出以下结论。

（1）在相同软化程度和软化层深度、不同的软化层厚度条件下，软化层厚度越大，路基中相同层位的振动速度衰减得越快，衰减率较正常工况下越大。例如，比较工况 2-1、2-2、2-3 的数据，在深度为 1.5 m 时，路基振动速度衰减率分别为 21.43%、28.57% 和 32.14%；再如，比较工况 1-7、1-8、1-9 的数据，在深度为 1.0 m 时，路基中振动速度衰减率分别为 9.71%、12.86%、17.14%。

（2）在相同软化程度和软化层厚度、不同软化层深度条件下，软化层深度越大，路基中相同层位的振动速度减小得越快，衰减率较正常工况越大。例如，比较工况 2-2、2-5、2-8 的数据，在深度为 0.5 m 时，路基中振动速度衰减率分别为 16.28%、17.21% 和 18.19%；再如，比较工况 2-3、2-6、2-9 的数据，当深度为 0.5 m 时，路基中振动速度衰减率分别为 14.42%、16.98% 和 18.28%。

（3）分析相同软化程度和软化层厚度、不同软化层深度条件下路基振动速度衰减率数据还可以发现，在软化程度较高时（浸水饱和），振动速度在软硬土体交界面上有一个突然增大点，数据表现在振动速度衰减率变小或者超过正常工况。例如，查看工况 3-1 数据可以发现，软化层顶面位于路基表面 0.5 m 处，路基顶面（0 m）处振动速度较正常工况减小了 33.04%，而在 0.5 m 处，振动速度较正常工况却减小了 23.26%，而在 1.0 m 处振动速度较正常工况减小了 60.00%，说明在 0.5 m 处有一个突然增大点。再观察工况 3-2～3-9 可以得到相同的结论。这主要是因为软硬土体交界面处，振动荷载的入射波发生了反射，入射波和反射波叠加，增大了软硬土体交界面上的振动速度。

（4）在相同软化层深度和厚度、不同软化程度条件下，路基软化程度越高，路基中相同层位的振动速度减小得越快，衰减率较正常工况越大。例如，比较工况 1-2、2-2、3-2 的数据，当深度为 1.5 m 时，路基中振动速度衰减率分别为 3.57%、28.57% 和 82.14%；再如，比较工况 1-6、2-6、3-6 的数据，当深度为 1.0 m 时，路基中振动速度幅值衰减率分别为 7.50%、20.00% 和 28.57%。

（5）从软化工况条件下不同层位路基振动速度较正常工况的衰减率数据分析可知，这些数据的变化很好地反映了振动速度的衰减变化规律。

6.5 浸水软化路基动力参数频域响应规律及变化

6.5.1 路基动应力频域响应规律及变化

1. 正常工况条件下路基动应力频域响应规律及变化

图 6-33 为正常工况下路基不同深度处的动应力频域响应曲线。从图 6-33 可以看出，路基不同深度处动应力的频域响应曲线中均出现了 26 Hz 的主振频率，这与外部施加的列车动荷载频率是对应的。另外，路基不同深度处的频域峰值在减小，对应了动应力的振动减小。

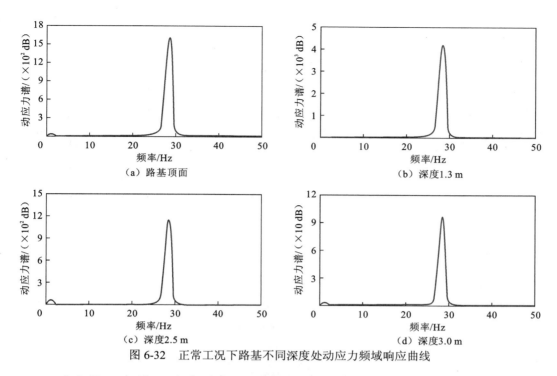

（a）路基顶面

（b）深度1.3 m

（c）深度2.5 m

（d）深度3.0 m

图 6-32　正常工况下路基不同深度处动应力频域响应曲线

2. 浸水软化条件下路基动应力频域响应规律及变化

图 6-33～图 6-41 为不同浸水软化程度条件下（初步软化、中等软化和浸水饱和）路基顶面、软化层中部及深度 3.0 m 处的动应力频域响应曲线。

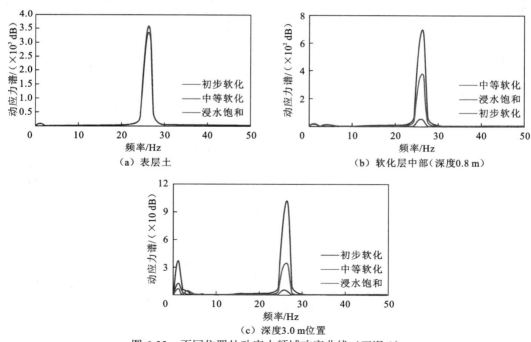

（a）表层土

（b）软化层中部（深度0.8 m）

（c）深度3.0 m位置

图 6-33　不同位置处动应力频域响应曲线（工况 1）

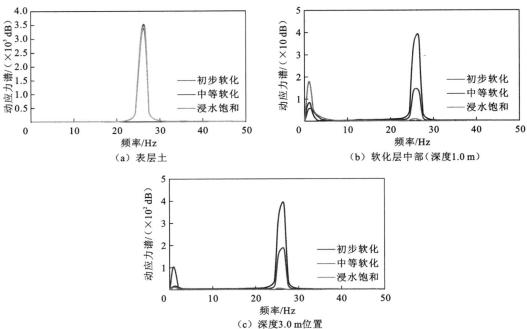

图 6-34 不同位置处动应力频域响应曲线（工况 2）

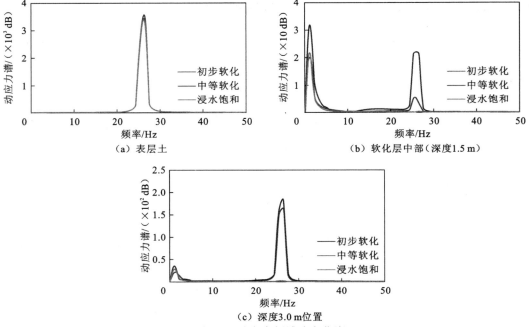

图 6-35 不同位置处动应力频域响应曲线（工况 3）

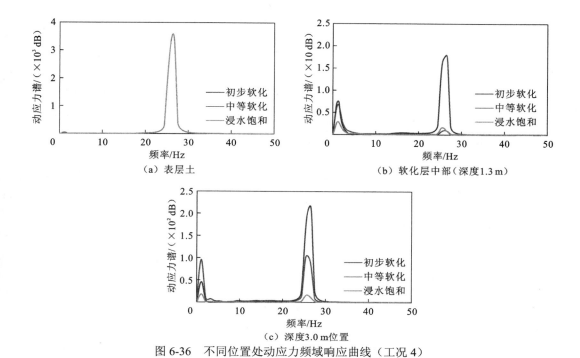

（a）表层土　　　　　　　　　　（b）软化层中部（深度1.3 m）

（c）深度3.0 m位置

图 6-36　不同位置处动应力频域响应曲线（工况 4）

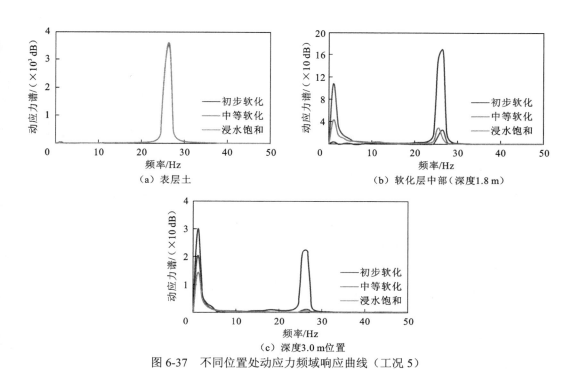

（a）表层土　　　　　　　　　　（b）软化层中部（深度1.8 m）

（c）深度3.0 m位置

图 6-37　不同位置处动应力频域响应曲线（工况 5）

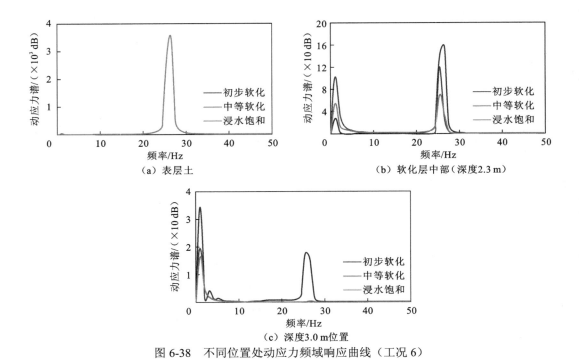

图 6-38　不同位置处动应力频域响应曲线（工况 6）

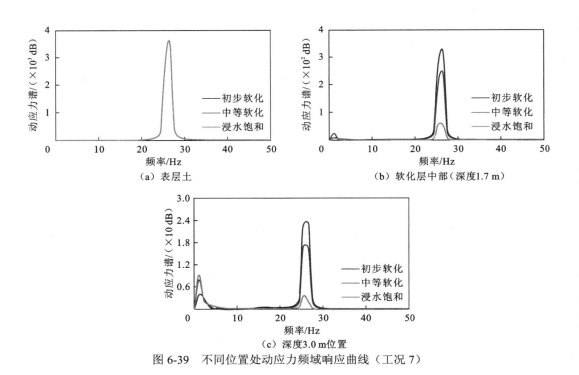

图 6-39　不同位置处动应力频域响应曲线（工况 7）

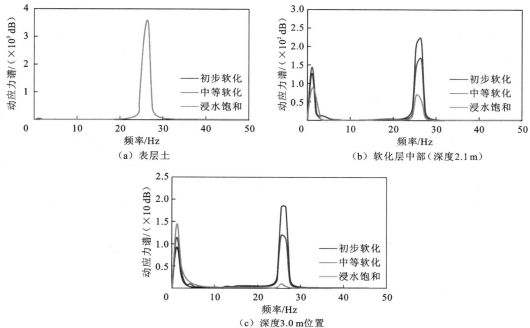

（a）表层土   （b）软化层中部（深度2.1 m）

（c）深度3.0 m位置

图 6-40 不同位置处动应力频域响应曲线（工况 8）

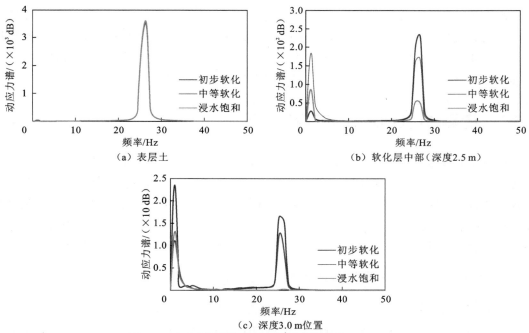

（a）表层土   （b）软化层中部（深度2.5 m）

（c）深度3.0 m位置

图 6-41 不同位置处动应力频域响应曲线（工况 9）

分析图 6-33～图 6-41，可以得出以下结论。

（1）从路基顶面处的动应力频域响应曲线可以看出，此处的动应力很好地对应了外部施加的列车动荷载的频率，即 26 Hz。无论软化程度、软化层深度、软化层厚度如何变化，路基顶面处未软化层中的动应力频域响应曲线是一致的，说明列车动荷载在路基顶面处未软化层中的作用频率和大小基本一样。

（2）对于软化层中部位置，当软化深度较浅时，动应力频域响应曲线在 26 Hz 仍然有一个峰值点，很好地对应了外部荷载的主振频率。同时可以看出，在动应力的低频部分出现一个较小的峰值[图 6-33（b）～图 6-35（b）]。随着软化层深度的增加，动应力在主振频率上除有一个峰值对应外，在低频部分的峰值开始凸显出来[图 6-36（b）～图 6-41（b）]。这主要是动应力在未软化层中已经衰减了相当的程度，传递至深处的软化层中时，由于阻尼对振动能量的吸收作用，动应力在高频部分的能量被吸收了一部分，低频部分的振动荷载开始凸显。

（3）低频部分振动荷载凸显的规律在路基深度为 3.0 m 处更加明显，从图 6-33（c）～图 6-41（c）可以看出，振动荷载在低频部分更加凸显，有的工况低频部分的峰值甚至超过了高频部分。说明经过软化层对振动能量的吸收作用后，振动荷载的高频部分被吸收得更多，留下低频振动荷载。

（4）从不同的软化程度工况对比来看，当软化程度越高时，低频部分振动荷载凸显的规律更加明显。从图 6-33（b）～图 6-41（b）可以看出，在软化层中部，动应力频域响应曲线有两个峰值点，软化程度较低时，主振频率（26 Hz）的峰值要大于低频部分的峰值。随着软化程度提高至中等软化时，动应力在低频部分的峰值也相应增大，当软化程度提高至浸水饱和时，动应力在低频部分的峰值超过了主振频率（26 Hz）对应的峰值。这说明阻尼对振动荷载高频部分的振动有较强的吸收作用，而且，阻尼增大吸收高频振动的作用增强，经过阻尼的吸收作用后，深部土体仅留下低频的小振幅动应力。如图 6-33（c）～图 6-41（c）所示，这种规律在路基深部位置更加明显。

6.5.2　路基加速度频域响应规律及变化

路基动力参数主要包括速度、加速度、振动加速度等物理量，从物理角度分析，振动加速度、速度是两个不同类型的物理量，加速度表征的是振动荷载在路基中引起的附加动荷载，而振动加速度和速度表征的是路基土体在振动荷载作用下的振动快慢，因此振动加速度和速度的物理意义是一致的，其规律也应一致。为避免重复分析，本小节仅从加速度的角度分析列车动荷载作用下，路基中不同层位土体的振动在频域上的变化规律。

1. 正常工况条件下路基加速度频域响应规律及变化

图 6-42 为正常工况下路基不同位置处的加速度频域响应曲线。从图 6-42 可以看出，路基中不同深度处加速度的频域响应曲线中均出现了 26 Hz 的主振频率，这与外部施加的列车动荷载频率是对应的。另外，不同深度处的频域峰值在减小，对应了加速度的振动减小。

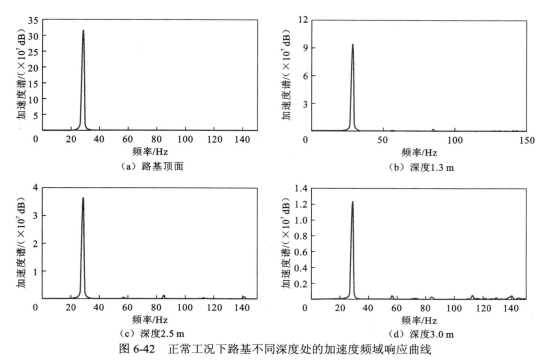

（a）路基顶面

（b）深度1.3 m

（c）深度2.5 m

（d）深度3.0 m

图 6-42　正常工况下路基不同深度处的加速度频域响应曲线

2. 浸水软化条件下路基加速度频域响应规律及变化

图 6-43～6-51 为不同浸水软化条件下（初步软化、中等软化和浸水饱和）路基顶面、软化层中部及深度 3.0 m 处的加速度频域响应曲线。分析图 6-43～图 6-51，可得以下结论。

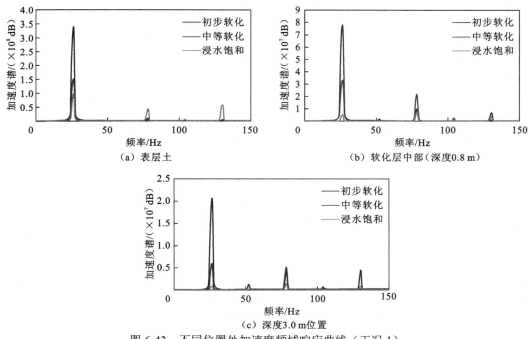

（a）表层土

（b）软化层中部（深度0.8 m）

（c）深度3.0 m位置

图 6-43　不同位置处加速度频域响应曲线（工况 1）

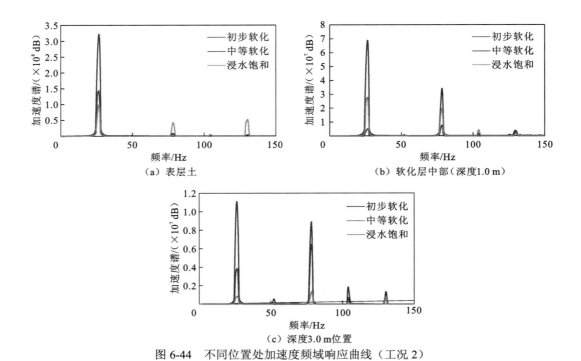

（a）表层土　　　　　　　　　　　　　　（b）软化层中部（深度1.0 m）

（c）深度3.0 m位置

图 6-44　不同位置处加速度频域响应曲线（工况 2）

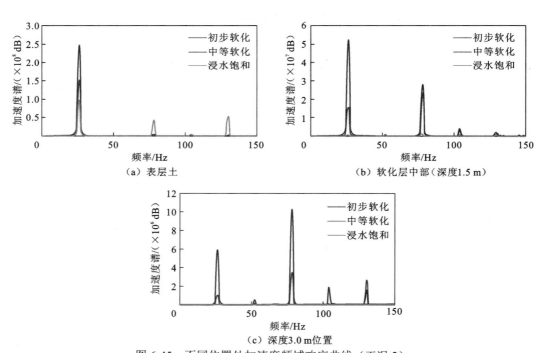

（a）表层土　　　　　　　　　　　　　　（b）软化层中部（深度1.5 m）

（c）深度3.0 m位置

图 6-45　不同位置处加速度频域响应曲线（工况 3）

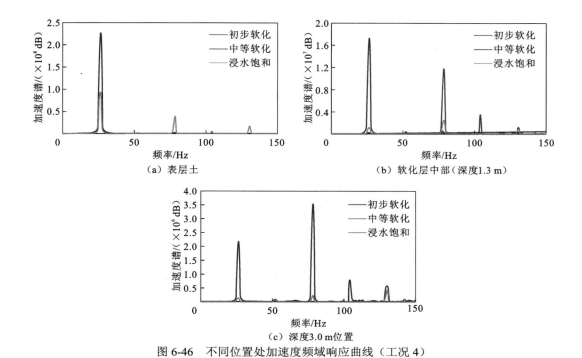

（a）表层土 （b）软化层中部（深度1.3 m）

（c）深度3.0 m位置

图 6-46 不同位置处加速度频域响应曲线（工况 4）

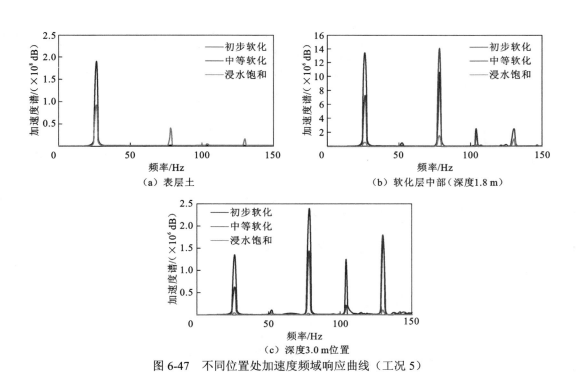

（a）表层土 （b）软化层中部（深度1.8 m）

（c）深度3.0 m位置

图 6-47 不同位置处加速度频域响应曲线（工况 5）

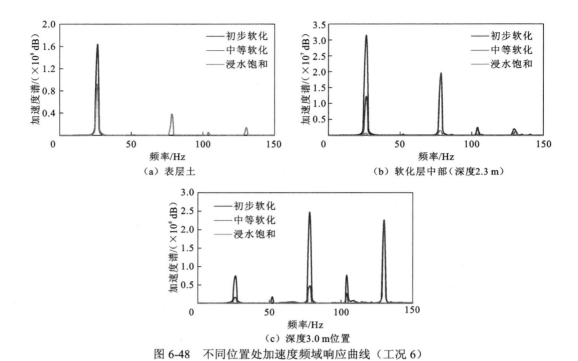

（a）表层土 （b）软化层中部（深度2.3 m）

（c）深度3.0 m位置

图 6-48　不同位置处加速度频域响应曲线（工况 6）

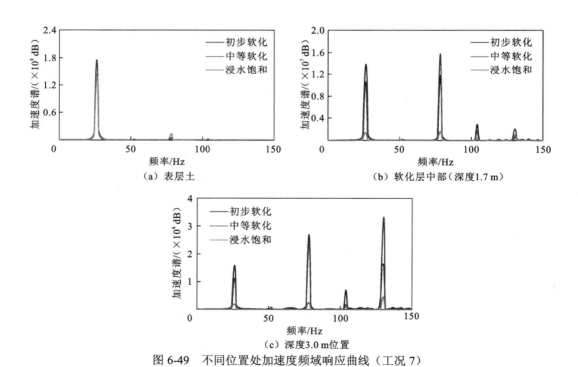

（a）表层土 （b）软化层中部（深度1.7 m）

（c）深度3.0 m位置

图 6-49　不同位置处加速度频域响应曲线（工况 7）

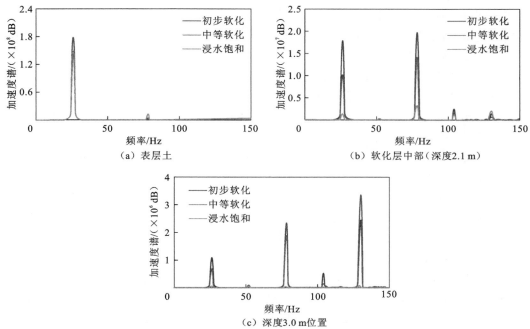

（a）表层土

（b）软化层中部（深度2.1 m）

（c）深度3.0 m位置

图 6-50　不同位置处加速度频域响应曲线（工况 8）

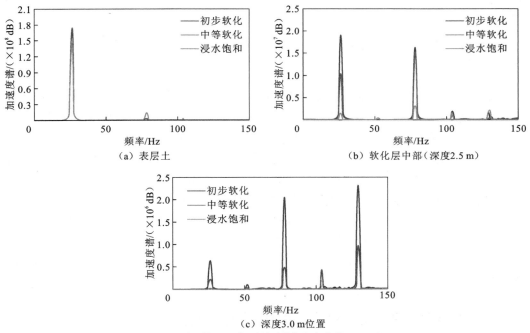

（a）表层土

（b）软化层中部（深度2.5 m）

（c）深度3.0 m位置

图 6-51　不同位置处加速度频域响应曲线（工况 9）

（1）路基顶面处的加速度振动频域很好地对应了列车动荷载的频率，即 26 Hz。在软化程度较小时，路基表面的加速度只有一个 26 Hz 的主振频率。当软化程度很大时（浸水饱和），路基表面的加速度频域曲线在高频部分出现了两个峰值，这主要是因为土体软化后对振动更加敏感，软化层中振动加剧影响路基表面的振动。

（2）对于软化层中部位置，当软化深度较浅时，加速度频域响应曲线在 26 Hz 仍然有一个峰值点，很好地对应了外部荷载的主振频率。同时可以看出，在加速度频域响应曲线的高频部分出现了 3 个峰值［图 6-43（b）～图 6-51（b）］，并且随着软化深度的增加，加速度在主振频率上除有一个峰值对应外，在高频部分的峰值开始凸显出来。这主要是因为软弱层土体力学参数低，土体软，对振动更加敏感，列车动荷载传递至此处后土体振动加剧。

（3）高频部分加速度凸显的规律在路基深度 3.0 m 处更加明显，从图 6-43（c）～图 6-51（c）可以看出，在软化深度较大时，振动加速度在高频部分更加凸显，有的工况高频部分的峰值甚至超过了主振频率部分。说明加速度传递至深部后，本身的幅值较小，再受软化层振动加剧的影响，深部土体的高频振动特性更加凸显。

（4）从不同的软化程度工况对比来看，当软化程度越高时，加速度高频振动的规律更加明显。从图 6-43（b）～图 6-51（b）可以看出，在软化层中部，加速度频域响应曲线有 3～4 个峰值点，软化程度较低时，主振频率（26 Hz）的峰值要大于高频部分的峰值。随着软化程度增加（中等软化），加速度在高频部分的峰值也相应增大，当软化程度达到浸水饱和时，加速度在高频部分的峰值超过了主振频率（26 Hz）对应的峰值。这说明软化层土体软化程度越高，土体对振动的敏感程度越高，当振动频率作用在软化层土体上时，加速振动的作用越大，因此高频加速度凸显得更明显。如图 6-43（c）～图 6-51（c）所示，受软化层的影响，高频部分加速度凸显规律说明路基深部也受到振动的影响。

6.6　长期列车动荷载下浸水软化路基沉降变形规律

沉降变形是评价高铁路基结构健康状态最直接的指标之一[30]。无论在高铁工程建设阶段，还是在服役阶段，控制路基的沉降都是保证高铁工程安全的重要方式。特别是运营期内，如果路基沉降超过设计标准，必然会给高铁的运行带来显著影响。

大量高铁路基病害的调研材料表明，高铁路基在环境条件（降雨入渗、干湿循环等）长期影响下，其功能性状易弱化以致出现病害现象。可见，水对高铁路基的影响显著。研究高铁路基在不同浸水软化状态下的沉降变形规律，对评价高铁路基健康状态有重要意义。

高铁路基在浸水软化条件下，路基沉降必然比正常工况条件下大，而浸水软化的位置和厚度、浸水软化的程度也是影响路基沉降的主要因素。研究清楚这些问题有助于理解高铁路基沉降变形发生的原因，有助于认识高铁路基发生灾变的过程，有助于揭示高铁路基的灾变机理。

6.6.1　浸水软化路基沉降变形实用计算方法

目前，国内学者对交通荷载下土体的残余变形进行了一些研究，一般采用两种方法：一种是通常采用的基于经验拟合公式的实用简化计算方法；另一种是基于复杂弹塑性本构模型的有限元分析方法[31-34]。

第一种方法采用分层总和法，将路基中的土体进行分层，利用动三轴试验建立沉降变形与动荷载水平、循环振次、土体动强度之间的经验公式，计算各分层的变形值，然后再累加各分层的变形以求得整体沉降变形。该方法简单实用，易于工程中应用，但这种方法首先要掌握土体受动荷载水平、土体动强度等参数，这些参数凭经验都不能直接得到。

第二种方法采用基于弹塑性本构模型的分析方法，建立实际的路基模型，用数值方法进行计算，利用弹塑性本构模型合理描述循环荷载作用下的土体累积变形。这种方法更加合理，但是这种方法存在循环次数很大的情况，计算量巨大，耗时耗力，因此，离工程实际应用还有一定差距。

通过结合以上两种方法的优缺点，本小节提出一种结合分层总和法和数值计算方法的路基沉降变形实用计算方法。该方法首先利用数值方法计算得到土体中的实际应力水平；其次根据土体的物理力学指标计算土体的动强度；然后根据土体变形与动力参数的经验公式，对各土层变形进行计算；最后，累加各分层的变形得到路基的总体沉降变形。

具体计算过程可归纳为以下 5 个步骤。

1. 列车循环荷载引起的动偏应力

利用第 5 章建立的高铁路基模型，提取 100 次列车荷载作用下路基中沿深度方向的速度，对速度取平均值作为计算土体承受动偏应力的参数，然后按照式（6-1）计算土体所受的动偏应力：

$$q_\mathrm{d} = \sqrt{3J_2} = \sqrt{\frac{1}{2}\Big[(\sigma_{x\mathrm{d}} - \sigma_{y\mathrm{d}})^2 + (\sigma_{x\mathrm{d}} - \sigma_{z\mathrm{d}})^2 + (\sigma_{y\mathrm{d}} - \sigma_{z\mathrm{d}})^2 + 6\tau_{xy\mathrm{d}}^2 \Big]} \qquad (6\text{-}1)$$

式中：$\sigma_{x\mathrm{d}}$、$\sigma_{y\mathrm{d}}$、$\sigma_{z\mathrm{d}}$ 分别为 x、y、z 方向的动应力；$\tau_{xy\mathrm{d}}$ 为 xy 平面的动剪应力。

2. 土体破坏强度

根据土体中所受的竖向应力，首先利用式（6-2）计算土体单元承受的静水压力 p_c，然后利用式（6-3）计算土体的破坏强度 q_ult。

$$p_\mathrm{c} = \frac{1 + 2K_0}{3}\sigma_z \qquad (6\text{-}2)$$

$$q_\mathrm{ult} = c + p_\mathrm{c}\tan\varphi \qquad (6\text{-}3)$$

式中：K_0 为侧压力系数。

3. 土体分层

为精确控制分层总和法的精度，本次计算的土体分层采用了实际数值模型的网格竖向厚度作为每个分层的厚度，即每个分层厚度为 0.25 m。

4. 分层变形

塑性应变的计算公式参考 Li 和 Selig 等提出的修正 Power 模型[35]，并结合中国科学院武汉岩土力学研究所前期对土体累积塑性变形的研究成果，采用式（6-7）作为累积塑性应变的计算公式。

$$\varepsilon_{\mathrm{p}} = a \left(\frac{q_{\mathrm{d}}}{q_{\mathrm{ult}}} \right)^{m} \frac{N^{b}}{1 + cN^{b}} \qquad (6\text{-}4)$$

式中：N^{b} 为振动次数。

5. 总体沉降变形

利用分层总和公式（6-5），计算路基的总体沉降变形：

$$s = \sum_{i=1}^{n} \varepsilon_{i}^{p} h_{i} \qquad (6\text{-}5)$$

式中：h_{i} 为分层厚度。

6.6.2 浸水软化路基沉降变形发展规律

图 6-52 为正常工况下路基受列车动荷载作用的沉降变形曲线。从图 6-52 可以看出，在未浸水的条件下，路基中分层的沉降均较小，总沉降量也较小，路基的动变形仅有 2.5 mm 左右，满足设计和安全运营的要求。

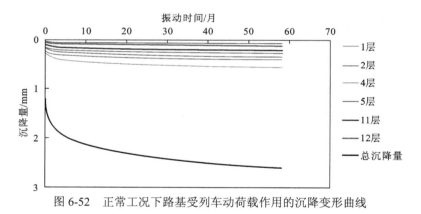

图 6-52　正常工况下路基受列车动荷载作用的沉降变形曲线

图 6-53～图 6-61 分别为相同软化层深度和厚度、不同软化程度条件下，浸水软化路基受长期列车动荷载作用的沉降变形曲线。分析图 6-53～图 6-61，可以直观地得到以下规律。

（1）当软化程度提高时，浸水路基在软化层中的沉降量也相应变大，造成了软化层越软，路基的总沉降量越大。

（2）观察不同层位的变形曲线可知，浸水软化条件下，路基的沉降主要发生在浸水软化层，特别是软化层顶面的沉降量对总沉降量的贡献最大。图中软化层中的沉降很明显。

（3）当软化深度增加时，由于路基表面所受的动荷载较大，路基表面未软化层位的沉降量也略大，但是仍然没有浸水软化层的沉降量大。

（4）对于未软化层，由于土体强度较高、变形模量较大，其沉降量不是造成路基总沉降量增大的主要因素。

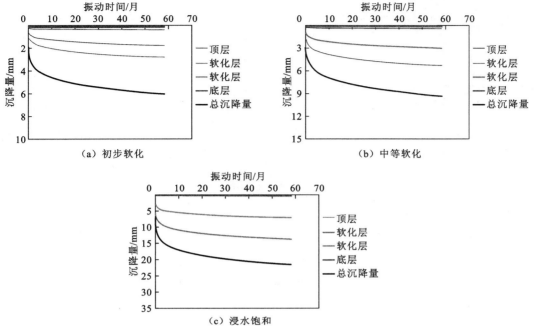

图6-53 软化层深度0.5 m、软化层厚度0.5 m、不同软化程度下浸水路基沉降变形曲线

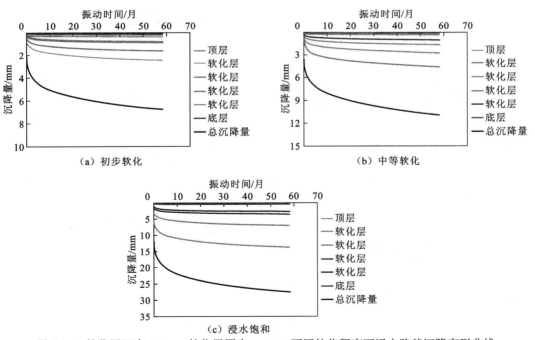

图6-54 软化层深度0.5 m、软化层厚度1.0 m、不同软化程度下浸水路基沉降变形曲线

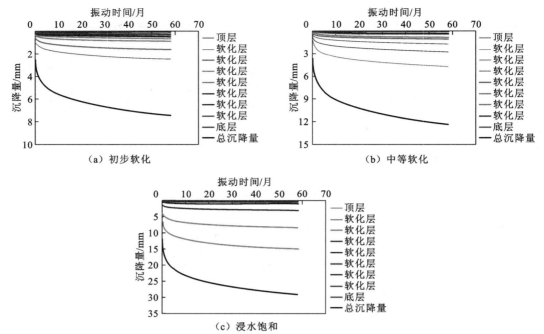

图 6-55 软化层深度 0.5 m、软化层厚度 2.0 m、不同软化程度下浸水路基沉降变形曲线

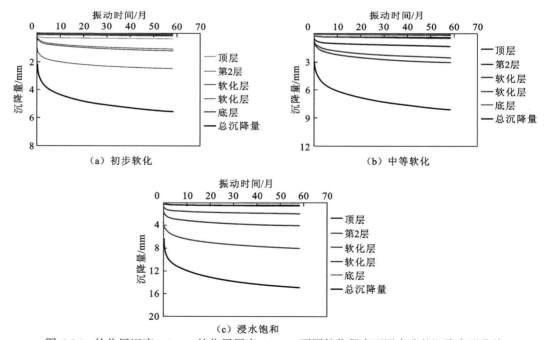

图 6-56 软化层深度 1.0 m、软化层厚度 0.5 m、不同软化程度下浸水路基沉降变形曲线

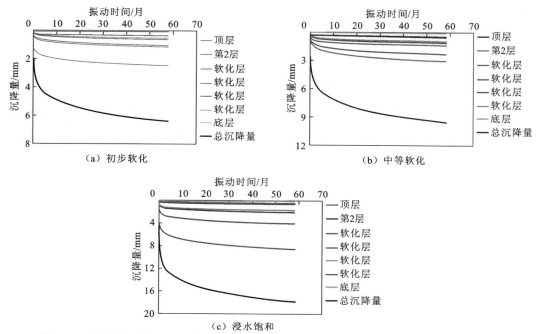

图 6-57　软化层深度 1.0 m、软化层厚度 1.0 m、不同软化程度下浸水路基沉降变形曲线

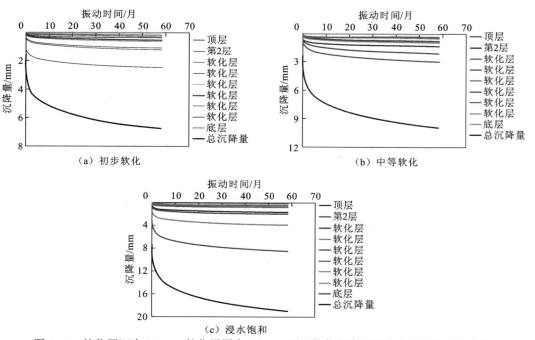

图 6-58　软化层深度 1.0 m、软化层厚度 2.0 m、不同软化程度下浸水路基沉降变形曲线

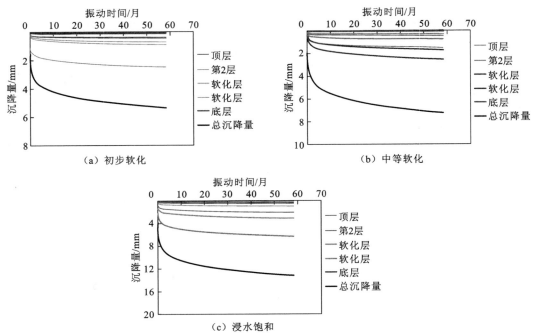

图 6-59　软化层深度 2.0 m、软化层厚度 0.5 m、不同软化程度下浸水路基沉降变形曲线

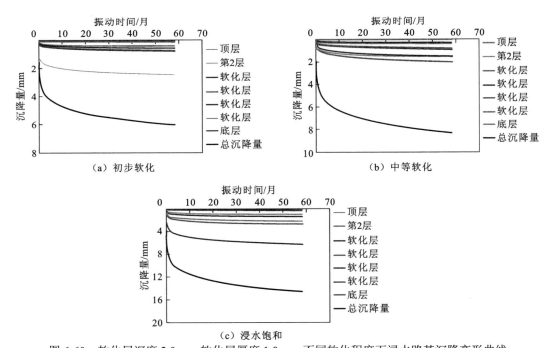

图 6-60　软化层深度 2.0 m、软化层厚度 1.0 m、不同软化程度下浸水路基沉降变形曲线

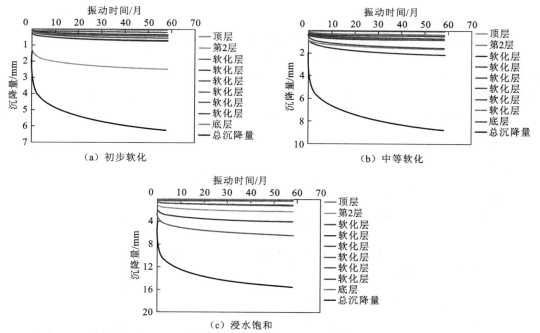

图 6-61　软化层深度 2.0 m、软化层厚度 2.0 m、不同软化程度下浸水路基沉降变形曲线

6.6.3　浸水软化路基沉降变形规律

1. 浸水软化条件下路基沉降量

不同软化工况条件下，浸水路基受长期列车动荷载作用的最终沉降量，以及浸水路基沉降量与正常工况沉降量的比值见表 6-8。

表 6-8　浸水软化条件下路基最终沉降变形情况

工况编号	初步软化		中等软化		浸水饱和	
	沉降量	比值（软化/正常）	沉降量	比值（软化/正常）	沉降量	比值（软化/正常）
1	6.0	2.4	9.2	3.7	21.0	8.4
2	6.9	2.8	11.3	4.5	27.0	10.8
3	7.5	3.0	12.1	4.8	29.0	11.6
4	5.8	2.3	8.1	3.2	15.2	6.1
5	6.2	2.5	9.1	3.6	17.8	7.1
6	6.6	2.6	9.5	3.8	19.0	7.6
7	5.7	2.3	7.7	3.1	13.2	5.3
8	6.0	2.4	8.2	3.3	15.1	6.0
9	6.2	2.5	8.5	3.4	15.9	6.4

分析表 6-8，可得以下结论。

（1）浸水软化条件下路基在列车动荷载作用下，路基总沉降变形显著提高，当路基力学参数软化到正常参数一半的时候（初步软化），路基沉降量达到 5.7～7.5 mm。随着软化程度提高至中等软化时，路基沉降量达到 7.7～12.1 mm。当浸水路基中软化层完全软化（浸水饱和）时，路基沉降量达到 13.2～29.0 mm。

（2）对于初步软化的路基工况，其沉降量是正常工况的 2.3～3.0 倍；当软化程度提高时（中等软化），路基的沉降量是正常工况的 3.1～4.8 倍；当软化层完全饱和软化时（浸水饱和），路基的沉降量是正常工况的 5.3～11.6 倍。

（3）从以上规律可以明显地看出，路基沉降量与路基中局部软化层的软化程度息息相关，软化程度越高，浸水路基的总沉降量越大。

表 6-9 为浸水软化条件下，各工况沉降量超过设计允许最大沉降量的程度。

表 6-9　浸水条件下路基最终沉降变形及沉降超量程度

工况编号	初步软化		中等软化		浸水饱和		设计允许最大动变形
	沉降量	沉降超量百分比/%	沉降量	沉降超量百分比/%	沉降量	沉降超量百分比/%	
1	6.0	20	9.2	84	21.0	320	
2	6.9	38	11.3	126	27.0	440	
3	7.5	50	12.1	142	29.0	480	
4	5.8	16	8.1	62	15.2	204	
5	6.2	24	9.1	82	17.8	256	5.0
6	6.6	32	9.5	90	19.0	280	
7	5.7	14	7.7	54	13.2	164	
8	6.0	20	8.2	64	15.1	202	
9	6.2	24	8.5	70	15.9	218	

注：沉降超量百分比=（软化沉降变形－设计允许最大动变形）/设计允许最大动变形

从表 6-9 可以看出，当软化程度不断提高时，浸水路基的沉降量不断提高，路基的沉降超量不断提高。当初步软化时，软化路基总沉降量超过允许动变形的程度还较低，超量百分比为 14%～50%。随着软化程度的提高，发展到中等软化时，沉降超量百分比提高至 54%～142%。当软化层完全浸水饱和时，路基的总沉降超量是允许动变形的 2.64～5.80 倍。

2. 浸水软化条件下路基沉降变形规律

1）相同软化程度和软化层深度、不同软化层厚度工况对比

表 6-10～表 6-12 分别为相同软化程度和软化层深度、不同软化层厚度条件下的路基沉降变化。

表 6-10　路基初步软化时相同软化层深度、不同软化层厚度工况下沉降变化

工况编号	深度/m	厚度/m	沉降量/mm	增量百分比/%
1-1		0.5	6.0	0
1-2	0.5	1.0	6.9	15.0
1-3		2.0	7.5	25.0
1-4		0.5	5.8	0
1-5	1.0	1.0	6.2	6.9
1-6		2.0	6.6	13.8
1-7		0.5	5.7	0
1-8	1.5	1.0	6.0	5.3
1-9		2.0	6.2	8.8

表 6-11　路基中等软化时相同软化层深度、不同软化层厚度工况下沉降变化

工况编号	深度/m	厚度/m	沉降量/mm	增量百分比/%
2-1		0.5	9.2	0
2-2	0.5	1.0	11.3	22.8
2-3		2.0	12.1	31.5
2-4		0.5	8.1	0
2-5	1.0	1.0	9.1	12.3
2-6		2.0	9.5	17.3
2-7		0.5	7.7	0
2-8	1.5	1.0	8.2	6.5
2-9		2.0	8.5	10.4

表 6-12　路基饱和浸水时相同软化层深度、不同软化层厚度工况下沉降变化

工况编号	深度/m	厚度/m	沉降量/mm	增量百分比/%
3-1		0.5	21.0	0
3-2	0.5	1.0	27.0	28.6
3-3		2.0	29.0	38.1
3-4		0.5	15.2	0
3-5	1.0	1.0	17.8	17.1
3-6		2.0	19.0	25.0
3-7		0.5	13.2	0
3-8	1.5	1.0	15.1	14.4
3-9		2.0	15.9	20.5

表中增量百分比表示以软化厚度为 0.5 m 工况的沉降为基准，软化厚度提高后，沉降增量占基准沉降量的百分比。用公式表示：

增量百分比=[软化厚度提高后的沉降量 – 基准沉降量（厚度 0.5 m 工况）]/基准沉降量

该值可以研究软化厚度不同条件下，路基压缩沉降的变化规律。

从表 6-10～表 6-12 可得以下结论。

（1）当软化层厚度增加时，浸水路基的沉降量呈增加的趋势。例如，对比表 6-10 中的工况 1-1、1-2、1-3 的数据可以发现，软化层厚度由 0.5 m 增加至 1.0 m 后，沉降量增加 15%，当软化层厚度由 0.5 m 增加至 2.0 m 时，沉降值增加了 25%。

（2）当软化层厚度由 0.5 m 增加至 1.0 m 时，沉降的增量百分比较大，而软化层厚度由 1.0 m 提高至 2.0 m 时，沉降量的增大幅度在减小，这种现象在软化程度较大时更加明显。例如，在表 6-12 中，对比工况 3-1、3-2 和 3-3 可知，当软化层厚度由 0.5 m 增加至 1.0 m 时，沉降增量提高了 28.6%，当软化层厚度由 1.0 m 增加至 2.0 m 时，沉降增量提高了 9.5%。对比其他工况也可以发现同样的规律。这主要是因为路基的沉降量与土体所受的动荷载、土体强度、循环振次等参数有关，当土体强度和循环振次一定时，土体变形主要与动荷载大小有关，而软化层中路基振动速度衰减迅速（特别是软化程度较大时），因此，软化层厚度增加引起沉降量增大的作用减小。

2）相同软化程度和软化层厚度、不同软化层深度工况对比

表 6-13～表 6-15 为相同软化程度和软化层厚度，不同软化层深度条件下的路基沉降变化。

表 6-13　路基初步软化时相同软化层厚度、不同软化层深度工况下沉降变化

工况编号	厚度/m	深度/m	沉降量/mm	减量百分比/%
1-1		0.5	6.0	0
1-4	0.5	1.0	5.8	−3.3
1-7		1.5	5.7	−5.0
1-2		0.5	6.9	0
1-5	1.0	1.0	6.2	−10.1
1-8		1.5	6.0	−13.0
1-3		0.5	7.5	0
1-6	2.0	1.0	6.6	−12.0
1-9		1.5	6.2	−17.3

表 6-14　路基中等软化时相同软化层厚度、不同软化层深度工况下沉降变化

工况编号	厚度/m	深度/m	沉降量/mm	减量百分比/%
2-1		0.5	9.2	0
2-4	0.5	1.0	8.1	−12.0
2-7		1.5	7.7	−16.3
2-2		0.5	11.3	0.0
2-5	1.0	1.0	9.1	−19.5
2-8		1.5	8.2	−27.4
2-3		0.5	12.1	0
2-6	2.0	1.0	9.5	−21.5
2-9		1.5	8.5	−29.8

表 6-15　路基浸水饱和时相同软化层厚度、不同软化层深度工况下沉降变化

工况编号	厚度/m	深度/m	沉降量/mm	减量百分比/%
3-1		0.5	21.0	0
3-4	0.5	1.0	15.2	−27.6
3-7		1.5	13.2	−37.1
3-2		0.5	27.0	0
3-5	1.0	1.0	17.8	−34.1
3-8		1.5	15.1	−44.1
3-3		0.5	29.0	0
3-6	2.0	1.0	19.0	−34.5
3-9		1.5	15.9	−45.2

从表 6-13～表 6-15 可以得出以下结论。

（1）当软化层深度增加时，浸水路基的沉降量呈减小的趋势。例如，对比表 6-13 中工况 1-1、1-4、1-7 的数据可以发现，软化层深度由 0.5 m 增加至 1.0 m 后，沉降量减小了 3.3%，当软化层深度由 0.5 m 增加至 1.5 m 时，沉降量减小了 5.0%。这主要是因为路基振动速度在土体中的衰减速度较快，而路基沉降与振动速度息息相关，当软化层深度增加时，振动速度在未软化层中已衰减了相当的程度，此时在相同的软化层厚度条件下，软化层振动速度减小造成的变形也相应减小，进而路基总体沉降也在减小。

（2）当软化层深度由 0.5 m 增加至 1.0 m 时，沉降量衰减得较快，而软化层深度由 1.0 m 提高至 2.0 m 时，沉降量的衰减幅度在减小，这种现象在软化程度较大时更加明显。

例如,在表 6-15 中,在对比工况 3-1、3-4 和 3-7 可知,当软化层深度由 0.5 m 增加至 1.0 m 时,沉降减小了 27.6%,当软化层深度由 1.0 m 增加至 1.5 m 时,沉降量减小了 9.5%。对比其他工况也可以发现同样的规律。根据振动速度在深度方向上的衰减规律可知,振动速度在深部的衰减速度明显比浅部慢,因此,软化层深度 0.5 m 工况和 1.0 m 工况中软化层所受的振动速度差值较 0.5 m 和 1.5 m 工况之间的差值大,造成了软化层深度增加后,沉降量的衰减幅度减小。

3)相同软化层深度和厚度,不同软化程度工况对比

表 6-16～表 6-18 分别给出相同软化深度和厚度、不同软化程度条件下路基沉降值及其变化。

表 6-16 路基软化层深度 0.5 m 时相同软化层厚度、不同软化程度工况下沉降变化

工况编号	厚度/m	软化程度	沉降量/mm	增量百分比/%
1-1		初步软化	6.0	0
2-1	0.5	中等软化	9.2	53.3
3-1		浸水饱和	21.0	250.0
1-2		初步软化	6.9	0
2-2	1.0	中等软化	11.3	63.8
3-2		浸水饱和	27.0	291.3
3-1		初步软化	7.5	0
3-2	2.0	中等软化	12.1	61.3
3-3		浸水饱和	29.0	286.7

表 6-17 路基软化层深度 1.0 m 时相同软化层厚度、不同软化程度工况下沉降变化

工况编号	厚度/m	软化程度	沉降量/mm	增量百分比/%
1-4		初步软化	5.8	0
2-4	0.5	中等软化	8.1	35.1
3-4		浸水饱和	15.2	131.6
1-5		初步软化	6.2	0
2-5	1.0	中等软化	9.1	36.7
3-5		浸水饱和	17.8	151.7
1-6		初步软化	6.9	0
2-6	2.0	中等软化	9.5	37.1
3-6		浸水饱和	19.0	156.5

表 6-18　路基软化层深度 1.5 m 时相同软化层厚度、不同软化程度工况下沉降变化

工况编号	厚度/m	软化程度	沉降量/mm	增量百分比/%
1-7	0.5	初步软化	5.7	0
2-7		中等软化	7.7	39.7
3-7		浸水饱和	13.2	162.1
1-8	1.0	初步软化	6.0	0
2-8		中等软化	8.2	46.8
3-8		浸水饱和	15.1	187.1
1-9	2.0	初步软化	6.2	0
2-9		中等软化	8.5	37.7
3-9		浸水饱和	15.9	175.4

从表 6-16～表 6-18 可以得出以下结论。

（1）当软化程度提高后，浸水路基的沉降量显著增加。例如，对比表 6-16 中的工况 1-1、2-1、3-1，当软化程度由初步软化提高至中等软化后，路基沉降量增加了 53.3%；当软化程度由初步软化提高至浸水饱和后，路基沉降量增加了 250.0%。这主要是因为软化程度提高，软化土体力学参数降低程度较大，土体较软，在动荷载的作用下，土体变形显著增加。

（2）浸水路基的沉降变形程度与路基土体的浸水软化程度直接相关，当土体开始浸水软化后，软化程度每提高一定程度，路基沉降变形增加的程度都会显著提高。

第7章 高速铁路浸水软化路基动力响应及灾变过程现场激振试验

7.1 浸水软化路基现场激振试验设计

7.1.1 现场激振试验模型设计

高速铁路路基由基床顶层、基床底层、路基本体、地基组成，试验段路基结构组成按照高速铁路路基设计规范制定，为了节约施工成本，取单轨路基为试验对象，横断面形式及平面布置如图7-1和图7-2所示。

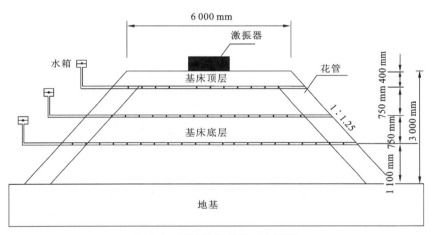

图 7-1　试验路基横断面布置图

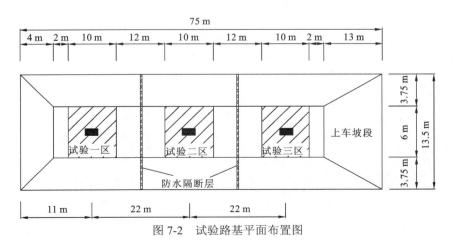

图 7-2　试验路基平面布置图

试验段路基底宽 13.5 m、长 75 m，顶面宽 6 m、长 58 m，现场激振试验操作步骤包括地基夯实、传感器埋设、路基本体填筑、浸水系统铺设、基床底层和顶层填筑。

基床顶层采用改良土进行填筑，基床底层和路基本体采用素填土进行填筑。图 7-1 所示的 3 个入渗层采用粗砂进行填筑，厚度为 3 cm，每个粗砂层下部埋设直径为 5 cm 的排水花管。沿纵向方向，将试验段路基分为三个试验区，每个试验区之间用防水土工布隔断，避免其相互影响。

7.1.2　路基动力响应监测传感器布设

在基床表层布置沉降传感器，以监测路基在动荷载作用下的长期累积变形特性；在路基内部不同深度处布置加速度传感器、动土压力盒、含水量计，监测路基内部动力响应的变化规律。传感器的具体埋设位置如图 7-3 所示。

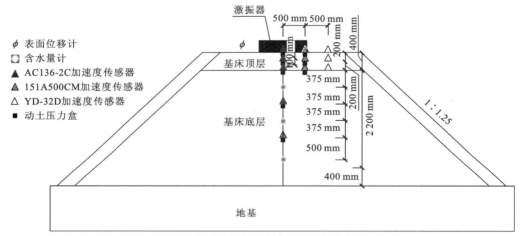

图 7-3　试验路基传感器埋设示意图

1. 动土压力盒

动土压力盒（图 7-4）内含电阻式土压力传感器，该传感器具有输出灵敏度高、线性好、稳定性好、结构简单、安装使用方便和可重复使用等优点，可直接测得应变值，再根据事先标定的压力-应变曲线得到动土压力值。动土压力盒性能参数见表 7-1。

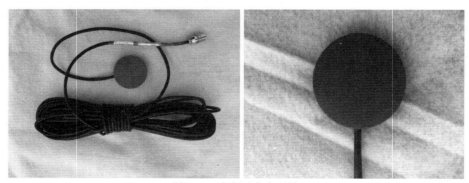

图 7-4　动土压力盒照片

表 7-1　动土压力盒性能参数

型号	量程/MPa	准确度误差/（F·s）	防水性能	频率范围/Hz
BW-6141-6160	0.1～5.0	≤0.5	可以在饱和水质工作	0～100

2. 加速度传感器

本试验加速度传感器采用三种型号（表 7-2），依次是：由 PROTECTION ＆RELIABILITY OPTIMIZATION INSTRUMENTS A CTC COMPANY 生产的 AC136-2C 加速度传感器，布置于路基中线下方；由扬州英迈科测控技术有限公司生产的 151A500CM 加速度传感器，布置于距离中线 0.5 m 处断面；由秦皇岛市协力科技开发有限公司生产的 YD-32D 压电式加速度传感器，布置于距离中线 1.0 m 处断面。三种型号传感器照片见图 7-5～图 7-7。

表 7-2　加速度传感器性能参数

类型	型号	测量范围	灵敏度	使用频率范围/Hz
AC136-2C 加速度传感器	AC136-2C	526.3 mV/g @ 100 Hz，1 g RMS	500 V/g±10.0%	0.2～3 000
151A500CM 加速度传感器	151A500CM	±10 g	≤5%	0.2～5 000
YD-32D 压电式加速度传感器	YD-32D	±10 g	50 mV/（m·s²）	0.5～6 000

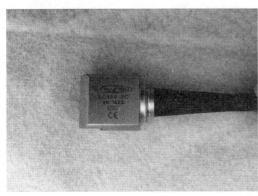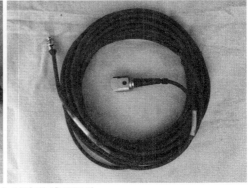

图 7-5　AC136-2C 加速度传感器照片

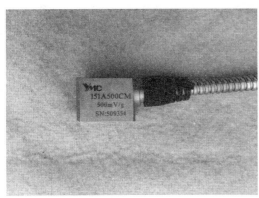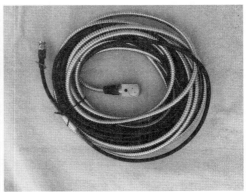

图 7-6　151A500CM 加速度传感器照片

图 7-7　YD-32D 压电式加速度传感器照片

3. 含水量计

选择 YH08-A01 型号含水量计，其量程为 0～100%，精度为 0～50%（m^3/m^3），误差为 ±2%（m^3/m^3），测量参数为土壤容积含水量，测量区域 90% 的影响在以中央探针为中心、直径 3 cm、高 7 cm 的圆柱体内。含水量计见图 7-8。

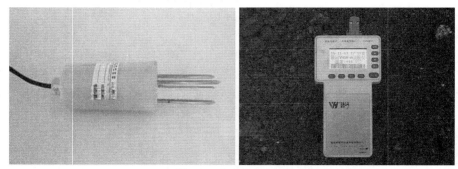

图 7-8　含水量计照片

7.1.3　浸水入渗控制系统

试验路基的入渗控制系统由砂垫层、进排水花管、水箱组成，沿路基断面，入渗层分别位于距基床顶层顶部 0.65 m、1.25 m、2.00 m 的部位。入渗层中间设置有进排水花管，花管上有直径为 10 mm 的排水孔，其详细构造如图 7-9 所示。进排水花管与水箱相连，控制入渗水头。

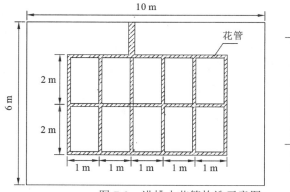

图 7-9　进排水花管构造示意图

7.2 浸水软化路基现场激振模型构建

7.2.1 激振模型填筑

本试验路基总共分 11 层填筑，土体填筑采用素填土和改良土，采用阶梯状水平分层碾压填筑，最后统一以 1∶1.25 削坡，具体填筑如图 7-10 所示。

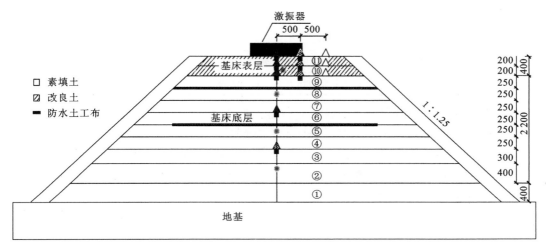

图 7-10 路基分层填筑示意图（单位：mm）

7.2.2 准备工作

在本试验开始前，应准备好各项试验工具与施工工具，具体如下。

（1）现场准备工具：铁锹、手工钻、切割机、斧头等基本工具，夯机、施工线。

（2）室内办公设备：计算机、打印机。

（3）隔水与防雨工具：防水土工布、地膜。

（4）入渗器材：花管、水箱。

（5）施工过程测试仪器：环刀、动态变形模量检测仪（Evd）、含水量计、水准仪。

7.2.3 填筑施工

路基分三个试验区，在每个试验区的 5 层和 8 层铺设 9 m×12 m 的防水土工布，且每两个试验区之间用防水土工布隔开，避免相互影响。各填筑层位仪器埋设情况见表 7-3。

表 7-3 各填筑层位仪器埋设情况

填筑层位	填土类别	仪器埋设层位及具体位置	仪器种类及要求
①	素填土	无	无
②		②层碾压完成后；路基中线	含水量计

填筑层位	填土类别	仪器埋设层位及具体位置	仪器种类及要求
③		③层碾压完成后；路基中线	加速度传感器、动土压力盒、花管、沉降锥
④		无	无
⑤	素填土	⑤层碾压完成后；路基中线	含水量计、防水土工布
⑥		⑥层碾压完成后；路基中线	加速度计、动土压力盒、花管、沉降锥
⑦		无	无
⑧		⑧层碾压完成后；路基中线	含水量传感器、防水土工布
⑨		⑨层碾压完成后；路基中线及距中线 50 cm、100 cm 处	加速度传感器、动土压力盒、花管、沉降锥
⑩	改良土	⑩层碾压完成后；路基中线及距中线 50 cm、100 cm 处	加速度传感器、动土压力盒、含水量计
⑪		⑪层碾压完成后；路基中线及距中线 50 cm、100 cm 处	加速度传感器、动土压力盒

（1）施工单位在每阶段施工完成后应留足够的时间进行仪器的埋设、调试、检查和保护工作，待一切工作确认无误后方可进行下阶段施工。

（2）在传感器（加速度传感器、动土压力盒）埋设完毕后，表面应覆盖适当大小的钢板，防止压力机在振动碾压过程中对传感器造成损坏，且传感器的导线应用 PVC 管包住，防止其在振动碾压过程中损坏或者短路。

（3）在埋设传感器的层位不应进行强振碾压，可适当在原有基础上增加 1～2 遍弱振或静压碾压。

7.2.4 花管埋设

在③层、⑥层、⑨层施工结束后要进行花管的埋设，具体操作如下。首先将花管固定在具体位置，用白灰沿着花管洒出轮廓线，然后顺着轮廓线挖宽约 10 cm、深约 10 cm 的沟槽，将花管放入沟槽内，用砂土填实（可用夯机局部压实），最后在路基表层铺 2～3 cm 砂土，达到入渗均匀的目的。具体施工花管及沟槽尺寸如图 7-11 所示。

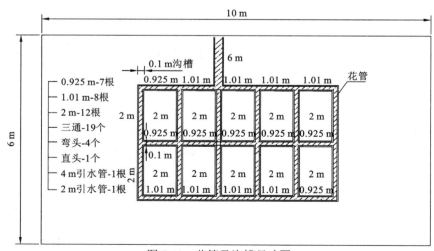

图 7-11 花管及沟槽尺寸图

7.2.5 试验测试指标

1. 压实度

1）干密度

检测方法：环刀法，每层检测 9 个点，每个试验区沿中心横向检测 3 个点。
检测仪器：环刀、环刀取样器、天平等。

2）含水率

检测方法：烘干法，每层检测 9 个点，每个试验区沿中心横向检测 3 个点。
检测仪器：土样盒、烘箱、天平等。

2. 动态变形模量

动态变形模量 E_{vd} 是指土体在一定大小的竖向冲击力 F_s 和冲击时间 t_s 作用下抵抗变形能力的参数。通常荷载板的直径为 300 mm，锤重为 10 kg，最大冲击力为 7.07 kN，荷载脉冲宽度为 18 mm。试验记录落锤冲击时板的沉降。在假定冲击力恒定和泊松比为 0.21 的情况下，由弹性半空间体上圆形局部荷载的公式计算模量：

$$E_{vd} = 1.5r\sigma / s = 22.5 / s \tag{7-1}$$

式中：r 为沉降板半径；σ 为荷载板下最大冲击动应力；s 为实测沉降板沉降值。

操作时，除平整场地和垫铺干砂外，还要预先施加三次冲击荷载，然后做三次落锤冲击试验，求平均值。每层检测 9 个点，参照含水量测试取点方法。在素填土中，要求动态模量 $E_{vd} \geqslant 30$ MPa。在改良土中，要求动态模量 $E_{vd} \geqslant 35$ MPa。

7.2.6 试验路基填筑

路基实际填筑过程中，上土的松铺、碾压过程均严格按照设计方案中的要求实施（图 7-12）。安置渗水系统的土层挖槽子进行花管的埋设（图 7-13）。同时，由于每一区段有三层渗水系统，为了消除试验注水时各渗水系统之间的干扰，在每两层渗水系统之间铺上防水土工布进行隔离（图 7-14）。另外，下雨时在路基表面铺上防雨彩条布以减少天气给现场试验带来的影响（图 7-15）。填筑过程中主要对各层填土的厚度、路基模型总高度、各层压实系数 K 及动态变形模量 E_{vd} 等参数的检测和传感器的埋设及编号进行控制。

| (a) 运土、松铺 | (b) 碾压 |

（c）测量 　　　　　　　　　　　（d）动态平板荷载测定

图 7-12　路基各层土铺设过程照片

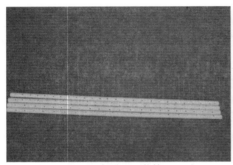

（a）打孔PVC花管 　　　　　　　　　　　（b）组装花管

（c）花管埋设 　　　　　　　　　　　（d）花管底部垫砂

图 7-13　渗水系统的制作与埋设过程照片

图 7-14　防水土工布铺设照片 　　　　　　图 7-15　路基面防雨彩条布铺设照片

每层土的厚度均用水准仪测得，一、二、三区段总高度分别为 3.73 m、3.80 m、3.64 m。每层土碾压完成后，按设计方案要求用容积为 200 cm³ 的环刀在每区段的土层表面取样。根据《铁路工程土工试验规程》（TB 10102—2010）（以下简称《试验规程》）要求对土样进行室内含水量测试，并通过数据计算土样压实系数。按设计方案和试验规程要求用 Evd 对各区段土层表面进行动态平板荷载试验。

7.2.7 激振模型基本物理特性

路基模型使用邵东县 1 号取土场内的红黏土填筑（图 7-16）。路基填筑前为了得到该取土场内土体的相关物理力学参数，用现场取样土做常规土工试验。所做土工试验主要包括颗粒分析试验、比重试验、界限含水率试验。

（a）邵东县1号取土场照片　　　　　　　　（b）取土场土样近照

图 7-16　取土场及土样照片

1. 颗粒分析试验

选取风干土样 847.10 g 进行试验。根据《试验规程》规定，选用圆孔筛进行筛分试验，筛孔直径组合由大到小依次为 2 mm、1 mm、0.5 mm、0.25 mm、0.075 mm，天平、台秤、振筛机等其他工具均按《试验规程》的要求选用，见图 7-17。筛分试验结果及颗粒级配曲线图分别见表 7-4 和图 7-18。

图 7-17　风干土样及圆孔筛等仪器照片

表 7-4　筛分试验结果记录表

粒径/mm	小于该粒径 土粒质量/g	小于该粒径土粒 累计质量/g	小于该粒径土粒 质量分数/%	小于该粒径土粒 累计质量分数/%
0.075	165.34	165.34	19.518	19.518
0.25	301.68	467.02	35.613	55.132
0.5	259.21	726.23	30.600	85.731
1	109.01	835.24	12.869	98.600
2	11.86	847.10	1.400	100

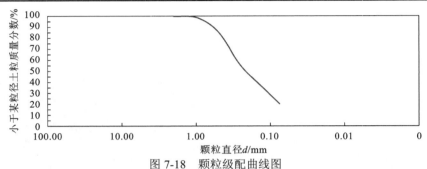

图 7-18　颗粒级配曲线图

根据土样颗粒级配曲线，可以得到相应百分比、粒径不均匀系数 C_u 及曲率系数 C_c，见表 7-5。

表 7-5　土体颗粒级配曲线相关数据表

d_{10}/mm	d_{30}/mm	d_{60}/mm	C_u	C_c
—	—	—	d_{60}/d_{10}	$d_{230}/d_{60}*d_{10}$
0.048	0.12	0.29	6.04	1.03

由于 C_u 与 C_c 能同时满足 $C_u>5$ 和 $1<C_c<3$ 两个条件，所以土样级配良好。根据《土的工程分类标准》（GB/T 50145—2007），土样中大于 0.075 mm 的土粒含量超过 50%，该土样属于砂土；又因为土样中小于 0.075 mm 粒径的细粒质量分数为 15%～50%，所以该土样应定名为细粒土质砂。

2. 比重试验

根据《试验规程》要求，土样粒径小于 5 mm，选用比重瓶法进行试验，试验部分仪器见图 7-19。试验测得数据及最后计算结果见表 7-6。

表 7-6　比重试验记录表

比重瓶号	温度/℃	液体密度/（g/mL）	比重瓶质量/g	瓶、干土总质量/g	干土质量/g	瓶、液总质量/g	瓶、液、土总质量/g	与干土同体积的液体质量/g	相对密度	相对密度平均值
1	24	0.997	51.22	66.44	15.22	150.63	159.89	5.96	2.56	2.525
2			53.41	68.80	15.39	153.00	162.19	6.20	2.49	

3. 界限含水率试验

该试验采用液塑限联合测定仪，根据《试验规程》提前备好不同稠度状态的土膏并静置湿润，然后进行试验操作；试验数据按照规定绘制圆锥下沉深度与含水率关系的拟合函数，函数方程为 $y=10^{-7}x^{5.0933}$，最终试验数据及结果见表 7-7。

表 7-7　液塑限联合试验记录表

试样编号	圆锥下沉深度/mm	盒号	盒质量/g	盒与湿土质量/g	盒与干土质量/g	含水率/%	液限/%	塑限/%	塑性指数
1	2.5	14	25.37	47.46	41.29	27.93			
2	4.9	19	25.35	43.81	37.95	31.74	41.30	27.13	14.17
3	6.7	4	23.78	47.30	39.38	33.67			
4	9.25	3	25.28	55.85	44.79	36.18			

7.3　正常条件下路基动力响应规律

7.3.1　路基动力响应时程曲线

1. 加速度时程曲线

图 7-19 为激振体在配置直径为 0.7 m 的承压板，激振频率分别为 11.5 Hz、15.1 Hz 和 27.5 Hz 时不同点位相同时段内的加速度时程曲线。

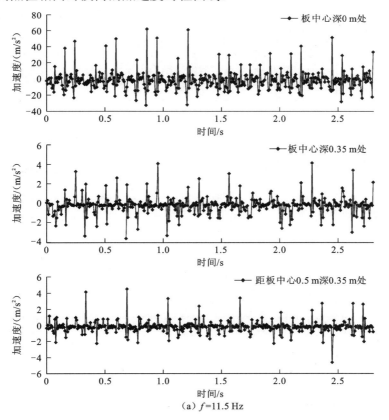

（a）f=11.5 Hz

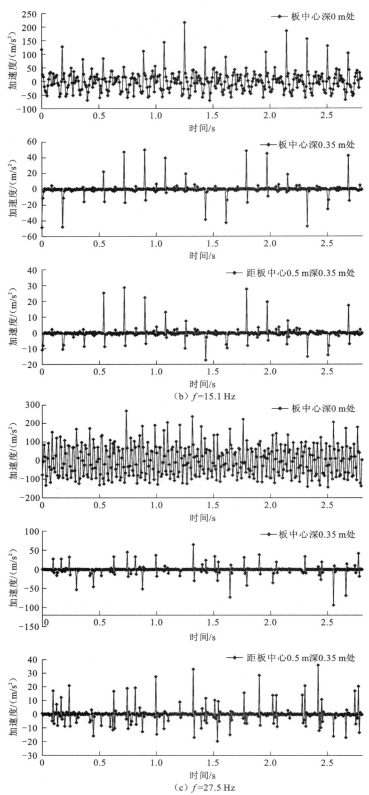

（b）$f=15.1\,\mathrm{Hz}$

（c）$f=27.5\,\mathrm{Hz}$

图 7-19　不同激振频率下路基不同点位的加速度时程曲线

从图 7-19 中可以看出，各激振频率下路基不同点位中的实测加速度时程曲线具有明显的周期性，加速度波形中有明显的谷和峰。对比相同激振频率下不同点位的加速度时程曲线可知：激振板中心位置下，加速度时程曲线的峰值随着点位深度的增加存在明显衰减；同深度情况下，加速度时程曲线的峰值也随着点位与激振板中心距离的增加而存在衰减。

对比不同激振频率下路基相同点位的加速度时程曲线可知，随着激振频率的增大，加速度峰值也相应增大。

2. 动应力时程曲线

图 7-20 为激振体在配置直径为 0.7 m 的承压板，激振频率分别为 11.5 Hz、15.1 Hz 和 27.5 Hz 时的不同点位相同时段内的动应力时程曲线。

图 7-20 中纵坐标轴的负值为压应力。产生正值并非土体中产生了拉应力，而是因为动土压力盒与土体的刚度差别太大，激振器在结束一次激振后电阻式应变片由于在短时间内不受压而产生回弹，使测试过程中出现正值，在受到轻微附加压力的情况下应变片回到初始状态。在数据处理时，只记录曲线图谷值的绝对值（以下简称谷值），所以该情况对测试结果影响不大。

从图 7-20 中可以看出，各激振频率下路基不同点位的实测动应力时程曲线与加速度时程曲线一样都具有明显的周期性。对比相同激振频率下路基不同点位的动应力时程曲线可知：激振板中心位置下，动应力时程曲线的谷值随着点位深度的增加存在明显衰减；同深度情况下，动应力时程曲线的谷值也随着点位与激振板中心距离的增加而存在衰减。

对比不同激振频率下路基相同点位的动应力时程曲线可知，随着激振频率的增大，动应力谷值也相应增大。

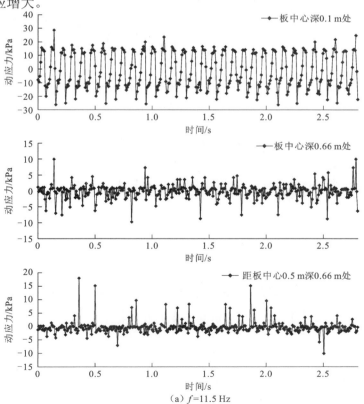

（a）$f=11.5$ Hz

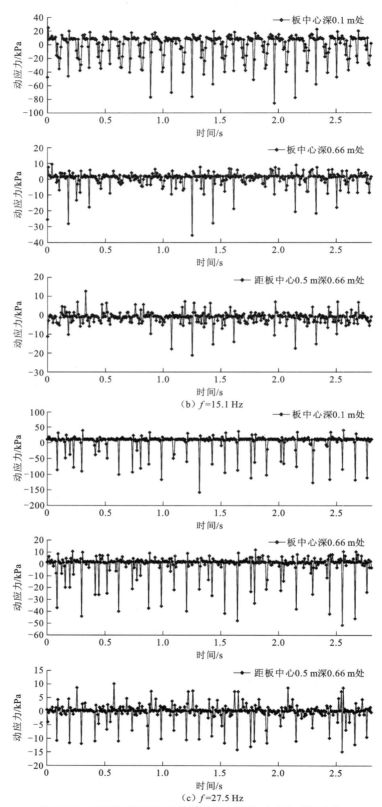

(b) $f=15.1\ \text{Hz}$

(c) $f=27.5\ \text{Hz}$

图 7-20   不同激振频率下路基不同点位的动应力时程曲线

7.3.2 激振条件路基响应频率和共振频率

1. 路基响应频率

动应力响应时程曲线经快速傅里叶变换后可以得到幅频曲线。根据路基中不同点位的幅频曲线图，既可以确定不同激振频率下路基不同点位主振频率的大小，又可以对试验误差进行分析。

图 7-21 为激振体在配置直径为 0.7 m 的承压板，激振频率分别为 13.5 Hz、22 Hz 和 27.5 Hz 时路基不同点位的幅频曲线。

从图 7-21 中可以看出：同一激振频率下，土体不同点位频率结构基本一致，只是在幅值上有所区别；对比在相同激振频率下路基不同点位的幅频曲线可以发现，各幅频曲线均有一个明显的峰值点，该峰值点即为土体在相应激振频率下的主振频率；各点位的主振频率与激振频率相同，有很好的对应关系。

除主振频率处的波峰外，其他频率处也会有一些小的波峰出现，并且相同主振频率下加速度幅频曲线和动应力幅频曲线对应的这些小波峰幅值差异也较明显。分析其原因主要为三点：①激振器有固定装置以阻止其发生水平位移，振动过程中激振器与固定装置发生碰撞会产生频率不同的杂波，而被埋设传感器捕捉到；②土体作为散粒材料，其振动是多模态的，在振动传递过程中，对不同模态下的主振频率的能量具有复杂的扩大或消减效应；③加速度传感器与动土压力盒本身的刚度不同，与土体相互作用时的振动反应也有一定的差异。

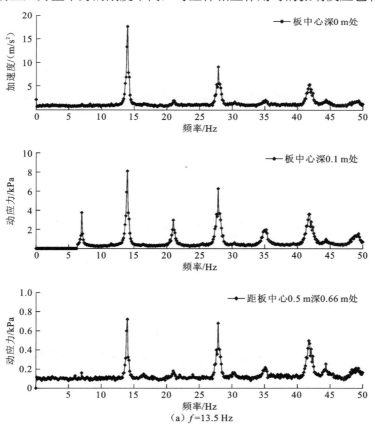

（a）$f = 13.5$ Hz

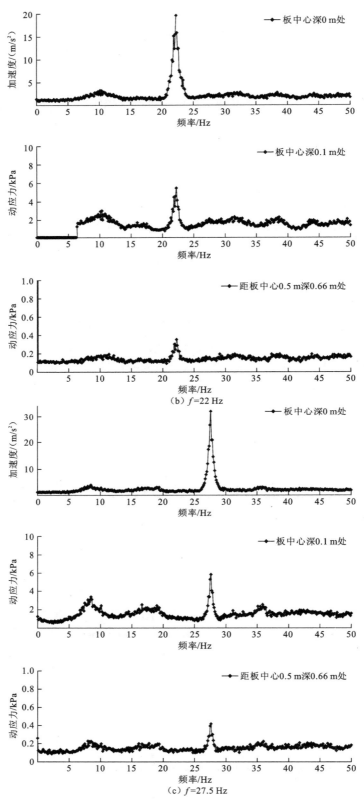

（b）$f=22$ Hz

（c）$f=27.5$ Hz

图 7-21　不同激振频率下路基不同点位的加速度和动应力幅频曲线

2. 路基共振频率

将激振器用变频窗口控制，激振频率从低到高渐进，频率范围为 11.5～27.5 Hz，对激振板中心线下不同深度处各测点进行多次激振，观察其在激振过程中加速度、动应力随频率的变化规律，并通过分析数据，得出路基的自振频率。

图 7-22 和图 7-23 分别为激振板中心处及距中心 0.5 m 处各测点的加速度随频率变化曲线。

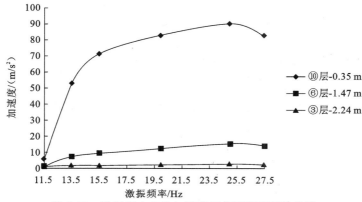

图 7-22　激振板中心处加速度幅值随频率变化曲线

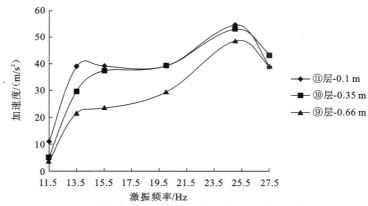

图 7-23　距激振板中心 0.5 m 处加速度幅值随频率变化曲线

从图 7-22 中可以看出：激振板中心处各点作用不同激振频率时，加速度幅值随深度的增加而减小；当激振频率从 11.5 Hz 增加到 14 Hz 时，⑩层（距表层 0.35 m 处）幅值增加得非常明显，而⑥层（距表层 1.47 m 处）和③层（距表层 2.24 m 处）相对缓慢，随着激振频率再次增大，各层位的加速度幅值增加速度放缓；当激振频率增加到 25 Hz 时，达到峰值点，随后又呈下降趋势。

从图 7-23 中可以看出：距激振板中心 0.5 m 处各点作用不同激振频率时，加速度幅值随深度的增加而减小；当激振频率从 11.5 Hz 增加到 14 Hz 时，各层加速度幅值增加速率较大，随着激振频率不断增大，⑪层（距表层 0.1 m 处）和⑩层（距表层 0.35 m 处）的加速度幅值先减小后增大，而⑨层（距表层 0.66 m 处）的加速度幅值呈增加趋势；当激振频率增加到 25 Hz 时，达到峰值点，随后又呈下降趋势。

图 7-24 和图 7-25 分别为激振板中心处及距中心 0.5m 处各测点的动应力幅值随频率变化曲线。

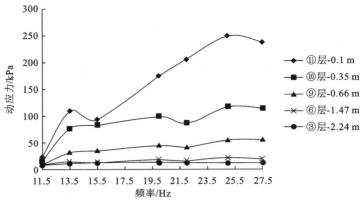

图 7-24　激振板中心处动应力幅值随频率变化曲线

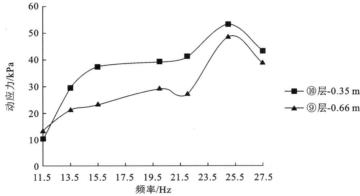

图 7-25　距激振板中心 0.5 m 处动应力幅值随频率变化曲线

从图 7-24 可以看出，激振板中心处各点作用不同激振频率时，动应力幅值随深度的增加而减小；当激振频率从 11.5 Hz 增加到 13.5 Hz 时，各层动应力幅值增加速率较大，随着激振频率不断增大，⑪层（距表层 0.1 m 处）的幅值先减小后增大，而⑩层（距表层 0.35 m 处）和⑨层（距表层 0.66 m 处）的动应力幅值增加缓慢，⑥层（距表层 1.47 m 处）和③层（距表层 2.24 m 处）的动应力幅值基本不变；当激振频率从 20 Hz 增加到 25 Hz 时，⑩层（距表层 0.35 m 处）和⑨层（距表层 0.66 m 处）的动应力幅值先增大后减小；当激振频率增加到 25 Hz 时，达到峰值点，随后又呈下降趋势。

从图 7-25 可以看出，距激振板中心 0.5 m 处各点作用不同激振频率时，动应力幅值随深度的增加而减小；当激振频率从 11.5 Hz 增加到 13.5 Hz 时，各层动应力幅值增加速率较大，随着激振频率不断增加，增加速率明显减小；当激振频率从 21 Hz 增加到 25 Hz 时，各层动应力幅值先增大后减小，当激振频率增加到 25 Hz 时，达到峰值点。

从图 7-22～图 7-25 可以看出，当激振板各点作用不同激振频率时，动应力幅值随深度的增加而减小，且当激振频率增加到 25 Hz 时，各条曲线达到峰值点，即达到了路基的自振频率。

日本东海岛新干线路堤现场共振试验[36]中，测得路基共振频率为 15～20 Hz。西南交通大学[37]在大秦重载铁路测得路基基床自振频率为 16~40 Hz。在文献[38]中基于粉质土和黏质土的压实特性提出黏性土的自振频率介于 20~24 Hz。本次试验场地中为含少量沙的高液限粉土，其共振频率较高。

7.3.3　路基动力响应在纵向和横向上的变化规律

本小节根据现场试验数据，分析振动频率为 13.5 Hz 和 19.1 Hz 条件下加速度及动应力沿路基纵向及横向的变化规律。

1. 加速度沿路基纵向衰减规律

路基中心处加速度沿深度衰减曲线如图 7-26 所示。

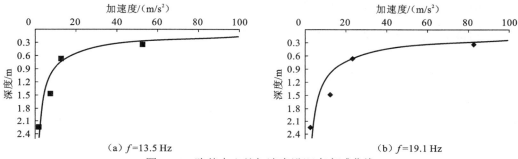

(a) f=13.5 Hz　　　　(b) f=19.1 Hz

图 7-26　路基中心处加速度沿深度衰减曲线

从图 7-26 可以看出，路基中心处的加速度随深度的增加明显减小：当激振频率为 13.5 Hz 时，距路基表面 0.35 m 处的加速度衰减率为 67%，距路基表面 0.66 m 处的加速度衰减率为 92%，距路基表面 1.47 m 处的加速度衰减率为 95%，距路基表面 2.24 m 处的加速度衰减率为 99%；当激振频率为 19.1 Hz 时，距路基表面 0.35 m 处的加速度衰减率为 59%，距路基表面 0.66 m 处的加速度衰减率为 89%，距路基表面 1.47 m 处的加速度衰减率为 94%，距路基表面 2.24 m 处的加速度衰减率为 99%。根据大量文献研究，当激振力较大时，加速度在表层 1.0 m 内衰减较快，且衰减率达 90%以上，而 1.0 m 以下部分衰减速率明显减小，这是因为土体自身阻尼较大，刚度较小，上层吸收能量较多，同时由于试验区路基由素混凝土和灰土分层填筑而成，较正常 A、B 料填筑的路基阻尼大，加速度沿深度方向衰减较快。随着激振频率的增大，衰减率随深度的增加有所减缓，这是因为频率的增加导致激振力有所提高，土体阻尼效应影响相对减弱，而加速度传播深度增加，因此同一水平位置衰减率有所减小。加速度衰减曲线采用幂指数函数拟合，且相关程度为 95%，属于高度相关，能显著反映加速度沿深度方向的衰减规律。

距路基中心 0.5 m 处加速度沿深度衰减曲线如图 7-27 所示。

从图 7-27 可以看出，距路基中心 0.5 m 处的加速度随深度的增加而减小：当激振频率为 13.5 Hz 时，距路基表面 0.35 m 处的加速度衰减率为 25%，距路基表面 0.66 m 处的加速度衰减率为 45%；当激振频率为 19.1 Hz 时，距路基表面 0.35 m 处的加速度衰减率为 20%，距路基表面 0.66 m 处的加速度衰减率为 40%。相比路基中心沿深度方向的衰减率，距中心水平距离 0.5 m 处的衰减率明显减小。随着激振频率的增大，衰减率随深度的增加有所缓

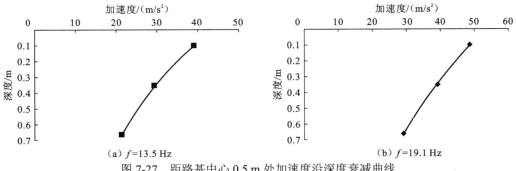

（a）$f=13.5\,\mathrm{Hz}$ （b）$f=19.1\,\mathrm{Hz}$

图 7-27　距路基中心 0.5 m 处加速度沿深度衰减曲线

减，这是激振频率的增加导致激振力有所提高，土体阻尼效应影响相对减弱，而加速度传播深度增加，同一水平位置衰减率有所减小。加速度衰减曲线采用对数函数拟合，且相关程度为 99%，属于高度相关，能显著反映加速度沿深度方向的衰减规律。

2. 加速度沿路基横向衰减规律

距表层 0.1 m 处的加速度沿路基横向衰减曲线如图 7-28 所示。

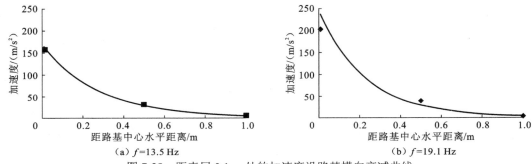

（a）$f=13.5\,\mathrm{Hz}$ （b）$f=19.1\,\mathrm{Hz}$

图 7-28　距表层 0.1 m 处的加速度沿路基横向衰减曲线

从图 7-28 可以看出，距表层 0.1 m 处的加速度沿横向衰减较快：当激振频率为 13.5 Hz 时，距路基中心水平距离 0.5 m 处的加速度衰减率为 80%，距路基中心水平距离 1.0 m 处的加速度衰减率为 97%；当激振频率为 19.1 Hz 时，距路基中心水平距离 0.5 m 处的加速度衰减率为 81%，距路基中心水平距离 1.0 m 处的加速度衰减率为 99%。说明振动波对路基表层水平方向影响范围较小，这是因为激振器与加速度传感器基本处于同一层位，对水平方向作用力较小。同时，传感器只接收纵波，这又削弱了接收纵向振动波的能力，所以加速度沿路基横向衰减较快。随着激振频率的增大，路基中心处和距路基中心水平距离 0.5 m 处的加速度幅值有所增加，而距路基中心水平距离 1.0 m 处的加速度幅值变化不明显。加速度衰减曲线采用指数函数拟合，且相关程度为 98%，属于高度相关，能显著反映加速度沿深度方向的衰减规律。

距表层 0.35 m 处的加速度沿路基横向衰减曲线如图 7-29 所示。

从图 7-29 可以看出：距表层 0.35 m 处的加速度沿横向衰减较快，当激振频率为 13.5 Hz 时，距路基中心水平距离 0.5 m 处的加速度衰减率为 44%，距路基中心水平距离 1.0 m 处的加速度衰减率为 86%；当激振频率为 19.1 Hz 时，距路基中心水平距离 0.5 m 处的加速度衰减率为 53%，距路基中心水平距离 1.0 m 处的加速度衰减率为 92%，说明振动波对路

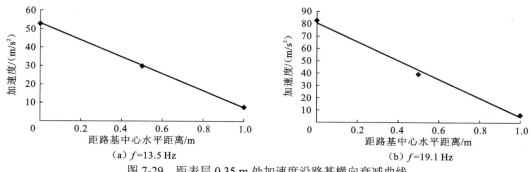

(a) f=13.5 Hz　　　　　　　　　(b) f=19.1 Hz

图 7-29　距表层 0.35 m 处加速度沿路基横向衰减曲线

基表层水平方向影响范围较小。随着激振频率的增大，路基中心处和距路基中心水平距离 0.5 m 处的加速度幅值有所增加，而距路基中心水平距离 1.0 m 处的加速度变化不明显，且基本符合线性规律。加速度衰减曲线采用线性函数拟合，拟合效果较好，相关度达 0.99，能显著反映加速度沿深度方向的衰减规律。

3. 动应力沿路基纵向衰减规律

路基中心处动应力沿深度衰减曲线如图 7-30 所示。

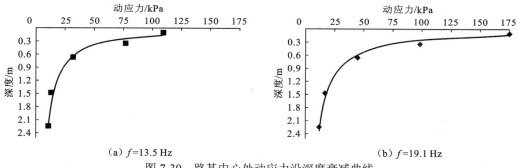

(a) f=13.5 Hz　　　　　　　　　(b) f=19.1 Hz

图 7-30　路基中心处动应力沿深度衰减曲线

从图 7-30 可以看出，路基中心处的动应力随深度的增加明显减小：当激振频率为 13.5 Hz 时，距路基表面 0.35 m 处应力衰减率为 30%，距路基表面 0.66 m 处动应力衰减率为 71%，距路基表面 1.47 m 处动应力衰减率为 88%，距路基表面 2.24 m 处动应力衰减率为 90%；当激振频率为 19.1 Hz 时，距路基表面 0.35 m 处动应力衰减率为 44%，距路基表面 0.66 m 处动应力衰减率为 74%，距路基表面 1.47 m 处动应力衰减率为 90%，距路基表面 2.24 m 处动应力衰减率为 93%。根据大量文献研究，当激振力较大时，动应力在距表层 1.0 m 内衰减较快，且衰减率达 80%以上，而 1.0 m 以下部分衰减速率明显减小，这是由于土体自身阻尼较大，刚度较小，上层吸收能量较多，同时由于试验区路基由素土和灰土分层填筑而成，较正常 A、B 料填筑的路基阻尼大，动应力沿深度方向衰减较快。随着激振频率的增大，衰减率随深度的增加有所缓减，这是因为激振频率的增加导致激振力有所提高，土体阻尼效应影响相对减弱，而动应力传播深度增大，同一水平位置衰减率有所减小。动应力衰减曲线采用幂指数函数拟合，且相关程度高达 96%，属于高度相关，能显著反映动应力沿深度方向的衰减规律。

距基中心 0.5 m 处动应力沿深度衰减曲线如图 7-31 所示。

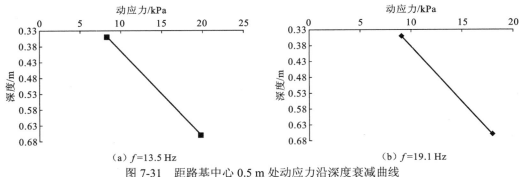

(a) $f=13.5$ Hz   (b) $f=19.1$ Hz

图 7-31 距路基中心 0.5 m 处动应力沿深度衰减曲线

从图 7-31 可以看出，距路基中心 0.5 m 处的动应力随深度的增加而增大，相同激振频率下在深度为 0.66 m 处的动应力均大于深度为 0.35 m 处动应力，这可能是因为应力波在传递过程中存在一定的扩散角。在深度为 0.66 m 处的测点位于应力扩散角范围内，而深度为 0.35 m 处测点位于应力扩散角范围之外。当激振频率为 13.5 Hz 时，距路基表面深度 0.66 m 处动应力增加了 140%；当激振频率为 19.1 Hz 时，距路基表面深度 0.66 m 处动应力增加了 98%，随着激振频率的提高，动应力增加速率减缓。水平方向上，路基表面深度 0.35 m 处的动应力与路基中心处动应力相比，分别衰减了 89% 和 90%；相比路基中心沿深度方向的衰减率，距中心水平距离 0.5 m 处的衰减率明显较小。随着激振频率的增大，动应力基本保持不变。动应力衰减曲线采用线性函数拟合，能显著反映动应力沿深度方向的衰减规律。

4. 动应力沿路基横向衰减规律

距表层 0.35 m 处的动应力沿路基横向衰减曲线如图 7-32 所示。

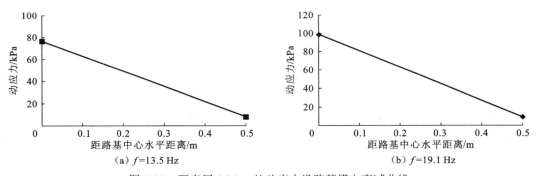

（a）$f=13.5$ Hz   （b）$f=19.1$ Hz

图 7-32 距表层 0.35 m 处动应力沿路基横向衰减曲线

从图 7-32 可以看出，距表层 0.35 m 处的动应力沿横向衰减较快，当激振频率为 13.5 Hz 时，距路基中心水平距离 0.5 m 处动应力衰减率为 89%；当激振频率为 19.1 Hz 时，距路基中心水平距离 0.5 m 处动应力衰减率为 91%，说明振动波对路基表层水平方向影响范围较小，这是因为土体自身刚度较小，阻尼较大，同时，传感器只接收纵波，这又削弱了接收纵向振动波的能力，所以动应力沿路基横向衰减较快。随着频率的增大，路基中心处的动应力有所增加，而距路基中心水平距离 0.5 m 处的动应力变化不明显。动应力衰减曲线采用线性函数拟合，能显著反映动应力沿深度方向的衰减规律。

距表层 0.66 m 处的动应力沿路基横向衰减曲线如图 7-33 所示。

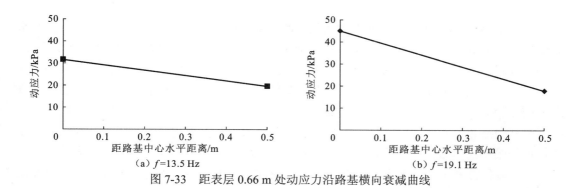

（a）f=13.5 Hz   （b）f=19.1 Hz

图 7-33　距表层 0.66 m 处动应力沿路基横向衰减曲线

从图 7-33 可以看出，距表层 0.66 m 处的动应力沿横向衰减较快，当激振频率为 13.5 Hz 时，距路基中心水平距离 0.5 m 处动应力衰减率为 37%；当激振频率为 19.1 Hz 时，距路基中心水平距离 0.5 m 处动应力衰减率为 60%。这两处的动应力衰减率之所以比上层小，是因为应力波在传递过程中存在一定的扩散角，这两处的加速度传感器正好处于扩散角之内。随着频率的增大，路基中心处的动应力有所增加，而距路基中心水平距离 0.5 m 处的动应力变化不明显。动应力衰减曲线采用线性函数拟合，能显著反映动应力沿路基横向的衰减规律。

7.3.4　不同激振频率下路基动应力响应对比

1. 不同频率下加速度沿路基纵向变化规律

路基中心处的加速度在不同激振频率作用下沿深度衰减规律，见表 7-8 和图 7-34。

表 7-8　各土层深度在不同频率作用下加速度的衰减率

传感器层位	深度/m	衰减率/%					
		f=13.5 Hz	f=15.1 Hz	f=19.1 Hz	f=22 Hz	f=25 Hz	f=27.5 Hz
⑪层	0.10	0	21	28	29	75	55
⑩层	0.35	0	36	57	21	71	57
⑨层	0.66	0	20	81	99	159	139
⑥层	1.47	0	25	66	44	106	88
③层	2.24	0	0	33	6	60	33

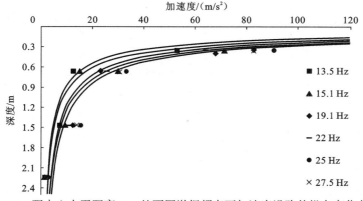

图 7-34　距中心水平距离 0 m 处不同激振频率下加速度沿路基纵向变化曲线

从图 7-34 可以看出，随着激振频率的不断提高，总体的加速度都在不断增大，距路基表面深度 1.47 m 以上的加速度增加较快，而 1.47 m 以下变化不明显。从表 7-8 可以看出，⑩层、⑪层、③层的加速度增加相对缓慢，而⑨层和⑥层加速度增加非常快，尤其是第⑨层，这是因为在激振荷载的作用下，应力波在传递过程中存在一定的扩散角，⑨层（距路基表面 0.66 m）正好处于应力角的范围之内，且处于边界处，存在界面效应，所以⑨层加速度与其他层相比较快，而③层距路基表层深度较大，激振力对其影响较小，导致加速度幅值增加较小；当激振频率增加到 25 Hz 时，加速度的增加量比其他激振频率大得多，这是由于试验区路基的土体共振频率为 25 Hz，在此频率下激振，加速度值较大。加速度衰减曲线采用幂指数函数拟合，且相关程度高达 92%，属于高度相关，能显著反映加速度随激振频率增加的变化规律。

距路基中心 0.5 m 处的不同激振频率作用下加速度沿路基纵向变化曲线，如图 7-35 所示。

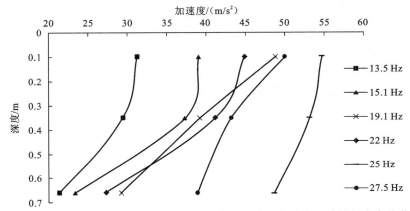

图 7-35　距路基中心水平距离 0.5 m 处不同激振频率下加速度沿路基纵向变化曲线

从图 7-35 可以看出，随着激振频率的不断提高，总体的加速度都在不断增大。从表 7-8 中可以看出：⑪层和⑨层加速度逐渐增大，规律较明显；频率 13.5～15.5 Hz 和 25～27.5 Hz 变化比其他相邻频率明显。当频率增加到 25 Hz 时，加速度比其他激振频率都大得多，这是因为试验区路基的土体共振频率为 25 Hz，在此频率下引起激振。

2. 不同激振频率下加速度沿路基横向变化规律

距路基表层 0.1 m 处的加速度在不同激振频率作用下沿路基横向分布规律，见表 7-9 和图 7-36。

表 7-9　各土层深度在不同激振频率作用下加速度的增加量

传感器层位	距路基中心水平距离/m	增加量/%					
		$f=13.5$ Hz	$f=15.1$ Hz	$f=19.1$ Hz	$f=22$ Hz	$f=25$ Hz	$f=27.5$ Hz
⑪层	0	0	21	28	29	75	55
⑩层	0.5	0	9	25	44	75	25
⑨层	1.0	0	−70	−40	−35	−50	−46

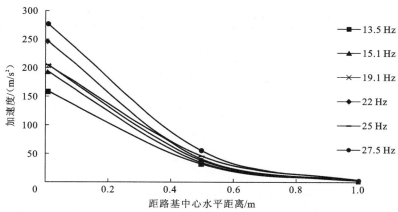

图 7-36　距路基表层 0.1 m 处不同激振频率下加速度沿路基横向变化曲线

从图 7-36 可以看出，随着激振频率的不断提高，距路基中心水平距离 0.5 m 之内的加速度都在不断增大，而距路基中心水平距离 1.0 m 处的加速度变化不明显，这是因为加速度到达距路基中心距离 1.0 m 处衰减非常快，幅值较小，规律性不强。从表 7-9 可以看出，⑪层和⑩层加速度增加量非常明显，激振频率增加到 25 Hz 时，⑪层和⑩层的加速度都增加了 75%，且加速度比其他激振频率都大，这是因为试验区路基的土体共振频率为 25 Hz，在此频率下引起激振。

距路基表层 0.35 m 处的加速度在不同激振频率作用下沿路基横向变化曲线，如图 7-37 所示。

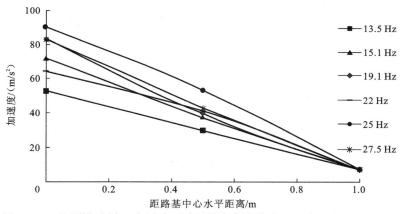

图 7-37　不同激振频率下加速度沿路基横向变化曲线（距路基表层 0.35 m）

从图 7-37 可以看出，随着激振频率的不断提高，距路基中心水平距离 0.5 m 之内的加速度幅值都在不断增大，而 1.0 m 处的加速度变化不明显，这是因为加速度到达距路基中心距离 1.0 m 处衰减得非常快，幅值较小；频率 13.5～15.5 Hz 和 25～27.5 Hz 加速度增加比其他激振频率明显，当激振频率增加到 25 Hz 时，加速度比其他激振频率都大，这是因为试验区路基的土体共振频率为 25 Hz，在此频率下引起激振。

3. 不同激振频率下动应力沿路基纵向变化规律

路基中心处的动应力在不同激振频率作用下沿深度变化规律，见表 7-10 和图 7-38。

表 7-10　各土层深度在不同激振频率作用下动应力的增加量

传感器层位	深度/m	动应力增加量/%					
		f=13.5 Hz	f=15.1 Hz	f=19.1 Hz	f=22 Hz	f=25 Hz	f=27.5 Hz
⑪层	0.10	0	−14	60	89	129	117
⑩层	0.35	0	8	28	12	52	48
⑨层	0.66	0	10	42	30	75	75
⑥层	1.47	0	−3	25	13	56	37
③层	2.24	0	15	15	15	12	12

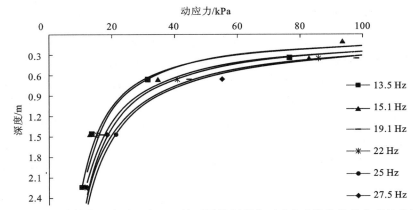

图 7-38　距路基中心水平距离 0 m 处不同激振频率下动应力沿路基纵向变化曲线

从图 7-38 可以看出,随着激振频率的不断提高,总体的动应力都在不断增大,距路基表面深度 1.47 m 以上的动应力增加较快,而 1.47 m 以下变化不明显。从表 7-10 可以看出,③层的动应力增加得相对缓慢,而⑪层和⑨层动应力增加得非常快,⑨层动应力的增加量仅次于⑪层,比其他层位增加量都大,这是因为在激振荷载的作用下,应力波在传递过程中存在一定的扩散角,⑨层(距路基表面 0.66 m)正好处于应力角的范围之内,所以动应力比其他层增加得快,而③层距路基表层深度较大,激振力对其影响较小,导致动应力增加较小。当频率增加到 25 Hz 时,动应力的增加量比其他激振频率大得多,这是因为试验区路基的土体共振频率为 25 Hz,在此频率下引起激振。动应力衰减曲线采用幂指数函数拟合,且相关程度均高达 95%,属于高度相关,能显著反映动应力随激振频率增加的变化规律。

距路基中心水平距离 0.5 m 处不同激振频率作用下动应力沿路基纵向变化曲线,如图 7-39 所示。

从图 7-39 可以看出,随着激振频率的不断提高,总体的动应力都在不断增大,但增加量较小。频率 25~27.5 Hz 变化比其他相邻频率明显。⑨层(距路基表面 0.66 m)的动应力比⑩层(距路基表面 0.35 m)大得多,动应力较其他激振频率大得多,这是因为在激振荷载的作用下,应力波在传递过程中存在一定的扩散角,⑨层正好处于应力角的范围之内。

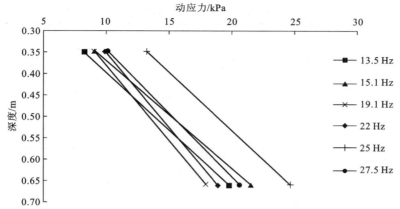

图 7-39　距路基中心水平距离 0.5 m 处不同激振频率下动应力沿路基纵向变化曲线

4. 不同激振频率下动应力沿路基横向变化规律

距路基表层 0.35 m 处不同激振频率作用下动应力沿路基横向变化规律，见表 7-11 和图 7-40。

表 7-11　在不同激振频率作用下动应力的增加量（距路基表层 0.35 m）

传感器层位	距路基中心水平距离/m	动应力增加量/%					
		f=13.5 Hz	f=15.1 Hz	f=19.1 Hz	f=22 Hz	f=25 Hz	f=27.5 Hz
⑩层	0	0	8	28	12	52	48
	0.5	0	10	10	20	60	23

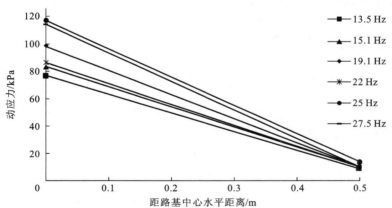

图 7-40　距路基表层 0.35 m 处不同激振频率下动应力沿路基横向变化曲线

从图 7-40 可以看出，随着激振频率的不断提高，各层位动应力都在不断增大，路基中心处动应力增加量比 0.5 m 处大。从表 7-11 可以看出，激振频率增加到 25 Hz 时，路基中心和距路基中心水平距离 0.5 m 的动应力分别增加了 52%和 60%，比其他激振频率都大，这是因为试验区路基的土体共振频率为 25 Hz，在此频率下引起激振。

距路基表层 0.66 m 处不同激振频率作用下动应力沿路基横向变化规律，见表 7-12 和图 7-41。

表 7-12　各土层深度加速度在不同振次下的增加量

传感器层位	深度/m	加速度增加量/%					
		0 次	1.2 万次	2.4 万次	3.6 万次	5.4 万次	7.2 万次
⑪层	0.10	0	5	11	14	27	31
⑩层	0.35	0	12	20	17	22	25
⑨层	0.66	0	14	9	20	26	46
⑥层	1.47	0	19	26	28	21	19

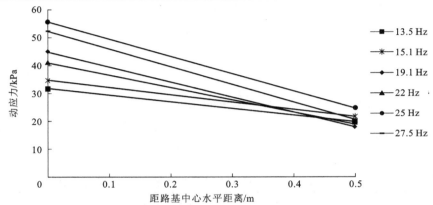

图 7-41　距路基表层 0.66 m 处不同振动频率下动应力沿路基横向变化曲线

从图 7-41 可以看出，随着激振频率的不断提高，各层位动应力幅值都在不断增大，路基中心处动应力增加量比 0.5 m 处大；当激振频率增加到 25 Hz 时，路基中心和距路基中心水平距离 0.5 m 处的动应力分别增加至 55.27 kPa 和 24.69 kPa，比其他激振频率都大，这是因为试验区路基的土体共振频率为 25 Hz，在此频率下引起激振。

7.3.5　不同振次下路基动力响应

1. 不同振次下加速度沿路基纵向变化规律

表 7-12 为各土层深度加速度幅值在不同振次下的增加量。图 7-42 为不同振次条件下加速度沿路基纵向的变化曲线。

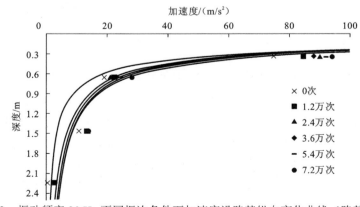

图 7-42　振动频率 20 Hz 不同振次条件下加速度沿路基纵向变化曲线（路基中心）

从图 7-42 可以看出，随着振次的不断提高，距路基表层 0.66 m 以上的加速度都在不断增大，而 0.66 m 以下变化不明显。从表 7-12 可以看出，⑨层加速度增加量比其他各层增加得快，这是因为在激振荷载的作用下，应力波在传递过程中存在一定的扩散角，⑨层（距路基表面 0.66 m）正好处于应力角的范围之内，且处于边界处，存在界面效应。而⑥层、③层距路基表层深度较大，激振力对其影响较小，导致加速度增加量较小。加速度衰减曲线采用幂指数函数拟合，且相关程度均高达 92%，属于高度相关，能显著反映在激振频率 20 Hz 不同振次条件下加速度沿路基纵向的变化规律。

2. 动应力随不同振次沿路基纵向变化规律

表 7-13 为各土层深度动应力在不同振次下的增加量。图 7-43 为不同振次条件下动应力沿路基纵向的变化曲线。

表 7-13　各土层深度动应力在不同振次条件下的增加量

传感器层位	深度/m	动应力增加量/%					
		0 次	1.2 万次	2.4 万次	3.6 万次	5.4 万次	7.2 万次
⑪层	0.1	0	5	11	16	24	30
⑩层	0.35	0	0	−3	−5	0	2
⑨层	0.66	0	3	13	8	6	19
⑥层	1.47	0	24	18	36	3	18
③层	2.24	0	2	−12	25	31	25

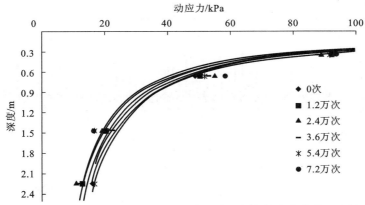

图 7-43　振动频率 20 Hz 不同振次下动应力沿路基纵向的变化曲线（路基中心）

从图 7-43 可以看出，随着振次的不断提高，除⑩层（距路基 0.35 m）的动应力变化不明显，其他的动应力都在不断增大。从表 7-13 可以看出，⑪层的动应力增加较快，在激振 2.4 万次和 7.2 万次时，动应力的增加量比其他振次高。动应力衰减曲线采用幂指数函数拟合，且相关程度均高达 96%，属于高度相关，能显著反映在激振频率 20 Hz 不同振次下动应力沿路基纵向的变化规律。

7.4 浸水软化下路基动力响应规律

本小节对高铁路基正常工况和灾变工况下的动力响应进行分析,为路基灾变的预警系统指标提供理论数据基础,通过简单分析灾变指标来判断高铁路基的灾害情况,及时采取有效方法,最大限度地减少灾害的发生,灾变工况分为三种:灾变工况一,路基基床顶层下部软化,软化层位⑨层(距路基表面 0.66 m);灾变工况二,路基基床底层中部软化,软化层位⑥层(距路基表面 1.47 m);灾变工况三,路基基床底层下部软化,软化层位③层(距路基表面 2.24 m)。

7.4.1 浸水软化下路基动力响应时程曲线

正常工况下的激振试验完成后,会在路基不同层位注水软化后再进行激振试验。由于灾变工况下的时程曲线特征与变化规律均与正常工况下的相同,本小节主要分析相同频率下各灾变工况时程曲线图的区别。图 7-44 为激振体在配置直径为 0.7 m 的承压板,激振频率为 15.1 Hz 时各灾变工况下相同点位相同时段内的加速度时程曲线。

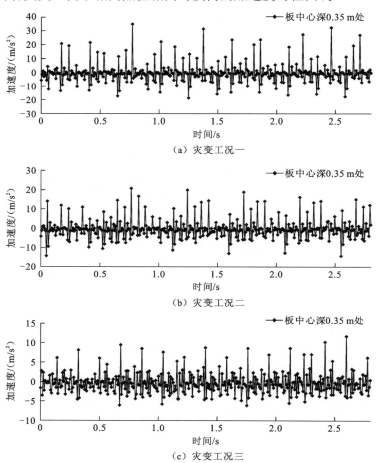

图 7-44 激振频率为 15.1 Hz 时各灾变工况下同点位处加速度时程曲线

从图 7-44 可以看出，随着软化的一步步加深，相同激振频率下同点位处的加速度时程曲线的峰值在迅速减小。由于动应力变化规律与加速度相同，软化后的动应力时程曲线变化规律就不再赘述了。

7.4.2　浸水软化下路基幅频曲线

基于数值模拟灾变工况下的幅频曲线变化，取相同激振频率下激振中心深约 1.5 m 处的三种灾变工况的动应力幅频曲线进行对比。图 7-45 为激振体在配置直径为 0.7 m 的承压板，激振频率为 22 Hz 时各灾变工况下同点位处的动应力幅频曲线。

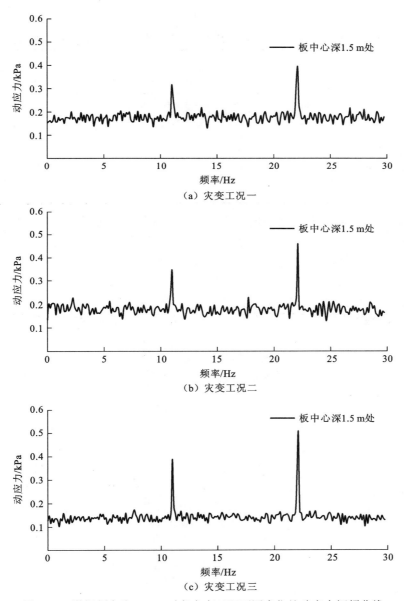

图 7-45　激振频率为 22 Hz 时各灾变工况下同点位处动应力幅频曲线

从图 7-45 可以看出：灾变情况下，经过软化层土体对高频动荷载的吸收作用后，土体中除主振频率的波峰外，幅频曲线在低频部分还出现了一个明显的峰值点；三种灾变工况下的幅频曲线中，随着软化程度加深，低频波峰峰值越来越大，即在软化程度较高的工况下，动荷载中低频荷载更加凸显。

7.4.3　路基上部软化下动力响应

各土层深度灾变工况的加速度在不同频率作用下较正常工况的衰减率见表 7-14。正常工况与基床表层下部软化后加速度沿路基纵向变化规律（软化层位于⑨层，距表面 0.66 m）见图 7-46。

表 7-14　各土层深度灾变工况的加速度在不同频率作用下较正常工况的衰减率

传感器层位	深度/m	衰减率/%					
		$f=13.5$ Hz	$f=15.1$ Hz	$f=19.1$ Hz	$f=22$ Hz	$f=25$ Hz	$f=27.5$ Hz
⑪层	0.10	69	96	114	134	76	34
⑩层	0.35	−2	134	175	112	92	33
⑨层	0.66	−43	27	76	89	65	12
⑥层	1.47	42	110	141	96	120	122
③层	2.24	−35	−52	−17	−39	4	−17

从图 7-46 可以看出，与正常工况相比，基床表层下部软化后距路基表面 1.5 m 以上部分的加速度幅值减小较明显，这是因为基床表层下部软化后，与其相对应的路基刚度明显减小，阻尼增大，加速度衰减较快，而 1.5 m 以下部分数值较小，变化较大。

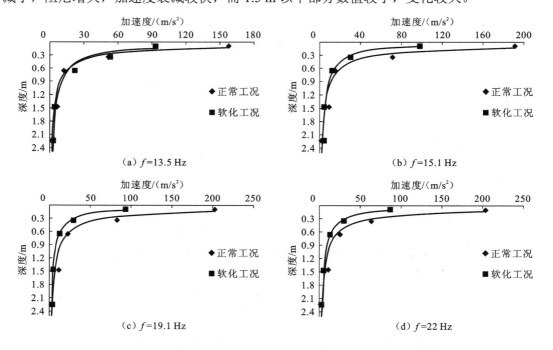

（a）$f=13.5$ Hz　　　　（b）$f=15.1$ Hz

（c）$f=19.1$ Hz　　　　（d）$f=22$ Hz

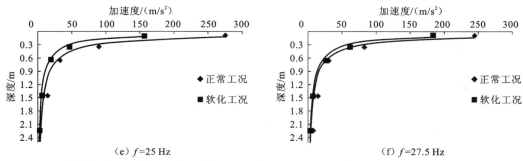

图 7-46　不同激振频率下正常工况与基床表层下部软化工况的加速度沿路基纵向变化曲线（路基中心）

灾变工况与正常工况在不同激振频率下的加速度沿纵向变化规律总体趋于一致，从表 7-15 各层位的衰减率可以看出，⑩层（距路基表面 0.35 m）的衰减率明显大于其他层位，其次是⑥层（距路基表面 1.47 m）、⑪层（距路基表面 0.10 m），而⑨层（主要软化层，距路基表面 0.66 m）加速度衰减率相比⑥层和⑪层要小，这是因为经过一段时间入渗后，⑩层、⑪层的含水量也明显提高，接近饱和状态，且⑩层含水量略大于⑪层，与⑨层含水量差别不大，其次⑨层距路基表面已有一定深度，激振力作用有限。因此，加速度沿路基表层纵向的总体衰减率为⑩层最大，⑪层次之，再次是⑨层。

表 7-15　各土层深度灾变工况的动应力在不同激振频率作用下较正常工况的衰减率

传感器层位	深度/m	衰减率/%					
		f=13.5 Hz	f=15.1 Hz	f=19.1 Hz	f=22 Hz	f=25 Hz	f=27.5 Hz
⑪层	0.1	62	60	64	69	70	71
⑩层	0.35	62	67	70	62	75	77
⑨层	0.66	28	30	47	28	41	37
⑥层	1.47	37	6	50	39	48	32
③层	2.24	23	3	27	13	45	14

随着激振频率的不断提高，⑥层以上加速度总体呈增长趋势，而⑥层以下部分反而减小，这与传感器自身产生的杂波和其他主振频率的影响有关。

加速度衰减曲线采用幂指数函数拟合，且相关程度均高达 92%，属于高度相关，能显著反映不同频率下正常工况与基床表层下部软化工况的加速度沿路基纵向的变化规律。

各土层深度灾变工况的动应力在不同激振频率作用下较正常工况的衰减率见表 7-15。正常工况与基床表层下部软化后动应力沿路基纵向变化规律（软化层位于⑨层，距路基表面 0.66 m）见图 7-47。

从图 7-47 可以看出，与正常工况相比，基床表层下部软化后各层位的动应力均有所减小，且距路基表面 1.5 m 以上部分较明显，这是因为基床表层下部软化后，与其相对应的路基刚度明显减小，阻尼增大，动应力衰减较快，而 1.5 m 以下部分差别不大。

灾变工况与正常工况在不同激振频率下的动应力沿纵向变化规律总体趋于一致，从表 7-16 各层位的动应力衰减率可以看出，⑩层（距路基表面 0.35 m）的动应力衰减率明显大于其他层位，其次是⑪层（距路基表面 0.1 m），而⑨层（主要软化层，距路基表面 0.66 m）

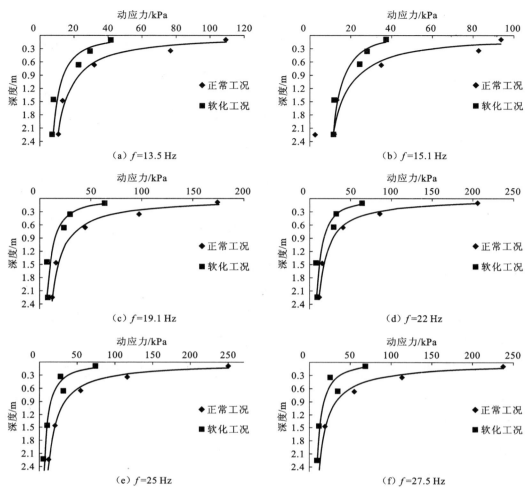

图 7-47　不同激振频率下正常工况与基床表层下部软化工况的动应力沿路基纵向变化曲线（路基中心）

表 7-16　各土层深度灾变工况的加速度在不同激振频率作用下较正常工况的衰减率

传感器层位	深度/m	衰减率/%					
		$f=13.5$ Hz	$f=15.1$ Hz	$f=19.1$ Hz	$f=22$ Hz	$f=25$ Hz	$f=27.5$ Hz
⑪层	0.10	311	202	239	209	220	119
⑩层	0.35	460	337	450	238	242	102
⑨层	0.66	141	65	175	134	128	43
⑥层	1.47	325	290	391	234	366	199
③层	2.24	38	15	63	48	194	90

动应力衰减率相比⑩层和⑪层要小，这是因为经过一段时间入渗后，⑩层、⑪层的含水量也明显提高，接近饱和状态，且⑩层含水量略大于⑪层，与⑨层含水量差别不大，其次⑨层距路基表面已有一定深度，激振力作用有限，因此动应力沿路基纵向的总体衰减率为⑩层最大，⑪层次之，再次是⑨层。

随着激振频率的不断提高，⑥层以上的动应力总体呈增长趋势，而⑥层以下部分变化量较小，有所浮动，这与传感器自身产生的杂波和其他主振频率的影响有关。

动应力衰减曲线采用幂指数函数拟合，且相关程度均高达 92%，属于高度相关，能显著反映不同频率下正常工况与基床表层下部软化工况的动应力沿路基纵向的变化规律。

7.4.4　路基上部和中部软化下动力响应

各土层深度灾变工况的加速度在不同激振频率作用下较正常工况的衰减率见表 7-16。正常工况与基床底层中部软化后加速度沿路基纵向变化规律（软化层位于⑥层，距表面 1.47 m）见图 7-48。

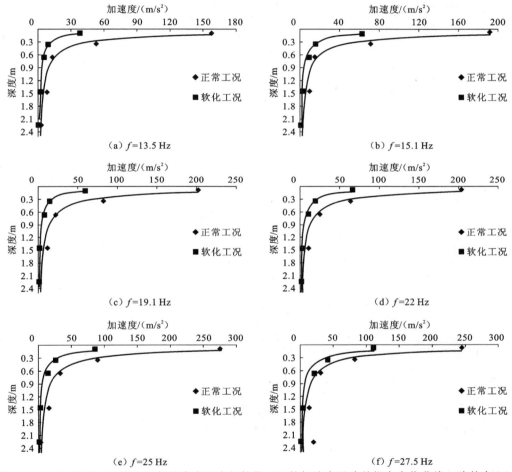

图 7-48　不同频率下正常工况与基床底层中部软化工况的加速度沿路基纵向变化曲线（路基中心）

从图 7-48 可以看出，与正常工况相比，基床底层中部软化后距路基表面 1.8 m 以上部分的加速度减小较明显，这是因为基床表层下部软化后，与其相对应的路基刚度明显减小，阻尼增大，加速度衰减较快，而 1.8 m 以下部分数值较小，同时，由于传感器自身产生的杂波和其他主振频率的影响，加速度数值变化较大。

灾变工况与正常工况在不同激振频率下的加速度沿纵向变化规律总体趋于一致，从表 7-16 各层位的衰减率可以看出，在激振频率 19.1 Hz 以下，衰减率总体大小依次是⑩层＞⑥层＞⑪层＞⑨层＞③层，而当激振频率在此基础上增大时，衰减率总体大小依次为⑥

层＞⑩层＞⑪层＞⑨层＞③层，这是因为⑥层距路基表面较远，激振频率较小时对其影响也较小，当激振频率增大时，软化相应明显增强。

加速度衰减曲线采用幂指数函数拟合，且相关程度均高达 95%，属于高度相关，能显著反映不同频率下正常工况与基床底层中部软化工况的加速度沿路基纵向的变化规律。

各土层深度灾变工况的动应力在不同激振频率作用下较正常工况的衰减率见表 7-17。正常工况与基床底层中部软化后动应力沿路基纵向变化规律（软化层位于⑥层，距路基表面 1.47 m）见图 7-49。

表 7-17　各土层深度灾变工况的动应力在不同激振频率作用下较正常工况的衰减率

传感器层位	深度/m	衰减率/%					
		$f=13.5$ Hz	$f=15.1$ Hz	$f=19.1$ Hz	$f=22$ Hz	$f=25$ Hz	$f=27.5$ Hz
⑪层	0.1	77	75	73	71	74	74
⑩层	0.35	84	84	80	73	78	75
⑨层	0.66	73	69	70	62	72	69
⑥层	1.47	48	38	48	40	51	46
③层	2.24	39	42	35	33	32	24

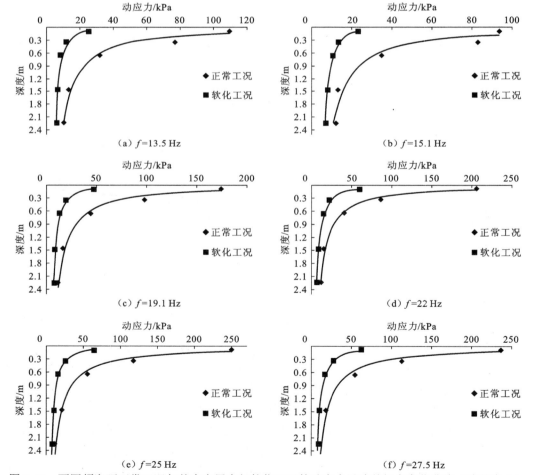

图 7-49　不同频率下正常工况与基床底层中部软化工况的动应力沿路基纵向变化曲线（路基中心）

从图 7-49 可以看出，与正常工况相比，各层位的动应力均有所减小，总体变化规律与基床顶层上部相似。

灾变工况与正常工况在不同激振频率下的动应力沿纵向变化规律总体趋于一致，从表 7-17 各层位的衰减率可以看出，⑩层（距路基表面 0.35 m）的衰减率明显大于其他层位，其次是⑪层、⑨层、⑥层。由于⑥层入渗完成后，其上部层位已经入渗完成了一段时间，此时，土壤中水分分布较均匀，⑥层的动应力变化无明显差别。

从图 7-49 可以看出，动应力衰减速率非常快，1.2 m 以下部分已接近线性衰减；动应力衰减曲线采用幂指数函数拟合，且相关程度均高达 95%，属于高度相关，能显著反映不同频率下正常工况与基床底层中部软化工况的动应力沿路基纵向的变化规律。

7.4.5　路基全部软化下动力响应

各土层深度灾变工况的加速度在不同激振频率作用下较正常工况的衰减率见表 7-18。正常工况与基床底层下部软化后加速度沿路基纵向变化规律（软化层位于③层，距路基表面 2.24 m）见图 7-50。

表 7-18　各土层深度灾变工况的加速度在不同频率作用下较正常工况的衰减率

传感器层位	深度/m	衰减率/%					
		f=13.5 Hz	f=15.1 Hz	f=19.1 Hz	f=22 Hz	f=25 Hz	f=27.5 Hz
⑪层	0.10	516	208	214	186	188	137
⑩层	0.35	1 300	445	540	243	224	238
⑨层	0.66	496	138	337	162	132	150
⑥层	1.47	327	400	459	206	288	233
③层	2.24	26	16	40	16	109	102

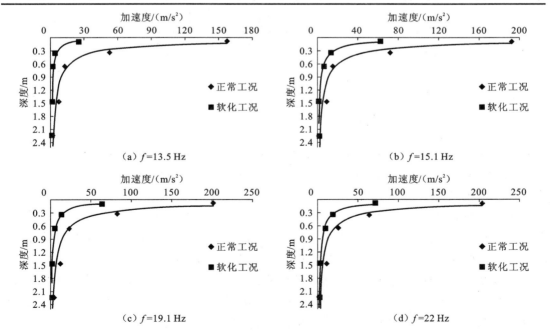

(a) f=13.5 Hz　　(b) f=15.1 Hz

(c) f=19.1 Hz　　(d) f=22 Hz

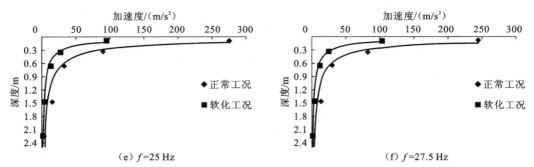

图 7-50 不同频率下正常工况与基床底层下部软化工况的加速度沿路基纵向变化曲线（路基中心）

从图 7-50 可以看出，与正常工况相比，基床底层下部软化后加速度沿路基纵向衰减得非常大，总体变化规律与前两种工况类似，而 1.5 m 以下加速度变化量较上部有所减小。

灾变工况与正常工况在不同激振频率下的加速度沿纵向变化规律总体趋于一致，从表 7-18 各层位的衰减率可以看出，在激振频率 19.1 Hz 以下，⑩层的衰减率非常大，⑥层次之。当激振频率提高时，各层位的衰减幅度有所减小，③层变化不明显，这是因为③层距路基表面较远，同时由于上部软化后，土体刚度减小很多，激振波还没传到③层就已经衰减了 97%以上，所以 3 层衰减率不大。

加速度衰减曲线采用幂指数函数拟合，且相关程度均高达 95%，属于高度相关，能显著反映不同频率下正常工况与基床底层下部软化工况的加速度沿路基纵向的变化规律。

各土层深度灾变工况的动应力在不同频率作用下较正常工况的衰减率见表 7-19。正常工况与基床表层下部软化后动应力沿路基纵向变化规律（软化层位于③层，距路基表面 2.24 m）见图 7-51。

表 7-19 各土层深度灾变工况的动应力在不同频率作用下较正常工况的衰减率

传感器层位	深度/m	衰减率/%					
		f=13.5 Hz	f=15.1 Hz	f=19.1 Hz	f=22 Hz	f=25 Hz	f=27.5 Hz
⑪层	0.10	74	67	71	74	77	77
⑩层	0.35	77	78	79	81	85	85
⑨层	0.66	64	71	79	75	82	82
⑥层	1.47	52	44	51	47	60	56
③层	2.24	51	43	41	41	38	39

从图 7-51 可以看出，与正常工况相比，各层位的动应力均有所减小，总体变化规律与前两种工况相似。

灾变工况与正常工况在不同激振频率下的动应力沿纵向变化规律总体趋于一致，从表 7-19 各层位的动应力衰减率可以看出，⑩层（距路基表面 0.35 m）的衰减率明显大于其他层位，⑪层和⑨层衰减率大致相同，⑥层、③层动应力衰减率依次减小。

随着激振频率的增大，动应力总体衰减率都在增大，动应力衰减曲线采用幂指数函数拟合，且相关程度均高达 95%，属于高度相关，能显著反映不同激振频率下正常工况与基床底层中部软化工况的动应力沿路基纵向的变化规律。

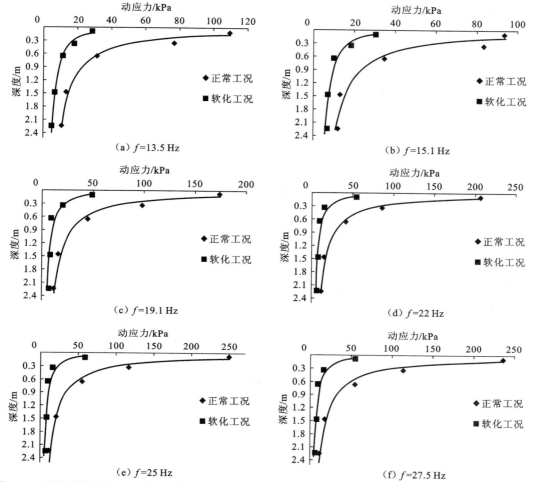

图 7-51 不同激振频率下正常工况与基床表层下部软化工况的动应力沿路基纵向变化曲线（路基中心）

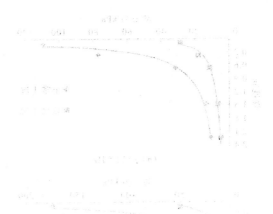

第8章 高速铁路服役期路基结构健康状态评价指标、标准和预警模型及其验证

8.1 高铁路基长期动力稳定性定义

服役期高铁路基结构状态是指高铁路基在受到长期列车动荷载作用后的结构状态。评价服役期高铁路基结构状态可理解为评价高铁路基的长期动力稳定性问题。所谓高铁路基长期动力稳定性，是指在铁路设计生命周期内，轨道、基床和地基土在轮轨动力相互作用引起的动荷载作用下不发生明显的塑性变形，即路基长期保持在低后续变形状态。

高铁路基发生塑性变形的原因很多，例如：路基土体在环境因素影响下力学性质发生弱化（如浸水软化）导致的附加沉降；路基土体在动力荷载作用下土颗粒发生粉碎或重分布引起的附加沉降；路基土体在动力荷载作用下发生接触侵蚀，导致细颗粒向粗颗粒的孔隙中发生迁移，致使路基发生附加沉降。总而言之，造成高铁路基附加沉降的原因主要与高速列车动荷载的反复作用及环境因素对路基土体的弱化作用相关。特别是这两种因素共同作用，更容易引起路基的附加沉降，进而造成路基灾变，影响高速列车的安全运行。

8.2 现有路基结构健康状态评价方法

从目前国内的研究成果来看，高铁路基长期动力稳定性评价的成果较少，还有待深入研究。目前关于高铁路基动力稳定性评价的指标及方法主要有三种：一是以动应力为主要控制指标的临界动应力法；二是以振动速度为主要控制指标的有效振速法；三是以动剪应变为主要控制指标的动剪应变法。目前，我国在铁路路基的设计及稳定性评价中主要考虑路基土体的临界动应力，而德国、法国、美国、日本等国家主要考虑有效振速和动剪应变，但这些指标都未列入正式规范。

8.2.1 临界动应力法

临界动应力法是指在路基设计中，考虑路基动力响应，把土体临界动应力 σ_{dcr} 作为评价路基动力稳定性的控制指标，它是在大量土体动三轴试验的基础上得来的。研究表明土体在动荷载作用下存在一个临界动应力值，作用在土体上的动应力小于临界动应力时，土体累积塑性变形便不会超过破坏值[39-48]。该指标可用式（8-1）表示。

$$\sigma_d \leqslant \sigma_{dcr} \tag{8-1}$$

临界动应力法的评价步骤可归纳如下。

（1）通过室内或现场动力疲劳试验确定路基土的临界动应力 σ_{dcr}。

（2）进行现场动应力实测，获得竖向断面上动应力沿深度 z 方向的衰减曲线，并对曲线进行拟合，得到动应力衰减方程 $\sigma_{dz} = f(z)$。

（3）判断路基中土体所承受的动应力是否超过土体的临界动应力。

8.2.2　有效振速法

有效振速法是德国首先采用的，有效振速 $V_{res,eff,z}$ 是指振动荷载中对路基动力稳定性起控制作用的部分，大量的测试数据分析表明，有效振速远小于实测的振动速度最大值，仅为最大值的 1/3～2/3[49-50]。由于基床及路基的阻尼作用，有效振速 $V_{res,eff,z}$ 随深度的增大而减小，且这种关系可近似用指数函数拟合。

$$V_{res,eff,z} = V_{res,eff,SU} e^{-\varepsilon z} \tag{8-2}$$

式中：z 为深度；ε 为基床及路基的振动吸收系数；$V_{res,eff,SU}$ 为路基处总有效振速，可按实测数据拟合的经验公式（8-3）进行估算。

$$V_{res,eff,SU} = K_1 e^{K_2 V_e} \tag{8-3}$$

式中：V_e 为列车行驶速度；K_1 和 K_2 为经验常数。

对于黏性土路基，有效振速的评价准则表达式为

$$K_{dyn,3} V_{res,eff,z} \leqslant V_{krit,3} \tag{8-4}$$

式中：$K_{dyn,3}$ 为安全系数；$V_{krit,3}$ 为黏性土第三临界振速最小值。

有效振速法的评价步骤如下。

（1）首先确定路基面处有效振速 $V_{res,eff,SU}$，可按照现场动力响应实测，或按照经验公式（8-3）估算。

（2）确定路基面下不同深度 z 处的有效振速 $V_{res,eff,z}$，可按现场动力响应实测结果获得振动速度沿深度的衰减规律，或按照经验公式（8-2）估算。

（3）按照式（8-4）评价路基的动力稳定性。

8.2.3　动剪应变法

动剪应变法是基于室内动力试验、现场动力测试、理论分析等成果提出的一种方法。它将土体在动荷载作用下的动剪应变作为评价路基动力稳定性的指标。动剪应变是在有效振速法的基础上扩展的一种方法。动剪应变的评价标准有 3 个，分别是线弹性动剪应变门槛 γ_d、短时动剪应变门槛 γ_{tvS} 和疲劳动剪应变门槛 γ_{tvL}[49-50]。

动剪应变可按照式（8-5）～式（8-7）计算。研究表明，在缺乏试验条件或初步分析时，C_s 可按照式（8-7）计算。

$$\gamma_{dz} = \frac{V_{res,eff,z}}{C_s} \tag{8-5}$$

$$C_s = \sqrt{\frac{G_d}{\rho}} \tag{8-6}$$

$$C_s = \sqrt{\frac{\alpha\beta(1-\mu)Ev_2}{2\rho}} \tag{8-7}$$

式中：C_s 为剪切波速；G_d 为路基的动剪模量；ρ 为土体密度；α 为土的动弹性模量与静态侧限压缩模量之比；β 为非线性折减系数。

动剪应变的评判标准可由式（8-8）表示：

$$\gamma_d \leqslant \gamma_{tvL} \tag{8-8}$$

动剪应变法的评价步骤如下。

（1）确定路基面处有效振速 $V_{res,eff,SU}$，方法同有效振速法。

（2）确定路基深处的有效振速 $V_{res,eff,z}$，方法同有效振速法。

（3）按照式（8-6）或式（8-7）计算剪切波速 C_s。

（4）按照式（8-5）计算不同深度处动剪应变 γ_d。

（5）通过动剪应变式疲劳共振柱试验或应力控制式疲劳动三轴试验确定路基土的疲劳动剪应变门槛 γ_{tvL}。

（6）按照式（8-8）评价路基动力稳定性。

8.2.4　评价方法对比

总结现有的高铁路基长期动力稳定性评价方法，尽管各方法均具有自身的优势，但目前现有的方法仍有一定缺陷。

临界动应力法仅从路基土动强度的角度去评价路基的长期动力稳定性，该法有三个缺点：①该法评价高铁路基动力稳定性一般情况下无法满足无砟轨道高速铁路非常小的允许沉降量；②该法需要用到现场实测的路基动应力衰减规律，如果用经验公式获得路基动应力，则由于土体力学性质不同，结果可能不准确，会对评价工作造成一定影响；③该法需要开展大量室内动力试验，理论和实施步骤均较为复杂，影响实际应用。

有效振速法的主要缺点：①该法仅考虑上部列车动荷载的振动效果，无法反映路基的强度和变形问题；②该法理论较为复杂，有效振速的确定较为麻烦，需要根据大量实测数据才能得到，不适合工程应用的推广。

动剪应变法结合了前面两种方法的优点，将动剪应变作为评价指标，一方面反映了动应力引起土体的变形，另一方面考虑了有效振速这个指标。但是，动剪应变法理论形式复杂，需要进行大量的室内动力学试验和复杂的理论分析，不适宜工程应用。而且，仅采用动剪应变一个指标评价复杂的高铁路基工程，显然有些单一。

针对现场应用的推广，寻找评价指标更为全面、形式更为简单的评价方法仍是路基长期动力稳定性需要深入研究的内容。适合现场应用的高铁路基动力稳定性评价方法和指标不仅要能够考虑路基土体的受力和变形状态，还应该具备易操作性，方便实际应用。

8.3　服役期路基结构健康状态实用评价指标选取

服役期内在长期列车动荷载和环境因素的双重、反复作用下，高铁路基的结构状态必然发生一定程度的变化，特别是在不确定的环境因素（如浸水）影响下，路基结构会发生弱化，直接影响路基的结构稳定。因此，对服役期内路基结构状态的评价不能脱离路基的现场环境和条件，单纯地从理论角度去评价理想状态下路基的动力稳定性显得简单且单一。

从复杂的理论分析角度评价高铁路基结构状态往往不能直接推广应用。这主要是因为理论分析需要大量的动力学试验作为分析基础，而且对试验结果的整理和解读往往需要较强的理论功底作为支撑，并不能被现场工程技术人员掌握。因此，对高铁路基结构状态的评价必须要简化评价的方法，尽量用简单的指标去评判路基的结构状态。

单一的评价指标只能反映路基结构状态的某个方面，例如：临界速度仅从路基土体所承受的应力角度分析路基的结构状态，不能反映路基土体的振动状态；而有效振速只能反映路基的振动状态，不能从实质上反映路基的受力状态，等等。单一的评价指标评判路基的结构状态是不全面的。合理地评价路基的结构状态，应该从多参数、多指标的角度考虑，综合地对路基结构状态进行评判。

因此，综合地选取高铁路基结构状态的评价指标应具备三个要求：①要结合现场实际工况条件；②评价指标要形式简单；③指标不能单一。

从目前开展路基数值计算的结果看，当路基中出现浸水软化灾害时，路基中动力参数会发生变化，具有明显的变化规律，结合现有的高铁路基动力稳定性评价理论，可以认为从这些动力参数变化的角度去评价路基的结构状态是合理的、可行的，而且这些评价指标结合了工程现场的实际条件，形式简单，且同时有多个指标可从不同角度反映路基的结构状态，这些特点很好地满足了选取评价指标的要求。

根据前面的计算结果和分析，在路基中出现软化的条件下，路基中动应力 σ_d 的变化规律是明显的，与正常工况相比，路基中的动应力在软化层中衰减迅速，并且不同的软化条件下动应力的衰减变化不同，具有较好的规律性。可见，动应力作为反映路基土体受力状态的物理量，其在灾变条件下的改变作为评价路基结构状态的指标之一是合适的。

路基振动状态方面，振动速度和加速度在不同灾变条件下的变化都具有较强的规律性，将其作为路基结构状态的评价指标，从路基振动的角度评价路基的结构稳定性也是可行的。需要注意的是，振动速度和加速度都反映了路基土体振动状态，尽管物理意义不同，但是二者可以换算，因此，从实用的角度，可以选择其中一种作为评价指标。从数值计算的结果和分析来看，软化条件下路基中振动速度的变化较加速度的规律性更强，因此，可选择振动速度作为评价指标。

此外，从动力参数频域响应的规律可以看出，与正常工况相比，软化路基中动力参数在频域上也展现出很强的变化特征，特别是振动速度数据在频域上的变化特征更加明显。因此，将振动速度在频域上的变化作为评价路基结构状态的指标之一也具有很强的实用性和可操作性。

8.4 服役期路基结构健康状态评价标准

选定服役期高铁路基结构状态评价指标后，对路基结构状态的评价还需制订相应的标准。与评价指标的选取类似，评价标准的制订仍需满足实用的原则。

服役期路基结构状态评价标准的制订，首先从直接反映高铁路基运营状态的沉降变形入手，建立不同软化工况条件下路基结构状态评价指标和沉降变形的关系，然后结合高铁路基在沉降变形方面的设计标准，提出一个更加适合现场使用的评价标准。

这种做法的好处：一是评价指标和标准严格地限定了对路基结构状态预警的条件，可以保证高铁的安全运营；二是这种方式简单明了，分析过程合理可行，适宜在工程现场实际应用。

8.4.1 基床动应力衰减率评价标准

从大量数值计算的结果来看，在不同的软化条件下，路基中动应力的衰减有明显的规律，主要表现在路基深部土体所受的动应力较小，而表面的动应力与正常情况下基本相同。考虑现场的实际应用，对于动应力的评价标准，本小节选择 0 m 和 2 m 位置的动应力数据作为参数，提出平均动应力衰减率的概念，并以此作为评判路基结构状态的标准。

0～2 m 的平均动应力衰减率定义为

$$\theta = (\sigma_0 - \sigma_2)/\sigma_0 \tag{8-9}$$

式中：σ_0 为路基表层动应力，即 0 m 处动应力；σ_2 为深度 2 m 处的动应力。

为反映动应力衰减率的变化，定义动应力衰减比为

$$\vartheta = \theta_i - \theta_0 \tag{8-10}$$

式中：θ_i 为任意监测时刻的动应力衰减率；θ_0 为初始状态的动应力衰减率。

不同软化工况条件下平均动应力衰减率见表 8-1，不同软化工况条件下动应力衰减比 ϑ 见表 8-2。在软化工况条件下，路基中 0～2 m 的平均动应力衰减率 θ 均在增加，不同的软化工况增加的程度不同，即动应力衰减比 ϑ 不同。

表 8-1 不同软化工况下平均动应力衰减率　　　　（单位：%）

工况编号	动应力衰减率	工况编号	动应力衰减率	工况编号	动应力衰减率
1-1	74.1	2-1	74.1	3-1	74.1
1-2	83.1	2-2	83.1	3-2	83.1
1-3	84.5	2-3	84.5	3-3	84.5
1-4	84.5	2-4	84.5	3-4	84.5
1-5	86.2	2-5	86.2	3-5	86.2
1-6	87.9	2-6	87.9	3-6	87.9
1-7	78.0	2-7	78.0	3-7	78.0
1-8	81.0	2-8	81.0	3-8	81.0
1-9	82.8	2-9	82.8	3-9	82.8

表 8-2 不同软化工况下动应力衰减比　　　　（单位：%）

工况编号	动应力衰减比	工况编号	动应力衰减比	工况编号	动应力衰减比
1-1	3.1	2-1	3.1	3-1	3.1
1-2	12.1	2-2	12.1	3-2	12.1
1-3	13.5	2-3	13.5	3-3	13.5
1-4	13.5	2-4	13.5	3-4	13.5
1-5	15.2	2-5	15.2	3-5	15.2
1-6	16.9	2-6	16.9	3-6	16.9
1-7	7.0	2-7	7.0	3-7	7.0
1-8	10.0	2-8	10.0	3-8	10.0
1-9	11.8	2-9	11.8	3-9	11.8

为建立动应力倾斜度评价高铁路基结构状态的标准，并消除不同工程状态下动应力衰减规律的影响，本小节给出不同软化工况条件下动应力衰减比 ϑ 和路基沉降 s 之间的关系图，如图 8-1 所示。

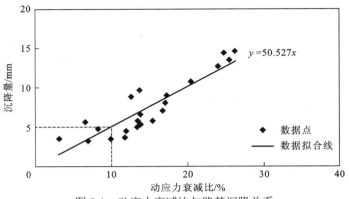

图 8-1　动应力衰减比与路基沉降关系

从图 8-1 可以看出，动应力衰减比与路基沉降量具有较好的线性对应关系，随着动应力衰减比的增大，路基的沉降量相应增加，说明当平均动应力衰减率增大时，即动应力衰减较快时，路基的沉降量也增大，说明此时路基中存在软化层，从而增加了路基的附加沉降，引起路基灾变。

动应力衰减比 ϑ 与路基沉降量 s 之间的关系可用式（8-11）表示。

$$s = 50.527\,\vartheta \tag{8-11}$$

根据高铁路基设计标准和原则，当由列车动荷载引起的路基变形超过 5 mm 时，路基沉降便超过了设计允许的最大值，从而造成了路基病害。因此，以 5 mm 作为评判路基灾变的标准可以严格地控制路基结构状态处于健康水平，保证高铁运营的安全性。

从图 8-1 及式（8-11）可以推算出，当路基沉降量达到 5 mm 时，对应的动应力衰减比为 10%。当服役期内高铁路基中动应力衰减比满足 $\vartheta > 10\%$ 时，路基的结构状态便会发生足以影响高铁安全运行的改变，需要向工程技术人员发出预警。

8.4.2　表层振动速度衰减比评价标准

根据数值计算的结果，当路基出现软化时，路基中振动速度整体呈衰减趋势，这种变化具有较强的规律性。同时，考虑现场实际应用的便捷性，可以将路基表层的振动速度衰减率作为评价路基结构状态的指标。

为了反映表面振动速度的变化，定义表面振动速度衰减比为

$$\alpha = (v_0 - v_i) / v_0 \tag{8-12}$$

式中：v_i 为任意监测时刻路基表面的振动速度；v_0 是初始状态的路基表面的振动速度。

路基表层振动速度较正常工况的衰减比 α 见表 8-3。在软化工况条件下，路基表层的振动速度是不断衰减的，且软化条件不同，振动速度衰减比不同。通过建立振动速度衰减比与路基沉降量的关系式，可以找出判定路基结构状态发生变化的标准。

表 8-3　路基表层振动速度衰减比　　　　　　　　（单位：%）

工况编号	振动速度衰减比	工况编号	振动速度衰减比	工况编号	振动速度衰减比
1-1	—	2-1	25.0	3-1	33.0
1-2	—	2-2	26.8	3-2	33.9
1-3	1.5	2-3	25.2	3-3	33.9
1-4	10.7	2-4	22.5	3-4	34.5
1-5	16.1	2-5	25.5	3-5	34.3
1-6	22.0	2-6	25.9	3-6	35.7
1-7	19.6	2-7	19.1	3-7	26.8
1-8	23.2	2-8	21.4	3-8	28.6
1-9	26.8	2-9	20.4	3-9	26.8

图 8-2 为路基表层振动速度衰减比与路基沉降量之间的变化关系。从图中可以看出，路基表层振动速度衰减比与沉降量之间具有较好的幂函数关系，可用式（8-13）表示。另外，从二者的关系可知，当振动速度衰减比较小时（小于 10%），路基沉降量并没有显著增加，当路基表层振动速度衰减比超过 10%后，路基沉降量便较快地增加。

$$s = 118.23\alpha^{1.891\,2} \tag{8-13}$$

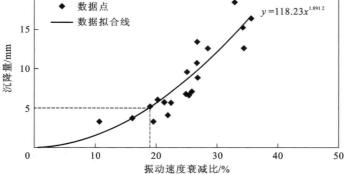

图 8-2　路基表层振动速度衰减比与路基沉降量变化关系曲线

根据式（8-13），将沉降量 5 mm 作为路基结构发生灾变的状态点，可以得到以路基表层振动速度为评价指标的标准，即 $\alpha>19\%$。当路基表层振动速度衰减比超过 19%时，路基的结构状态便会发生足以影响高铁安全运行的改变，需要向工程技术人员发出预警。

8.4.3　频响指数评价标准

图 8-3 为典型工况下路基深度 2.0 m 处动应力幅频曲线。从图中可以看出，经过软化层土体对高频动荷载的吸收作用，路基深度 2.0 m 处的动应力幅频曲线在低频部分出现了一个明显的峰值点，并且软化层土体软化程度越高，这种现象越明显。软化程度较高的工况下，动应力幅频曲线中低频部分的峰值甚至超过了主振频率的峰值点，动荷载中低频荷载更加凸显。这种规律也可以作为评价路基结构状态的辅助标准之一。

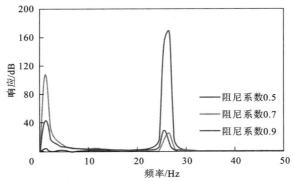

图 8-3　典型工况下路基 2.0 m 处动应力幅频曲线

为了反映路基弱化后低频荷载凸显的特征，定义频响指数为

$$f = \zeta_\text{主} / \zeta_\text{低} \qquad (8\text{-}14)$$

式中：$\zeta_\text{主}$ 为路基深度 2.0 m 处振动速度频谱响应的主频峰值；$\zeta_\text{低}$ 为路基深度 2.0 m 处振动速度频谱响应的低频峰值。

通过建立 f 与路基沉降量的关系式，可以得到评价路基结构状态的标准。图 8-4 为 f 与路基沉降量 s 之间的关系曲线。从图中可以看出，f 与 s 之间具有较好的幂衰减关系，可表示为

$$s = 10.859 f^{-0.253} \qquad (8\text{-}15)$$

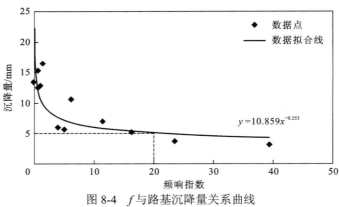

图 8-4　f 与路基沉降量关系曲线

根据式（8-15），将沉降量 5 mm 作为路基结构发生灾变的状态点，可以得到以 f 为评价指标的标准，即 $f<20$。当主振频率对应的峰值比低频峰值高 20 时，路基的结构状态可能会发生足以影响高铁安全运行的改变，需要向工程技术人员发出预警。

8.5　服役期路基结构健康状态诊断技术优化与预警模型

8.5.1　服役期路基结构健康诊断技术

根据对不同病害工况条件下路基动力响应规律和灾变过程、机理的研究成果，在路基出现软化病害的时候，路基中的动力响应参数具备明显变化，主要表现应力和速度参数的减小，以及动力参数在频域响应上的变化。因此，在选定路基结构状态评价指标、确定路

基结构状态评价标准后，服役期高铁路基结构状态健康诊断技术即可相应建立。

本小节建立的服役期高铁路基结构健康状态诊断技术包括两个方面：监测传感器布置和监测指标评价。

1. 监测传感器布置

布置服役期路基结构状态监测传感器必须根据已有的研究成果，抓住能反映路基结构状态的关键位置和关键监测参数。考虑高铁现场复杂的工程条件，坚持简便、实用的原则，建议路基结构健康状态监测传感器选用速度传感器和动土压力盒两类。具体传感器布置见图 8-5：①在轨道正下方路基基床表层顶面和距离路基顶面 2.0 m 处分别布置一个动土压力盒；②在轨道正下方路基基床表层顶面布置一个速度传感器。

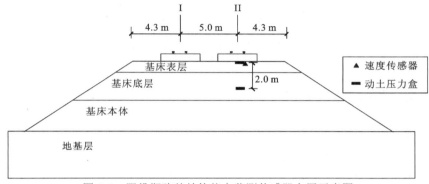

图 8-5　服役期路基结构状态监测传感器布置示意图

2. 监测指标评价

从监测传感器的布置方案来看，该方案可以从路基的受力状态和振动状态两个方面，监测服役期内路基受列车动荷载和环境因素（如浸水软化等）双重、反复作用下的结构状态的变化。同时可以得到路基土体在列车动荷载作用下，路基内动力参数在频域上的响应规律。因此，该方案准确抓住了反映路基结构状态的关键，而且，该方案所用的监测传感器数量少，方便现场对传感器的布设。

在得到监测数据的基础上，通过简单的计算，可以得到路基不同位置处的监测指标，进而利用服役期路基结构健康状态评价标准，可以快速判定路基结构处于何种状态。

8.5.2　服役期路基结构健康状态预警模型

根据高铁路基设计标准和原则，本节提出的路基结构健康状态评价标准较为严格，均是以列车动荷载作用下路基变形达到 5.0 mm 为评判基准建立的。但是，为了从多个方面判定路基结构状态是否出现灾变，本小节选取 3 个评价指标。考虑路基结构状态的复杂性，服役期内路基出现灾变的可能性会有所不同，3 个评价指标满足评价的标准会有所差别。因此，对服役期路基结构健康状态的预警需建立相应的预警等级。

服役期路基结构健康状态预警模型是以评价指标和评价标准为参数、以评价指标是否满足评价标准为原则建立的。本小节建立的预警模型分为 4 个等级，用评价指标满足灾变标准的数量作为划分预警等级的依据。具体预警模型等级见表 8-4。

表 8-4　服役期路基结构健康状态预警模型等级

动应力衰减比 ϑ		速度衰减比 α		频响指数 f		预警等级
$\vartheta>10\%$	超标	$\alpha<19\%$	正常	$f>20$	正常	I 级
$\vartheta<10\%$	正常	$\alpha>19\%$	超标	$f>20$	正常	
$\vartheta>10\%$	超标	$\alpha<19\%$	正常	$f>20$	超标	II 级
$\vartheta<10\%$	正常	$\alpha>19\%$	超标	$f<20$	超标	
$\vartheta>10\%$	超标	$\alpha>19\%$	超标	$f>20$	正常	III 级
$\vartheta>10\%$	超标	$\alpha>19\%$	超标	$f<20$	超标	IV 级

8.6　服役期路基结构健康状态评价指标、标准和预警模型验证

8.6.1　基床动应力衰减比验证

根据本书所建立的路基动应力评价标准，用 0 m 和 2 m 范围内动应力衰减比评价路基结构健康状态。这个标准的提出是基于无砟轨道，从无砟轨道的监测数据和模拟计算结果可知，动应力的影响深度在 5 m 左右，所以，目前的研究成果采用了动应力作用深度 40% 范围内动应力衰减比作为评价指标。

但是，本次试验路基是按照有砟轨道的标准填筑的，其动力响应的特点是动力参数在路基中的衰减速度较快，其中动应力的影响深度为 2 m 左右。所以，继续将 0～2 m 的动应力衰减比作为本次模型路基结构健康状态评价指标并不合适。按照动应力衰减比的评价原则，应该用动应力作用深度 40% 范围内的动应力衰减比作为评价指标，即 0～0.8 m 的动应力衰减比作为评价指标。

不同工况条件下深度 0 m、0.8 m 的平均动应力衰减率 θ 和动应力衰减比 ϑ 见表 8-5。表中，正常工况为路基无软化的情况，工况一为路基上部软化的情况，工况二为路基上部及中部软化的情况，工况三为路基全部软化的情况。

表 8-5　不同工况下平均动应力衰减率和动应力衰减比

工况	动应力/kPa		平均动应力衰减率 θ/%	动应力衰减比 ϑ/%
	深度 0 m	深度 0.8 m		
正常工况	250	16.54	76.29	—
软化工况一	250	30.38	87.85	11.56
软化工况二	250	8.79	93.75	17.46
软化工况三	250	7.93	95.96	19.67

在软化工况条件下，路基深度 0 m 和 0.8 m 处的平均动应力衰减率 θ 随着软化层位的逐渐降低而增加，随着软化厚度的增加，路基中的动应力衰减比 ϑ 增加。

根据本书建立的动应力衰减比评价标准，在三种不同软化工况条件下，路基表面的动应力衰减比均超过了评价标准，需要预警。

8.6.2 表层振动速度衰减比验证

不同工况下路基表层振动速度衰减比 α 见表 8-6。在软化工况条件下，路基表层振动速度是不断衰减的，且软化工况条件不同，振动速度衰减比不同。在软化工况条件下，路基表层振动速度随着软化层深度的增加而逐渐减小，因此路基表层振动速度衰减比逐渐增大。

表 8-6 不同工况下路基表层振动速度衰减比

指标	正常工况	软化工况一	正常工况	软化工况二	正常工况	软化工况三
振动速度/（mm/s）	562.86	456.21	562.86	435.34	562.86	417.56
振动速度衰减比 α/%	23		29		35	

根据本书建立的表层振动速度衰减比评价标准，在三种不同软化工况条件下，路基表层振动速度衰减比均超过了评价标准，需要预警。

8.6.3 频响指数验证

不同工况下路基深度 1.5 m 处频响指数的数据见表 8-7。

表 8-7 不同工况下的频响指数

指标	软化工况一		软化工况二		软化工况三	
	主频幅值	低频幅值	主频幅值	低频幅值	主频幅值	低频幅值
动应力/kPa	0.40	0.32	0.46	0.34	0.51	0.39
频响指数 f	1.25		1.35		1.31	

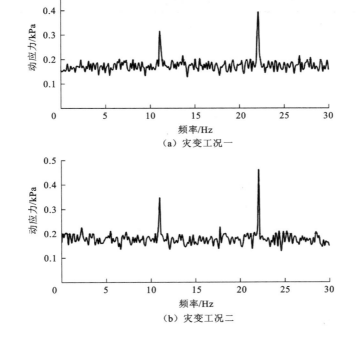

（a）灾变工况一

（b）灾变工况二

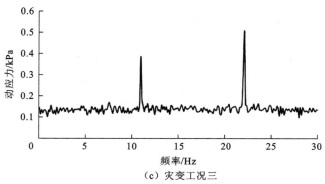

（c）灾变工况三

图 8-6　典型工况路基 1.5 m 处动应力频谱曲线

根据前述频响指数评价标准可知，在三种灾变工况条件下，路基中的频响指数均超过了评价标准（即 $f>20$），需要预警。

8.6.4　预警模型验证

通过第 7 章路基软化模型的试验数据分析，在 3 种不同的软化条件下，动应力衰减比、频响指数均超过了预警标准，因此，按照路基结构健康状态预警模型，预警等级应该为 IV 级（最高等级）。不同工况的路基结构健康状态评价指标量值及预警等级见表 8-8。

表 8-8　路基结构健康状态预警等级

灾变工况	动应力衰减比 ϑ	速度衰减比 α	频响指数 f	预警等级
软化工况一	$\vartheta=11.56\%>10\%$	$\alpha=23\%>19\%$	$f=1.25<20$	
软化工况二	$\vartheta=17.46\%>10\%$	$\alpha=29\%>19\%$	$f=1.35<20$	IV 级
软化工况三	$\vartheta=19.67\%>10\%$	$\alpha=35\%>19\%$	$f=1.31<20$	

参 考 文 献

[1] BIAN X C, JIANG H G, CHENG C, et al. Full-scale model testing on a ballastless high-speed railway under simulated train moving loads[J]. Soil Dynamics and Earthquake Engineering, 2014, 66: 368-384.

[2] 李剑. 高铁列车荷载作用下红黏土地基动力响应研究[D]. 武汉: 中国科学院武汉岩土力学研究所, 2013.

[3] 陈仁朋, 王作洲, 蒋红光, 等. I 型轨道-路基系统动力荷载放大系数模型试验研究[J]. 岩土力学, 2013, 34(4): 1045-1052.

[4] 刘钢, 罗强, 张良, 等. 列车荷载作用下无砟轨道路基动应力特性分析[J]. 铁道学报, 2013, 35(9):86-93.

[5] 邬凯, 盛谦, 张勇慧, 等. 山区公路路基边坡地质灾害远程监测预报系统开发及应用[J]. 岩土力学, 2010, 31(11): 3683-3687.

[6] 许利凯, 李世海, 刘晓宇, 等. 三峡库区奉节天池滑坡实时遥测技术应用实例[J]. 岩石力学与工程学报, 2007, 26(S2): 4477-4483.

[7] 何满潮. 滑坡地质灾害远程监测预报系统及其工程应用[J]. 岩石力学与工程学报, 2009, 28(6): 1081-1090.

[8] 张成平, 张顶立, 骆建军, 等. 地铁车站下穿既有线隧道施工中的远程监测系统[J]. 岩土力学, 2009, 30(6): 1861-1866.

[9] 叶英, 穆千祥, 张成平. 隧道施工多远信息预警与安全管理系统该研究[J]. 岩石力学与工程学报, 2009, 28(5): 900-907.

[10] 杨婧, 冯其波, 张斌, 等. 基于倾斜传感器的路基剖面沉降自动监测方法与系统[J]. 北京交通大学学报, 2012, 36(6): 52-56.

[11] 杨婧, 冯其波, 高瞻, 等. 铁路路基关键参数长期监测方法与系统的研究[J]. 测绘学报, 2014 (6): 24-28.

[12] 冯绍敏, 雷晓燕, 张鹏飞, 等. 桥上无缝线路附加伸缩力的远程监测与分析[J]. 华东交通大学学报, 2011, 28(2): 1-5.

[13] 李广信, 张丙印, 于玉贞. 土力学[M]. 北京: 清华大学出版社, 2013: 98.

[14] VESIC A B. Bending of beams resting on isotropic elastic solid[J]. Journal of the Engineering Mechanics Division, ASCE, 1961, 87(2): 35-53.

[15] BURMISTER D M. The general theory of stresses and displacements in layered soil system. I[J]. Journal of Applied Physics, 1945, 16: 89.

[16] BURMISTER D M. The general theory of stresses and displacements in layered soil system. II[J]. Journal of Applied Physics, 1945, 16: 126.

[17] BURMISTER D M. The general theory of stresses and displacements in layered soil system. III[J]. Journal of Applied Physics, 1945, 16: 296.

[18] 黄丹. 刚性网格群桩复合地基的精细有限元分析[D]. 广州: 华南理工大学, 2012.

[19] 陈善雄, 李剑, 姜领发, 等. 基于双曲线临界状态的改进剑桥模型及数值实现[J]. 岩石力学与工程学报, 2013, 32(11): 2325-2333.

[20] 李剑, 陈善雄, 姜领发. 循环荷载作用下黏土改进边界面模型[J]. 岩土力学, 2015, 36(2): 387-392.

[21] MANZARI M T, NOUR M A. On implicit integration of bounding surface plasticity models[J]. Computers and Structures, 1997, 63(3):385-392.

[22] 陈育民, 徐鼎平. FLAC/FLAC3D 基础与工程实例[M]. 北京: 中国水利水电出版社, 2009: 190-198.

[23] 周镇勇. 武广客运专线路基动力响应特性试验及数值模拟分析[D]. 长沙: 中南大学, 2010.

[24] 商拥辉, 徐林荣, 蔡雨. 浸水环境下重载铁路改良土路基动力特性研究[J]. 岩土力学, 2020, 41(8): 2739-2745.

[25] 周文权, 冷伍明, 聂如松, 等. 重载铁路粗粒土填料累积变形预测模型与应用[J]. 铁道学报, 2019, 41(11): 100-107.

[26] 史永宏. 高速公路高填方路基沉降监测分析[J]. 西部交通科技, 2019(4): 73-76.

[27] 王金明, 陈昌彦, 张建坤, 等. 不同类型填方路基沉降监测及沉降分析[J]. 工程勘察, 2019, 47(1): 61-64.

[28] 朱波. 大轴重作用下重载铁路路基结构荷载传递规律及设计方法研究[D]. 重庆: 西南交通大学, 2018.

[29] 赵志伟. 重载列车对高填方路堤变形及应力影响研究[D]. 石家庄: 石家庄铁道大学, 2017.

[30] 陈善雄, 宋剑, 周全能, 等. 高速铁路沉降变形观测评估理论与实践[M]. 北京: 中国铁道出版社, 2014: 89-101.

[31] 周捡平. 高速铁路 CRTS III 型板式无砟轨道路基动力响应及沉降分析[D]. 广州: 华南理工大学, 2018.

[32] 金立强, 李洪升, 刘增利, 等. 动荷载与冻融相互作用对高铁路基沉降的影响[J]. 铁道工程学报, 2017, 34(11): 14-17.

[33] 徐向春. 高速铁路运营阶段路基沉降变形规律研究[D]. 南昌: 华东交通大学, 2014.

[34] 付龙龙, 宫全美, 周顺华, 等. 列车荷载作用下有砟轨道轨面沉降与路基不均匀沉降间的相关关系[J]. 振动与冲击, 2013, 32(14): 23-28.

[35] LI D, SELIG E T. Cumulative plastic deformation for fine-grained subgrade soil[J]. Journal of Geotechnical Engineering, 1996, 122(12): 1006-1013.

[36] 左珅, 徐林荣. 高速铁路建设对紧临既有线路基服役状态影响的动力测试分析与对策[J]. 铁道学报, 2013, 35(6): 82-90.

[37] 向俊, 赫丹, 曾京. 高速列车作用下不同类型无砟轨道振动响应分析[J]. 机械工程学报, 2010, 46(16): 29-35.

[38] 崔文毅. 粉质土和粘质土的压实技术[J]. 建筑机械, 2001(6): 39-40.

[39] ZHAI B, LENG W M, XU F, et al. Critical dynamic stress and shakedown limit criterion of coarse-grained subgrade soil[J]. Transportation Geotechnics, 2020, 23: 100354.

[40] 商拥辉, 徐林荣, 蔡雨, 等. 重载铁路循环动载下水泥改良膨胀土路基动力特性[J]. 中国铁道科学, 2019, 40(6): 19-29.

[41] 张沛云, 马学宁, 李善珍, 等. 高速铁路水泥改良黄土路基长期动力稳定性评价[J]. 振动与冲击, 2019, 38(11): 80-87.

[42] 买晓斌. 循环荷载作用下高速铁路石灰改良黄土路基长期动力稳定性研究[D]. 兰州: 兰州交通大学, 2018.

[43] 李善珍. 高速铁路水泥改良黄土路基动力稳定性研究[D]. 兰州: 兰州交通大学, 2017.

[44] 肖军华, 郭鹏飞, 周顺华, 等. 既有铁路开行大轴重列车路基的动力稳定性[J]. 同济大学学报(自然科学版), 2016, 44(6): 884-891.

[45] 刘晓红, 杨果林, 方薇. 高铁无砟轨道路堑基床换填厚度与动力稳定[J]. 岩石力学与工程学报, 2011,

30(S2): 3534-3538.

[46] 刘晓红, 杨果林, 方薇. 武广高铁无碴轨道路堑基床长期动力稳定性评价[J]. 中南大学学报(自然科学版), 2011, 42(5): 1393-1398.

[47] 刘晓红. 高速铁路无砟轨道红黏土路基动力稳定性研究[D]. 长沙: 中南大学, 2011.

[48] 刘晓红, 杨果林, 方薇. 红黏土临界动应力与高铁无碴轨道路堑基床换填厚度[J]. 岩土工程学报, 2011, 33(3): 348-353.

[49] 杨果林, 刘晓红. 高速铁路无砟轨道红黏土路基沉降控制与动力稳定性[M]. 北京: 中国铁道出版社, 2010: 299-306.

[50] 胡一峰, 李怒放. 高速铁路无砟轨道路基设计原理[M]. 北京: 中国铁道出版社, 2010: 25-29.